全国农业高等院校规划教材
农业部兽医局推荐精品教材

宠物寄生虫病

● 韩晓晖 王雅华 主编

中国农业科学技术出版社

图书在版编目（CIP）数据

宠物寄生虫病/韩晓辉，王雅华主编．—北京：中国农业科学技术出版社，2008.8
全国农业高等院校规划教材．农业部兽医局推荐精品教材（2024.1重印）
ISBN 978-7-80233-632-2

Ⅰ．宠…　Ⅱ．①韩…②王…　Ⅲ．观赏动物－寄生虫病－高等学校－教材
Ⅳ．S855.9

中国版本图书馆 CIP 数据核字（2008）第 081289 号

责任编辑　孟　磊
责任校对　贾晓红

出版发行　中国农业科学技术出版社
　　　　　北京市中关村南大街 12 号　邮编：100081
电　　话　（010）82106632（编辑室）
传　　真　（010）62121228
社 网 址　http://www.castp.cn
经　　销　新华书店北京发行所
印　　刷　北京建宏印刷有限公司
开　　本　787 mm×1 092 mm　1/16
印　　张　15.25
字　　数　355 千字
版　　次　2008 年 8 月第 1 版　2024 年 1 月第 5 次印刷
定　　价　32.00 元

《宠物寄生虫病》

编　委　会

主　编　韩晓辉　王雅华

副主编　董晓波　邹洪波　张学勇

编　者　（按姓氏笔画排序）

王雅华　辽宁农业职业技术学院
刘　涛　信阳农业高等专科学校
张学勇　黑龙江生物科技职业学院
张素丽　周口农业职业学院
李汝春　山东畜牧兽医职业学院
邹洪波　黑龙江畜牧兽医职业学院
陈　娟　河北科技师范学院
董晓波　黑龙江民族职业学院
韩晓辉　黑龙江畜牧兽医职业学院
鲁兆宁　黑龙江农业职业技术学院

主　审　张宏伟　黑龙江生物科技职业学院
王　涛　江苏畜牧兽医职业技术学院

序

中国是农业大国，同时又是畜牧业大国。改革开放以来，我国畜牧业取得了举世瞩目的成就，已连续20年以年均9.9%的速度增长，产值增长近5倍。特别是“十五”期间，我国畜牧业取得持续快速增长，畜产品质量逐步提升，畜牧业结构布局逐步优化，规模化水平显著提高。2005年，我国肉、蛋产量分别占世界总量的29.3%和44.5%，居世界第一位，奶产量占世界总量的4.6%，居世界第五位。肉、蛋、奶人均占有量分别达到59.2千克、22千克和21.9千克。畜牧业总产值突破1.3万亿元，占农业总产值的33.7%，其带动的饲料工业、畜产品加工、兽药等相关产业产值超过8 000亿元。畜牧业已成为农牧民增收的重要来源，建设现代农业的重要内容，农村经济发展的重要支柱，成为我国国民经济和社会发展的基础产业。

当前，我国正处于从传统畜牧业向现代畜牧业转变的过程中，面临着政府重视畜牧业发展、畜产品消费需求空间巨大和畜牧行业生产经营积极性不断提高等有利条件，为畜牧业发展提供了良好的内外部环境。但是，我国畜牧业发展也存在诸多不利因素。一是饲料原材料价格上涨和蛋白饲料短缺；二是畜牧业生产方式和生产水平落后；三是畜产品质量安全和卫生隐患严重；四是优良地方畜禽品种资源利用不合理；五是动物疫病防控形势严峻；六是环境与生态恶化对畜牧业发展的压力继续增加。

我国畜牧业发展要想改变以上不利条件，实现高产、优质、高效、生态、安全的可持续发展道路，必须全面落实科学发展观，加快畜牧业增长方式转变，优化结构，改善品质，提高效益，构建现代畜牧业产业体系，提高畜牧业综合生产能力，努力保障畜产品质量安全、公共卫生安全和生态环境安全。这不仅需要全国人民特别是广大畜牧科教工作者长期努力，不断加强科学研究与科技创新，不断提供强大的畜牧兽医理论与科技支撑，而且还需要培养一大批掌握新理论与新技术并不断将其推广应用的专业人才。

培养畜牧兽医专业人才需要一系列高质量的教材。作为高等教育学科建设的一项重要基础工作——教材的编写和出版，一直是教改的重点和热点之一。为了支持创新型国家建设，培养符合畜牧产业发展各个方面、各个层次所需的复合型人才，中国农业科学技术出版社积极组织全国范围内有较高学术水平和多年教学理论与实践经验的教师精心编写出版面向21世纪全国高等农林院校，反映现代畜牧兽医科技成就的畜牧兽医专业精品教材，并进行有益的探索和研究，其教材内容注重与时俱进，注重实际，注重创新，注重拾遗补缺，注重对学生能力、特别是农业职业技能的综合开发和培养，以满足其对知识学习和实践能力的迫切需要，以提高我国畜牧业从业人员的整体素质，切实改变畜牧业新技术难以顺利推广的现状。我衷心祝贺这些教材的出版发行，相信这些教材的出版，一定能够得到有关教育部门、农业院校领导、老师的肯定和学生的喜欢。也必将为提高我国畜牧业的自主创新能力和增强我国畜产品的国际竞争力作出积极有益的贡献。

国家首席兽医官
农业部兽医局局长

二〇〇七年六月八日

前　言

本教材是在《教育部关于加强高职高专教育人才培养工作的意见》、《关于加强高职高专教育教材建设的若干意见》、《关于全面提高高等职业教育教学质量的若干意见》等文件精神的指导下而编写。

在编写教材过程中，根据高职高专的培养目标，遵循高等职业教育的教学规律，针对学生的特点和就业面向，注重对学生专业素质的培养和综合能力的提高，尤其突出实践技能训练。理论内容以“必需”、“够用”为度，适当扩展知识面和增加信息量；实践内容以基本技能为主，又有综合实践项目。所有内容均最大限度地保证其科学性、针对性、应用性和实用性，并力求反映当代新知识、新方法和新技术。

本教材在结构体系和实验实训设计上具有特点。寄生虫病大类按动物寄生虫分类系统编排，即：吸虫病、绦虫病、线虫病、昆虫病、原虫病，每类寄生虫病则按动物种类编排；又将“操作技术”与“实验实训”有机地融为一体。既有利于教学和学习，又兼顾了实际工作的需要。由于宠物寄生虫病的分布具有较为明显的地区性，因此，在教学中可根据当地需要和教学时数，有针对性地选择讲授。

编写人员分工为（按章顺序排列）：韩晓辉编写绪论，第一章，第二章第一节、第二节、第三节；李汝春编写第二章第四节；刘涛编写第三章概述、第一节；王雅华编写第三章第二节，第四章概述、第一节、第二节，第五章第二节，第六章第二节，第七章第二节；张学勇编写第三章第三节，第四章第三节，第六章第三节，第七章第三节；董晓波编写第五章概述、第一节；鲁兆宁编写第五章第三节；邹洪波编写第六章概述、第一节，实践技能训练项目；张素丽、陈娟编写第七章概述、第一节。全书由韩晓辉统稿，邹洪波协助了统稿工作。

编写工作承蒙中国农业科学技术出版社的指导；教材由黑龙江生物科技职业学院张宏伟和江苏畜牧兽医职业技术学院王涛主审，并对结构体系和内容等方面提出了宝贵意见；主编、副主编、参编和主审所在学校对编写工作给予了大力支持；同时也向“参考文献”的作者一并表示诚挚的谢意。

由于宠物医疗行业在我国尚处于起步阶段，宠物寄生虫病的资料较少，加之编者水平所限，难免有不足之处，恳请专家和读者赐教指正。

编　者

2008 年 5 月

目　　录

绪论 …………………………………………………………………… 1

第一章　宠物寄生虫学基础知识 ………………………………………… 2

第一节　寄生虫和宿主 ……………………………………………… 2
第二节　寄生虫生活史 ……………………………………………… 4
第三节　寄生虫的分类和命名 ……………………………………… 8

第二章　宠物寄生虫病学基础知识 …………………………………… 10

第一节　寄生虫病流行病学 ………………………………………… 10
第二节　寄生虫病的诊断 …………………………………………… 13
第三节　寄生虫病的防治 …………………………………………… 15
第四节　免疫寄生虫学基本知识 …………………………………… 17

第三章　吸虫病 ………………………………………………………… 22

概　述 ……………………………………………………………… 22
第一节　犬猫吸虫病 ………………………………………………… 29
第二节　鸟类吸虫病 ………………………………………………… 44
第三节　鱼类吸虫病 ………………………………………………… 45

第四章　绦虫病 ………………………………………………………… 54

概　述 ……………………………………………………………… 54
第一节　犬猫绦虫病 ………………………………………………… 61
第二节　鸟类绦虫病 ………………………………………………… 76
第三节　鱼类绦虫病 ………………………………………………… 79

第五章　线虫及棘头虫病 ……………………………………………… 84

概　述 ……………………………………………………………… 84
第一节　犬猫线虫病 ………………………………………………… 91
第二节　鸟类线虫病 ………………………………………………… 116
第三节　鱼类线虫及棘头虫病 ……………………………………… 125

第六章　蜱螨和昆虫病 …… 132
概　述 …… 132
第一节　犬猫蜱螨及昆虫病 …… 135
第二节　鸟类蜱螨与昆虫病 …… 146
第三节　鱼类昆虫病 …… 155
第七章　原虫病 …… 163
概　述 …… 163
第一节　犬猫原虫病 …… 166
第二节　鸟类原虫病 …… 180
第三节　鱼类原虫病 …… 193
实践技能训练项目 …… 208
实训一　吸虫及其中间宿主形态构造观察 …… 208
实训二　绦虫一般形态构造观察 …… 209
实训三　线虫形态构造观察 …… 210
实训四　蜱螨和昆虫形态构造观察 …… 211
实训五　粪便检查 …… 213
实训六　犬、猫蠕虫卵形态观察 …… 216
实训七　犬寄生虫学剖检技术 …… 219
实训八　动物寄生虫材料的固定与保存 …… 223
实训九　驱虫技术 …… 225
实训十　动物寄生虫病流行病学调查 …… 227
实训十一　动物寄生虫病临诊检查 …… 228
实训十三　肌旋毛虫检查 …… 228
实训十三　螨病实验室诊断 …… 229
实训十四　原虫检查法 …… 231
主要参考文献 …… 233

绪　论

宠物寄生虫病学是研究寄生于宠物体内外的寄生虫及其所引起疾病的科学。宠物寄生虫病学包括寄生虫学和寄生虫病学两部分内容，前者研究寄生虫的种类、形态、构造、生理、生活史、地理分布及其在动物分类学上的地位。其中，了解和掌握生活史对于宠物寄生虫病的诊治与预防最为重要；后者主要研究寄生虫对宠物机体的致病作用、寄生虫病的流行病学、临诊症状、病理变化、免疫、诊断、治疗和预防。对于宠物寄生虫病来说，一切与诊断、治疗和预防紧密相关的内容都是学习和掌握的重点。

随着人们生活水平的不断提高，宠物的饲养量迅速增长，并已经成为人们生活中的重要的伴侣动物。而寄生虫对宠物的危害十分严重，他们种类多、散布广泛，因而使宠物的保健和医疗业应运而生，并朝产业化方向发展。学习和掌握宠物寄生虫病知识，其目的就是正确地诊断和治疗疾病，并指导宠物养主预防寄生虫病，以保证宠物和人类的健康，为宠物业的发展提供服务，并为公共卫生事业作出贡献。

近代科学的发展常常以多学科的交叉渗透为特征，于是在寄生虫学中出现了寄生虫的生态学、生理学、生物化学、细胞学、免疫学等多分支学科。电子显微镜的出现推动寄生虫的形态学和分类学的研究，对寄生虫的亚显微结构有了新的认识，许多现代物理学和化学的新技术被应用到寄生虫研究的各个领域，寄生虫的研究已步入免疫寄生虫学与生化—分子寄生虫学的领域。

新中国成立以来，在党和政府的重视下，经过几十年的共同努力，动物寄生虫病的研究和防治取得了显著的成果。寄生虫学工作者在全国各地开展了大规模的调查研究和防治工作，使一些广泛流行、危害严重的动物寄生虫病和人兽共患寄生虫病得到了控制，取得了巨大的成就。对其中一些疾病已研制成功或广泛应用了特异性强、应用简便的诊断方法。研制和生产出许多种新型、低毒、高效的抗寄生虫病和杀蜱螨药。随着分子生物技术的发展，核酸探针、基因重组技术已应用于病原体鉴定、实验研究和疫苗研制之中。

但是，我国动物寄生虫病的研究工作与先进国家相比还有差距，有些危害严重的动物寄生虫病和人兽共患寄生虫病尚未消灭和根本控制，尤其是宠物寄生虫病还有许多新的问题需要去探索和研究。因此，必须加速人才培养，提高科研水平，并使一些先进成果尽快的应用于生产实际中，为保证宠物事业发展和人类健康服务。

【复习思考题】

1. 什么是宠物寄生虫病学，其内容有哪些?
2. 结合宠物寄生虫病的发展现状，谈学好本课程的现实意义。

第一章　宠物寄生虫学基础知识

第一节　寄生虫和宿主

一、寄生生活

在自然界中，两种生物生活在一起的现象十分普遍。这种现象是生物在长期进化过程中逐渐形成的，称之为共生生活。根据共生双方的利害关系不同，可将其分为三种类型：

1. 互利共生

共生生活中的双方互相依赖，彼此受益而互不损害，这种生活关系称为互利共生。如寄居于反刍兽瘤胃内和寄居于马属动物大结肠中的纤毛虫以植物纤维为食，供给自己营养，而瘤胃为其提供了生存、繁殖的环境；同时纤毛虫可分解植物纤维，有利于反刍兽和马属动物的消化，而纤毛虫死亡后，可为其提供蛋白质。

2. 偏利共生

共生生活双方中一方受益，而另一方既不受益也不受害，这种生活关系称为偏利共生，又称为共栖。如在人口腔中生活的齿龈内阿米巴原虫，吞食口腔中的食物颗粒，但并不侵入口腔组织，对人亦没有任何损害。

3. 寄生

共生生活双方中的一方受益，而另一方受害，这种生活关系称为寄生生活。寄生生活是多种生物采取的一种生活方式，如在人、动物、植物体表或体内生活的各种致病性生物，从对方获取营养，赖以生存，并给对方带来损害。

在寄生生活关系中，营寄生生活的生物称为寄生物，而营寄生生活的多细胞无脊椎动物和单细胞的原生动物则称为寄生虫，被寄生的动物称为宿主，如犬蛔虫寄生在犬的小肠中，犬蛔虫为寄生虫，而犬则为宿主。

二、寄生虫

宠物寄生虫的种类繁多且数量庞大。根据其寄生部位、适应程度，以及寄生虫在宿主体内或体外寄生时间长短、寄生虫寄生的宿主范围等，可将寄生虫分为以下类型。

1. 内寄生虫与外寄生虫

从寄生虫的寄生部位来分。凡是寄生在宿主体内各组织、脏器的寄生虫称为内寄生虫，如吸虫、绦虫、线虫等；寄生在宿主体表或与体表直接相通的腔、窦内的寄生虫称为外寄生虫，如蜱、虱、蚤、鱼鲺等。

2. 单宿主寄生虫与多宿主寄生虫

从寄生虫的发育过程来分。凡是发育过程中仅需要1个宿主的寄生虫称为单宿主寄生虫，如蛔虫、钩虫、球虫等，这类寄生虫一般分布广泛，流行感染较普遍；发育过程中需要更换两个或两个以上宿主的寄生虫称为多宿主寄生虫，如吸虫、绦虫等。

3. 长久性寄生虫与暂时性寄生虫

从寄生虫的寄生时间来分。是指一生均不能离开宿主，否则难以存活的寄生虫称为长久性寄生虫，如旋毛虫、蜱、虱等；为获取营养，只有在采食时才与宿主接触的寄生虫称为暂时性寄生虫，如蚊子等。

4. 专一宿主寄生虫与非专一宿主寄生虫

从寄生虫寄生的宿主范围来分。有些寄生虫只寄生于一种特定的宿主，对宿主有严格的选择性，这种寄生虫称为专一宿主寄生虫，如犬球虫只感染犬等；有些寄生虫能寄生于多种动物，这种寄生虫称为非专一宿主寄生虫，如旋毛虫、弓形虫等。

5. 专性寄生虫与兼性寄生虫

从寄生虫对宿主的依赖性来分。寄生虫在生活史中必须有寄生生活阶段，没有这部分，寄生虫的生活史就不能完成，这种寄生虫称为专性寄生虫，如犬绦虫等；既可营自由生活，又可营寄生生活的虫体称为兼性寄生虫，如类圆线虫等。

三、宿主

凡是体内或体表有寄生虫暂时或长期寄居的动物称为宿主。根据寄生虫在宿主体内发育特性和它们对寄生生活的适应程度，将其分为以下主要类型：

1. 终末宿主

寄生虫成虫或有性生殖阶段寄生的宿主称为终末宿主，如犬等肉食兽是细粒棘球绦虫的终末宿主。某些种类的寄生虫有性生殖阶段表现不明显，这时可将对人最重要的宿主称为终末宿主，如阿米巴原虫、锥虫。

2. 中间宿主

寄生虫幼虫期或无性生殖阶段所寄生的宿主称为中间宿主，如牛、羊等反刍动物是细粒棘球绦虫的中间宿主。

3. 补充宿主

某些寄生虫在发育过程中需要两个中间宿主，第二个中间宿主称为补充宿主，如淡水鱼、淡水虾是华枝睾吸虫的补充宿主。

4. 贮藏宿主

寄生虫的虫卵或幼虫在其体内虽不发育繁殖，但保持生命力和对易感动物的感染力，这种宿主称为贮藏宿主，亦称为转续宿主或转运宿主。如蛙、蛇、鸟类等是裂头蚴的贮藏宿主。贮藏宿主在流行病学研究上有着重要意义。

5. 带虫宿主（带虫者）

宿主被寄生虫感染后，随着机体抵抗力的增强或通过药物治疗，宿主处于隐性感染状态，体内仍存留一定数量的虫体，这种宿主称为带虫宿主，这种状态称为带虫现象。它在临诊上不表现症状，对同种寄生虫再感染具有一定的免疫力。如含有裂头蚴的蛙，被蛇、人食入后，在全身各处仍发育为裂头蚴而不发病，则蛇、人为裂头蚴的带虫宿主。

6. 传播媒介

通常是指在脊椎动物之间或脊椎动物与人之间传播寄生虫病的一类动物，主要指吸血的节肢动物，如虱传播斑疹伤寒等。

寄生虫与宿主的类型是人为的划分，其不同类型之间有交叉和重叠，有时并无严格的界限。

第二节　寄生虫生活史

一、寄生虫的生活史

寄生虫完成一代生长、发育和繁殖的全过程，称为寄生虫的生活史或发育史。生活史大体可分为两种类型，根据寄生虫在生活史中有无中间宿主，可分为直接发育型和间接发育型。不需要中间宿主的为直接发育型，此类寄生虫称为土源性寄生虫，如寄生于犬小肠中的蛔虫、寄生于鱼类的指环虫等；需要中间宿主的为间接发育型，此类寄生虫称为生物源性寄生虫，如寄生于犬小肠中的绦虫、寄生于鱼类的血居吸虫等。

在寄生虫生活史中，可分为若干阶段，每个阶段有不同的形态特征，需要不同的生活条件。如线虫生活史一般分为卵、幼虫、成虫三个阶段，其中幼虫又分为若干期。寄生虫完成生活史必须有其适宜的宿主，甚至是特异性宿主。而寄生虫本身必须发育到感染阶段，并具有侵入宿主的感染途径和进入宿主体内有一定的移行路径，才能到达寄生部位。同时寄生虫必须战胜宿主的抵抗力才能完成其生活史的全过程。研究寄生虫的生活史，特别是分析它们各个阶段所需要的生活条件，可为治疗和预防寄生虫病提供科学根据。

二、寄生虫与宿主的相互作用

寄生虫侵入宿主机体后，有的直接到达寄生部位停留下来发育，有的则要经过一段或长或短的移行，最后到达其特定的寄生部位，然后发育成熟。在寄生虫生长发育和繁殖过程中对宿主产生不同程度的损伤。同时宿主机体为了抗御寄生虫的侵袭，产生了一系列的抗损伤反应。寄生虫与宿主之间的相互作用贯穿于寄生生活的全部过程。

（一）寄生虫对宿主的作用

寄生虫对宿主的作用主要表现在以下方面：

1. 夺取营养

营养关系是寄生虫与宿主的最本质的关系，寄生虫在宿主体内生长、发育和繁殖所需要的营养物质主要来源于宿主，寄生的虫体数量越多，所需营养也越多。寄生虫夺取营养的方式，依其种类、食性及寄生部位的不同而异。一般具有消化器官的寄生虫，用口摄取宿主的营养物质，如血液、体液、组织以及食糜等，再经过消化器官进行消化和吸收，如吸虫、线虫等；无消化器官的寄生虫，通过体表摄取营养物质，如绦虫依靠皮层外的微绒毛吸取营养。寄生虫所夺取的营养物质除蛋白质、碳水化合物和脂肪外，还需要宿主不易获得的而又必须的物质，如维生素 B_{12}、铁及微量元素等。

2. 机械性损伤

（1）固着：寄生虫以吸盘、吻突、小钩、口囊等器官，固着在寄生部位，造成宿主的局部损伤，甚至引起出血和炎症。

（2）移行：寄生虫的幼虫在宿主各脏器及组织内游走移动的过程为移行。幼虫移行穿透各组织时，损伤各组织器官造成“虫道”，引起出血、炎症，同时破坏所经过器官或组织的完整性，如鱼的双穴吸虫的尾蚴，钻入鱼体后进入血管，移行到心脏和眼球。

（3）压迫：某些寄生虫在宿主脏器内大量寄生或形成逐渐增大的包囊，压迫宿主的器官和组织，造成组织萎缩和功能障碍；还有些寄生虫虽然体积不大，但由于寄生在宿主的重要生命器官，也因压迫而引起严重疾病，如华枝睾吸虫寄生于犬、猫的肝脏，对其危害很大。

（4）阻塞：寄生于消化道、呼吸道、实质器官和腺体的寄生虫，常因大量寄生而引起阻塞，严重者还可造成管腔破裂，如犬蛔虫引起的肠阻塞和胆道阻塞等。

（5）破坏：在宿主组织细胞内寄生的原虫，在繁殖中大量破坏组织细胞而引起严重疾病，如犬球虫在肠上皮细胞裂殖增殖时，引起肠管发炎和大量肠上皮细胞崩解，造成严重的出血性肠炎等。

3. 带入病原引起继发感染

某些寄生虫侵入宿主时，可以把一些其他病原体（细菌、病毒等）一同携带入内，特别是在宿主体内移行的幼虫，更容易将病原微生物带进被损伤的组织内；还有些寄生虫感染宿主机体后，破坏了机体组织屏障，降低了抵抗力，也使宿主易继发感染其他一些疾病，另外一些寄生虫在宿主的皮肤或黏膜等处造成损伤，给其他病原体的侵入创造了条件。还有一些寄生虫，其自身就是另一些病原微生物或寄生虫的生物学传播者。如血红扇头蜱传播犬巴贝斯虫病，某些蚤传播鼠疫杆菌等。

4. 虫体毒素和免疫损伤作用

寄生虫生活期间排出的代谢产物、分泌物、排泄物和死亡虫体的崩解产物，可引起宿主机体局部或全身性中毒或免疫病理反应，导致宿主组织及机能的损害，如棘球蚴囊壁破裂，囊液进入腹腔，可引起宿主发生过敏性休克，甚至死亡。

寄生虫对宿主的损伤常常是综合性的，表现为多方面的危害，而且各种危害作用又往往互为因果、互相激化而引起复杂的病理过程。

（二）宿主对寄生虫的作用

宿主对寄生虫的影响也是多方面的，目的是力图阻止虫体侵入以及将其消灭、抑制、排除。主要表现为如下形式。

1. 局部组织的抗损伤反应

寄生虫侵入宿主机体以后，局部组织表现出一系列应答反应，如宿主组织对寄生虫的刺激产生炎性充血和免疫活性细胞浸润，在虫体寄生的局部进行吞噬和溶解，或形成包囊和结节将虫体包围起来。机体的网状内皮系统细胞和白细胞都具有吞噬寄生虫的作用。

2. 天然免疫

遗传因素的作用表现为一些动物对某些寄生虫先天不感受性；年龄因素是影响非特异性免疫的重要因素，不同年龄的个体对各种寄生虫的易感性有差异，一般幼龄动物对寄生虫易感；宿主机体的皮肤、黏膜、血脑及胎盘的屏障作用，可有效地阻止一些寄生虫的侵入，如弓形虫不能通过完好的皮肤侵入宿主体内；胎盘可阻止犬巴贝斯虫侵入胎儿体内。

3. 产生后天获得性免疫

寄生虫侵入宿主机体以后，立即引起宿主的体液和细胞免疫系统活化，产生相应的抗体和免疫细胞，将寄生虫部分消除或者抑制其生长发育，使感染处在低水平状态，此期间虫体虽然能生存，但宿主不表现明显的症状，这种现象称为“带虫免疫”。

（三）寄生虫与宿主相互作用的结果

寄生虫对宿主的作用是对宿主的损害，同时宿主对寄生虫的反应是产生不同程度的免疫力并设法将其清除。其结果一般可归为三类：一是宿主清除了体内的寄生虫，并对再感染有一定时间的抵抗力；二是宿主自身或经过治疗清除了大部分或者未能完全清除体内寄生虫，感染处在低水平状态，但对再感染具有相对的抵抗力，这样宿主与寄生虫之间可维持相当长时间的寄生关系。这种现象在寄生虫的感染中比较普遍；三是宿主不能控制寄生虫的生长或繁殖，当寄生虫数量或致病性达到一定强度时，宿主表现出明显的临诊症状和病理变化而发病。

总之，寄生虫与宿主的关系异常复杂，任何一个因素均不是孤立的，也不宜过分强调，了解寄生关系的实质以及寄生虫与宿主的相互作用是认识寄生虫病发生发展规律的基础，是寄生虫病防治的根据。

三、寄生虫对寄生生活的适应性

寄生虫为了寻求并获得宿主和以后在宿主体内建立寄生生活的需要，在长期的演化过程中，形态构造和生理功能发生了一系列变化，以适应其寄生生活。根据寄生虫种类不同，其适应的程度和表现形式有所不同，主要体现在以下几方面：

（一）形态构造的适应

1. 附着器官发达

寄生虫为了更好地寄生于宿主的体内或体表，逐渐进化产生或发展了一些特殊的附着器官，如吸虫和绦虫的吸盘、小钩、小棘；线虫的唇、齿板、口、叶冠；节肢动物肢端健壮的爪、吸盘；蝇蛆的口钩、小刺；消化道原虫的鞭毛、纤毛和伪足等。

2. 消化器官的简单化或消失

寄生虫直接从宿主吸取丰富营养物质，因而不再需要复杂的消化过程，其消化器官变得简单化，以至退化或完全消失，如吸虫的消化器官非常简单，而甫　有肛门；绦虫的消化器官则完全退化，依靠体表直接从宿主肠道吸收营养。

3. 生殖系统发达

大多数寄生虫具有发达的生殖器官和强大的繁殖力。如吸虫多为雌雄同体，两性生殖器官占据虫体的大部分位置；绦虫雌雄同体，每一个成熟节片都具有独立的生殖器官，大大增加了繁殖能力；线虫生殖器官的长度超过身体若干倍。

4. 形态的改变

寄生虫在形态上更具有适应寄生生活的特点，如体虱身体扁平且有尖锐的爪，有利于在宿主体表附着；蚊子有适于吸血的刺吸式口器；线虫、绦虫的线状或带状体形，使其适于肠道的寄生环境。

（二）生理功能的适应

生理机能的变化，寄生于胃肠道中的寄生虫，其体壁和原体腔液内存在对胰蛋白酶和糜蛋白酶有抑制作用的物质，能保护虫体免受宿主小肠内蛋白酶的作用，提高对宿主体内环境的抵抗力。许多消化道内的寄生虫能在低氧环境中以酵解的方式获取能量。寄生虫繁殖能力的增强，表现为虫卵变小，产卵或产幼虫数量增加，卵及幼虫的抵抗力增强，这是保持虫种生存，对自然选择适应性的表现。如人蛔虫雌虫体长只有 30～35cm，但每天可产卵 20 万个以上，1 条虫体内含有约 2 700 万个虫卵。

四、外界环境对寄生生活的影响

在寄生虫病的发生中，外界条件对寄生生活有着重要影响，主要表现为以下几方面。

（一）外界环境对寄生虫的影响

大多数寄生虫需在外界环境中生存，各种环境因素必然对其产生不同的影响。寄生虫的外界环境具有双重性。当其处于寄生生活状态时，宿主是寄生虫直接的外界环境；当其某一个发育阶段处于自立生活阶段时，自然界便是其生活的直接外界环境，其中包括气候，水土和宿主的行为等。只有少数永久性寄生虫不离开动物，在宿主体内或体表完成其全部发育过程，多数寄生虫必须在外界环境中完成一定的发育阶段。因此，外界条件直接影响这些阶段，甚至决定其生存与死亡。

外界条件中，起决定作用的因素是温度和水分。只有在适宜温度下，寄生虫的体外发育阶段才能完成，温度过高或过低则使其发育停止，甚至死亡。如寄生于鱼的鳃、皮肤等处的子小瓜虫，适宜繁殖的温度为 15～25℃，水温高于 25℃时虽能发育，但一般不形成胞囊，28℃以上时幼虫死亡。

多数寄生虫的虫卵或幼虫需要潮湿的环境，甚至有些还必须在水中发育到感染期。因此，地势的高低、降雨量的大小、河流湖泊的有无等，都影响着寄生虫的发育。

（二）外界环境对中间宿主和生物传播媒介的影响

有些寄生虫的发育必须有中间宿主参加，有些寄生虫的传递必须靠生物媒介完成。因此，在一定区域内，某些寄生虫的中间宿主和生物媒介的存在与否，是该种寄生虫病能否发生的重要原因。中间宿主有其固有的生物学特性，外界条件（温度、水、空气、阳光、植被、地势等）直接影响其生存、发育和繁殖，间接影响寄生虫病的发生。如华枝睾吸虫的中间宿主为淡水螺，补充宿主为淡水鱼、虾，这两种宿主的生活必须依赖于水，这就决定了该病发生在水源丰富地区。有些动物感染原虫，必须由生物媒介传播，气候、地理条件等均影响生物媒介的出没、消长，因此，所引起的疾病具有明显的地区性和季节性，甚至影响其毒力。研究这方面的规律，对防治宠物寄生虫病有着重要的意义。

第三节　寄生虫的分类和命名

一、寄生虫的分类

在同一群体内，其基本特征，特别是形态特征是相似的，这是目前寄生虫分类的重要依据。所有的动物均属动物界。在动物界又依据各种动物之间相互关系的密切程度，分别组成不同的分类阶元。寄生虫分类的最基本单位是种，相互关系密切的种同属于一个属，相互关系密切的属同属于一个科，依此类推，建立起目、纲、门等各分类阶元。在各阶元之间还有“中间”阶元，例如亚门、亚纲、亚目、亚科、亚属、亚种或变种等。寄生虫亦按此分类原则进行分类。

与动物医学有关的寄生虫主要隶属于扁形动物门吸虫纲、绦虫纲；线形动物门线虫纲；棘头动物门棘头虫纲；节肢动物门蛛形纲、昆虫纲；环节动物门蛭纲；还有原生动物亚界肉足鞭毛门、顶复门、纤毛门等。

二、寄生虫的命名

为了准确地区分和识别各种寄生虫，必须给寄生虫定一个专业的名称。寄生虫的命名规则采用的是双名制命名法，这是目前全世界统一的动植物命名规则。用这种方法给寄生虫规定的名称叫做寄生虫的学名，即科学名。学名均由两个不同的拉丁文或拉丁化文字单词组成，属名在前，种名在后。第一个单词是寄生虫的属名，第一个字母要大写；第二个单词是种名，全部字母小写。例如日本分体吸虫的学名是“*Schistosoma japonicum*”。其中“*Schistosoma*”表示分体属；而“*japonicum*”表示日本种。

寄生虫病的命名，原则上以引起疾病的寄生虫属名定为病名，如棘球属的绦虫所引起的寄生虫病称为棘球绦虫病。在某属寄生虫只引起一种动物发病时，通常在病名前冠以动物种名，如鸭鸟蛇线虫病。

（韩晓辉）

【复习思考题】

1. 基本概念：寄生生活，寄生虫，宿主，终末宿主，中间宿主，补充宿主，贮藏宿主，保虫宿主，带虫宿主，传播媒介，生活史，移行，土源性寄生虫，生物源性寄生虫。

2. 寄生虫的类型。
3. 寄生虫的致病力。
4. 寄生虫对寄生生活的适应性。
5. 寄生虫的分类方法和命名，寄生虫病的命名。

第二章　宠物寄生虫病学基础知识

第一节　寄生虫病流行病学

一、流行病学的概念

研究寄生虫病流行的科学称为寄生虫病流行病学或寄生虫病流行学，它是研究动物群体某种寄生虫病的发生原因和条件、传播途径、发生规律、流行过程及其转归的科学。对某些一定条件下可能发展为群体流行的个体疾病的研究亦属流行病学研究范畴。流行病学这一概念涉及许多方面，它包括了寄生虫与宿主以及对它们的相互关系有直接或间接影响的所有外界环境的总和。

二、寄生虫病流行的基本环节

某种寄生虫病在一个地区流行必须具备三个基本环节，即感染来源、感染途径、易感宿主，这三个环节在某一地区同时存在并相互关联时，就构成寄生虫病的流行。

（一）感染来源

感染来源通常是指寄生有某种寄生虫的各种载体，如患病动物或其器官组织、中间宿主、补充宿主、贮藏宿主、保虫宿主、生物传播媒介等。病原体如成虫、幼虫、虫卵等通过这些宿主的粪便、尿、痰、血液以及其他分泌物、排泄物不断排出体外，污染外界环境并发育到感染性阶段，经过一定的途径感染易感宿主造成感染。

（二）感染途径

感染途径是指病原体从感染来源感染给易感宿主所必须经过的途径，即寄生虫感染宿主的过程方式和入侵门户。主要有以下几种方式：

1. 经口感染

寄生虫通过易感动物的采食、饮水，经口腔进入体内的方式，多数寄生虫属于这种感染方式。如犬蛔虫病是犬吃入感染性蛔虫卵而感染的。

2. 经皮肤感染

感染期幼虫通过易感动物皮肤，进入宿主体内的方式。如日本血吸虫的尾蚴能主动钻入人或动物皮肤而感染。

3. 经生物媒介感染

生物媒介主要是节肢动物，某些寄生虫需要节肢动物为中间宿主，或媒介物传播感染，即寄生虫通过节肢动物的叮咬、吸血而传播给易感动物，如蜱吸血传播多种犬巴贝斯虫病。

4. 接触感染

寄生虫通过宿主之间直接接触或通过用具、人员和其他动物等的传递而间接接触传播，如媾疫锥虫通过交配直接接触方式传播，外寄生虫通过直接接触或通过患病动物的用具、厩舍、垫草等接触感染。

5. 经胎盘感染

寄生虫通过胎盘由母体进入胎儿体内使其发生感染，如犬的弓形虫病。

6. 自身感染

某些寄生虫产生的虫卵或幼虫不需要排出宿主体外，即可使原宿主再次受到感染，如猪带绦虫病患者感染猪囊尾蚴病。

（三）易感宿主

是指对某一种寄生虫具有易感性的宿主动物，寄生虫与宿主间形成特异的寄生关系，决定了寄生虫的固有宿主。易感宿主对于寄生虫来说具有相对专一性，某一种寄生虫只能在一种或若干种动物体内生存，而不是所有动物。易感宿主也由于种类、品种、年龄、性别、营养状况等差异而呈现易感性和发病状况的差异，而其中最重要的因素是营养状况。易感动物的存在是构成寄生虫病流行的必要因素。

三、寄生虫病的流行规律和特点

（一）寄生虫病的生物学特性

寄生虫病的流行因素包括生物因素、自然因素和社会因素。生物因素是指寄生虫生活史的各个发育阶段，影响发育繁殖的环境以及寄生虫与宿主之间的相互关系。与寄生虫病流行与防治有关的生物学特性主要有以下几个方面。

1. 寄生虫的成熟时间

指寄生虫虫卵或幼虫从感染宿主到发育成熟排卵所需要的时间，对于季节性蠕虫十分重要，从而可推知最初的感染时间及其移行过程的长短，这对制定防治措施意义重大。犬恶丝虫成熟的时间有半年左右，因此，半岁以下的犬如果出现类似恶丝虫病症状，即可排除恶丝虫病的可能。

2. 寄生虫成虫寿命

成虫在宿主体内的寿命，决定了它向外界排出病原体的时间。寄生虫成虫的寿命差异很大，长的可达几十年，甚至伴随动物终生，短的不到半年。成虫寿命对构成其流行病学特征具有重要意义。

3. 在外界的生存

寄生虫以何种形式或以什么发育阶段从宿主体内排出，在外界生存和发育至感染期所需要的时间，在自然界保持感染力及存活的期限，对外界环境条件的耐受性等，都是寄生虫病防治的重要参考资料。

4. 中间宿主及传播媒介

很多寄生虫在生活史中都需要中间宿主或生物性传播媒介，中间宿主或节肢动物的存在是这些寄生虫病流行的必需条件，因此，研究螺、节肢动物的分布、密度、习性、栖息场所，出末时间，越冬地点以及有无天敌，对研究流行病学特征和制定防治措施具有重要意义。如我国血吸虫病流行在长江以南地区，这与钉螺的地理分布一致。

（二）寄生虫病的流行特点及其影响因素

多数寄生虫病呈区域性传播，为地方性流行，病原体多具冗长的发育期，并且多在生活史中有中间宿主或传播媒介参与。虫体不同于传染病的病原，因其繁殖速度、传播速度均较传染病慢，因而广泛散播的寄生虫病多以慢性病程致使动物死亡或极度消瘦，生产性能降低，造成巨大的经济损失。也有些种类的寄生虫病其致病性强，呈急性病程，动物死亡率高。此外一般寄生虫病亦呈季节性流行或散发。

1. 地方性

寄生虫病的流行与分布常有明显的地方性，即在某一地区经常发生。寄生虫的地理分布称为寄生虫区系。寄生虫的区系的差异主要与下列因素有关：

（1）与气候、地理条件、生态环境有关　寄生虫对自然条件适应性的差异，决定不同自然条件的地理区域所特有的寄生虫区系。

（2）与中间宿主或媒介节肢动物的地理分布有关　地理环境与中间宿主的生长发育及媒介节肢动物的孳生和栖息均有密切关系，可间接影响寄生虫病的发生和流行。如吸虫的流行区与其中间宿主的分布有密切关系。

（3）与人类的生活习惯和活动有关　人类的经济状况、社会制度、文化活动、医疗卫生、防疫保健以及人民的生产方式和生活习惯等，这些因素对寄生虫病流行的影响很大；另外对自然资源的大规模开发，也对寄生虫病的流行有重大影响。一个地区的自然因素和生物因素在某一个时期内是相对稳定的，而社会因素往往是可变的，并可在一定程度上影响着自然因素和生物因素。经济文化的落后必然伴有落后的生产方式和生活方式，以及不良的卫生习惯和卫生环境。因而不可避免造成许多寄生虫病的广泛流行，严重危害人体健康。

2. 季节性

寄生虫病的流行往往呈现出明显的季节性。多数寄生虫在外界环境中完成一定的发育阶段需要一定的条件，如温度、湿度、雨量、光照等气候条件，这些条件会对寄生虫及其中间宿主和媒介的种群数量的消长产生影响，生活史中需要节肢动物作为宿主或传播媒介的寄生虫，其疾病的流行季节与有关节肢动物的季节消长相一致，如疟原虫的流行季节与蚊虫的活动季节一致，所以，由吸血昆虫传播的寄生虫病多发生于夏季。温度影响寄生虫的侵袭力，如血吸虫尾蚴的感染力与温度有关。气候因素影响寄生虫在外界的生长发育，如温暖潮湿的环境有利于在土壤中的蠕虫卵和幼虫的发育。

3. 病程和流行形式

寄生虫病多呈慢性病程，甚至呈轻微或缺少临床病状，只引起生产性能下降的隐性经过，少数为急性和亚急性。流行形式多呈地方性流行，少数为流行性和散发。决定病程的因素很多，其主要因素是感染度，即宿主感染寄生虫的数量，它与疾病的严重程度关系密切。决定流行形式的重要因素是感染率，即宿主种群中被寄生虫感染的动物数量。

4. 自然疫源性

有的寄生虫病在没有人类、家畜、家禽及宠物等参与的情况下，依然可在自然界中流行和存在，主要是在野生动物群中流行循环。这种寄生虫病具有明显的自然疫源性。具有自然疫源性的寄生虫病称为自然疫源性寄生虫病，这种地区称为自然疫源地。寄生虫病的这种自然疫源性决定了某些寄生虫病在流行病学和防治方面的复杂性。

四、寄生虫病的危害

1. 引起宠物大批死亡

寄生虫病中有一部分能引起动物急性发病和死亡。如鸟球虫病，犬伊氏锥虫病，犬恶丝虫病等均有较高死亡率。某些慢性经过的寄生虫病，如蛔虫、绦虫等大量寄生时也能引起宠物死亡。

2. 影响宠物的生长发育和生产性能

因为寄生虫病多呈慢性经过，甚至呈隐性经过，因其对宿主的危害长期存在，可降低其生产性能影响其生长发育，如犬猫蛔虫病使幼犬和幼猫发育不良，生长缓慢。

3. 降低机体抵抗力，引发其他疾病

宠物患寄生虫病时，其体质和抵抗力明显下降，从而更易感染传染病等疾病。如幼犬肠道寄生虫感染率达70% ~80%以上，这些寄生虫的感染严重影响幼犬的体质和抗病力，使幼犬容易感染犬瘟热、犬细小病毒病、犬冠状病毒病等传染病。幼犬传染病的高发病率与早期寄生虫的感染有很大的关系。

4. 对人类健康造成威胁

宠物与人类关系密切，所以人兽共患寄生虫病对人类的威胁也是最直接威胁，如弓形虫病、黑热病、肉用犬的旋毛虫病等威胁着人类健康。

5. 影响宠物美观

由于寄生虫的寄生造成宠物营养不良，消瘦、贫血、被毛粗糙无光泽，尤其是宠物体表寄生虫，致使皮肤伴有脱毛、红斑、皮屑和瘙痒等症状。不良的外观亦影响宠物养主的审美需求。

第二节　寄生虫病的诊断

寄生虫病的诊断，应在流行病学调查及临诊症状的基础上，通过实验室检查，查出虫卵、幼虫或卵囊，必要时进行寄生虫学剖检等而进行综合性的诊断，综合诊断包括以下几个方面。

一、流行病学调查

全面了解患病宠物的生活环境、当地自然条件、中间宿主和传播媒介的存在与分布，发病季节、流行情况等，调查和掌握宠物的饲养环境条件、管理水平、发病和死亡等情况及居民的饮食卫生习惯等，从而收集到有价值的资料。流行病学调查可以为寄生虫的诊断提供重要的依据。

二、临诊检查诊断

详细观察宠物的临诊表现、营养状况和疾病的危害程度，分析病因。因寄生虫病在临床病状上往往缺少特异性，通过临诊检查可作出初步判断，在临诊检查中，对于具有典型病状的疾病或某些外寄生虫病可达到基本确诊的目的，如犬皮肤瘙痒、水泡、脓疱、脱毛可能是螨虫病。对于非典型的疾病，可明确疾病的危害程度和主要表现，为下一步检查提供依据。

三、病原学诊断

实验室病原学检查是寄生虫病诊断过程中必不可少的手段，可为确诊提供重要的依据。一般是在流行病学调查和临床检查的基础上进行的，通过一定的方法检出病原体，以达到确诊的目的。

寄生虫病的实验室检查方法很多，不同种类的寄生虫病其检查方法亦不同。根据寄生虫生活史的特点，从患病动物的粪、尿、血液、骨髓、脑脊液及分泌物和组织中检查寄生虫的某一发育期。

实验室病原学诊断方法很多，不同的寄生虫病采取不同检验方法。其检验方法包括：粪便检查（虫体检查法、虫卵检查法、毛蚴孵化法、幼虫检查法等），如寄生于消化道的寄生虫，其虫卵、幼虫或卵囊主要是通过粪便排出，所以粪便检查是主要方法。皮肤及其刮下物检查，如螨虫寄生于皮肤则采用该种方法检查。血液检查，尿液检查，生殖器官分泌物检查，肛门周围刮取物检查，痰及鼻液检查和淋巴结穿刺物检查等。必要时可以接种实验动物，然后从其体内检查虫体或病变来建立诊断，如弓形虫病、锥虫病等。

四、寄生虫学剖检诊断

寄生虫学剖检是诊断寄生虫病的可靠而常用的方法。对死亡或患病动物进行剖检，以发现动物体内的寄生虫，它在病理剖检的基础上进行，既要检查各器官的病理变化，又要检查各器官的寄生虫，并确定寄生虫的种类和数量，明确寄生虫对宿主危害的严重程度，以便确诊，尤其适合于对群体寄生虫病的诊断。

五、药物诊断

药物诊断用于实验室诊断中没能查出病原体或数量很少影响确诊，而流行病学资料及临诊症状又有若干疑点，此时可采用对该寄生虫病的特效药物进行宠物驱虫或治疗而进行的诊断方法。药物诊断包括驱虫诊断和治疗诊断，如寄生于胃肠道内的寄生虫，通过驱虫观察有无虫体排出。如原虫或器官内寄生的蠕虫可用特效的抗寄生虫药对疑似宠物进行治疗，根据治疗效果来进行诊断的方法。

六、免疫学诊断

寄生虫侵入动物体后，其产生的分泌物、排泄物和死亡后的崩解产物，在宿主体内均起着抗原的作用，可以诱导动物机体产生免疫应答反应。利用免疫反应的原理来诊断寄生虫病是一种诊断方法。随着免疫学研究的进展，一些免疫学诊断方法已被用于寄生虫病的诊断，如间接血凝方法、酶标法等。但由于寄生虫结构复杂，其生活史的不同阶段有各不相同的特异性抗原，再加上有些寄生虫表膜抗原不断发生变异，因此，寄生虫病的免疫诊断就不如病原诊断可靠。然而，对于一些只有解剖动物或检查活组织才能发现病原的寄生虫病来讲，如旋毛虫病、猪囊尾蚴病、棘球蚴病、住肉孢子虫病等，免疫学诊断仍是较为有效的方法。此外，在寄生虫病的流行病学调查中，免疫学诊断方法也有其他方法不可替代的优越性。目前常用的免疫学诊断方法主要有：皮内反应、沉淀反应、凝集反应、补体结合反应、免疫荧光抗体反应、酶联免疫吸附试验等，此外，尚有尾蚴膜反应和放射免疫酶测定，用于弓形虫病及锥虫病的团集反应，用于弓形虫病的染料试验，以及酶免疫转移印渍技术和单克隆抗体。

七、分子生物学诊断

随着分子生物学的发展，那些更灵敏、更快速、特异性强的检测技术已应用于寄生虫病的诊断和流行病学调查，如 DNA 探针、PCR 技术等，如应用 PCR 技术诊断锥虫病、利什曼病、贾第虫病、弓形虫病等。国内建立了弓形虫病 PCR 诊断方法，具有高度特异、敏感且快速的优点。分子生物学技术的应用极大地推动了寄生虫病诊断及寄生虫分类学的研究。

第三节 寄生虫病的防治

预防宠物寄生虫病的发生是关系到人兽健康和经济发展的大事。由于寄生虫种类繁多，各有不同的生物学特性，而宿主的饲养管理、地区的分布不同，因此预防宠物寄生虫病是一项极其复杂的工作。我们应贯彻“预防为主，防重于治”的方针，因地制宜，以流行病学研究为基础，以防为主，制定综合性防治措施。

一、控制和消除感染来源

1. 动物驱虫

驱虫是综合防治的重要环节，一方面是指用药物或其他方法将宠物体表或体内的寄生虫驱除或杀灭，从而使宠物康复；另一方面根据各种寄生虫的生长发育的规律，有计划的对感染或可能感染而未发病的宠物进行定期驱虫，减少患病宠物和带虫宠物向外界散布病原体，减少环境污染，也是对健康动物的预防。

选择驱虫药时应考虑药物符合高效、低毒、杀虫谱广、价格低廉、使用方便的要求。预防性驱虫的时间确定，一般采用成虫期前驱虫，可有效的防止性成熟虫体排出虫卵或幼虫，造成对外界环境的污染。驱虫时应根据宠物的体质状况、病原种类等确定药物及其剂量，必要时可将两种或两种以上的驱虫药联合起来使用以扩大驱虫范围。在驱虫工作中必须先进行小群试验，以评定药效及其安全性，取得经验后再推及全群。在治疗过程中应对患病宠物加强护理和观察，及时处理救治中出现严重副作用的宠物。驱虫后排出的粪便应集中，利用生物热发酵法进行无害化处理。在驱虫药使用过程中，要注意合理用药，避免频繁地连续几年使用同一种药物，尽量争取推迟或消除抗药性的产生。

2. 加强卫生检验

某些寄生虫病可通过被感染的动物性食品如肉、内脏、鱼、淡水虾等传播给宠物和人类，如华枝睾吸虫病、并殖吸虫病、旋毛虫病、弓形虫病、犬绦虫病等，因此，要加强卫生检验工作，对患病胴体和内脏及含有寄生虫的鱼、虾和蟹等，按国家有关规定销毁或进行无害化处理，杜绝病体扩散。加强卫生检验在公共卫生上意义重大。

二、阻断传播途径

寄生虫的生活史包括卵、幼虫、成虫等多个发育阶段，针对其生活史中的薄弱环节采取相应措施，如杀灭排出的虫卵或消灭中间宿主和传播媒介等切断其传播途径。

1. 外界环境除虫

寄生在消化道、呼吸道、肝脏中的寄生虫，在繁殖过程中随粪便一起把大量的虫卵、幼虫和卵囊等排到外界环境，在外界环境发育到感染期。因此杀死粪便中的虫卵、幼虫和卵囊，可以防止宠物再感染。杀死它们的最好方法是粪便发酵，因寄生虫的繁殖因子对化学消毒药有强大的抵抗力，常用浓度的消毒药无杀灭作用，但其繁殖因子对热敏感，在50～60℃温度下足以被杀死。所以应经常清除宠物粪便，到指定地点发酵处理，减少宿主与寄生虫虫卵或幼虫的接触机会，也减少了虫卵或幼虫污染饲料和饮水的机会。

2. 消灭中间宿主和传播媒介

有些寄生虫病在流行过程中，必须有中间宿主或传播媒介参加，如犬复殖孔绦虫病中间宿主为犬栉首蚤、猫栉首蚤，华枝睾吸虫的中间宿主为淡水螺。当其无经济价值时，可利用物理、化学或生物方法加以消灭，起到消除感染源和阻断感染途径的作用。对于不易广泛消灭的中间宿主和传播媒介，如蚂蚁、蝇、甲虫等，则在宠物所及的范围内加以消灭。

三、提高动物抵抗力

加强宠物饲养管理、增强宠物体质，提高抗病能力。在饲养过程中给予全价饲料，使其获得必需的氨基酸、维生素和矿物质。改善管理，减少应激因素，保持舍内干燥、光线充足，及时清除粪便和垃圾，使宠物获得舒服而有利于健康的环境。幼龄动物由于抵抗力弱而容易感染，而且发病严重，死亡率高，因此，对于幼仔给予特殊的照顾。

应用疫苗接种的方法诱导宿主产生特异性免疫，以预防和控制寄生虫病，目前已被国内外科学家认为是最安全、有效的防治措施，也是人们多年来共同追求的目标，因此，宠物寄生虫病还可通过预防免疫的方法进行预防。

（韩晓辉）

第四节　免疫寄生虫学基本知识

宠物对寄生虫的免疫，表现为免疫系统对寄生虫的识别和试图消除寄生虫的反应，即机体排除异己，包括病原体和非病原体的异体物质，或已改变了性质的自身组织，以维持机体的正常生理平衡过程，为免疫反应。

一、免疫的类型

（一）先天性免疫

先天性免疫为非特异性免疫，是动物在长期的进化过程中逐渐建立起来的天然防御能力，具有遗传和种的特征。包括种的免疫、年龄免疫和个体免疫，如犬不感染猪的蛔虫；旋毛虫可感染幼鸽，而不能感染成年鸡；在一个动物群体中，某种寄生虫只能感染其中部分动物，但很少所有动物感染，这就属于个体差异。

先天免疫主要表现为皮肤、黏膜及胎盘的屏障作用、补体系统的非特异性免疫作用及中性粒细胞和单核—巨噬细胞的吞噬作用等，如血液中的大单核细胞和各组织中的吞噬细胞，一方面表现为对寄生虫的吞噬、消化、杀伤作用；另一方面在处理寄生虫抗原过程中参与特异性免疫的致敏阶段。

（二）获得性免疫

获得性免疫又称特异性免疫，寄生虫侵入机体后，抗原物质刺激机体免疫系统，而使宿主机体产生的免疫。这种免疫具有特异性，往往只对激发动物产生免疫的同种寄生虫起作用。

1. 免疫机制

获得性免疫包括体液免疫和细胞免疫，其产生机理与微生物感染后产生的免疫基本雷同，但其免疫应答的具体机制，要比微生物感染的免疫机制复杂得多。

（1）体液免疫　是抗体介导的免疫效应。抗体属免疫球蛋白，包括 IgA、IgD、IgE、IgG 和 IgM。寄生虫感染早期，血中 IgM 水平上升，以后为 IgG。在蠕虫感染时，一般 IgE 水平升高，IgA 可见于肠道寄生虫感染。

抗体可单独作用于寄生虫，使其丧失侵入细胞的能力。例如伯氏疟原虫子孢子单克隆抗体的 Fab 部分与疟原虫子孢子表面抗原的决定簇结合，使子孢子失去附着和侵入肝细胞的能力；一般单细胞原虫，尤其是血液内寄生性原虫（疟原虫、锥虫）主要激发宿主机体的体液免疫反应，即由特异抗体（主要为 IgG）介导抗寄生虫免疫反应。抗体可以与虫体表面的特异受体结合，以阻止虫体对宿主细胞的识别和侵入，进而在补体或其他吞噬细胞的作用下，将虫体清除。

（2）细胞免疫　是淋巴细胞和巨噬细胞或其他炎症细胞介导的免疫效应。当致敏 T 细胞再次接触相应抗原后，释放多种淋巴因子，例如，致敏的淋巴细胞产生单核细胞趋化因子，吸引单核细胞到抗原与淋巴细胞相互作用的部位，另一种淋巴因子游子抑制因子可使巨噬细胞移动到局部，聚集于病原体周围；巨噬细胞活化因子（MAF），可激活巨噬细胞，增强吞噬能力和杀伤作用。例如，激活的巨噬细胞可杀伤在其细胞内寄生的利什曼原虫、弓形虫等。

（3）体液免疫和细胞免疫协同作用　在寄生虫感染中，常见的有抗体依赖、细胞介导的细胞毒性（ADCC）产生的免疫效应。通过协同作用发挥对虫体的杀伤作用。在组织、血管或淋巴系统寄生的蠕虫中，ADCC 可能是宿主杀伤蠕虫（如血吸虫童虫、微丝蚴）的重要效应机制。

2. 寄生虫的抗原特点

由于寄生虫组织结构和生活史的复杂性，并在生理和生化方面都有各自的特点。因此，寄生虫的抗原比较复杂，种类繁多，它们的不同发育阶段既可有共同的抗原，也有表现某一发育阶段的特异性抗原。

寄生虫抗原按来源可分为：体抗原和结构抗原，也称为内抗原，体抗原的特异性不高，常被不同种和不同属的寄生虫所共享；代谢抗原或分泌物，代谢产物常有生物学特性，由它产生的相应抗原有很高的特异性；可溶性抗原存在于宿主组织或体液中游离的抗原物质。

二、寄生虫免疫的特点

寄生虫的免疫与微生物免疫相比，具有以下特点：

1. 免疫复杂性

由于绝大多数寄生虫是多细胞动物，其组织结构复杂；另外寄生虫生活史十分复杂，不同的发育阶段具有不同的组织结构；还有其他许多因素造成寄生虫抗原及免疫的复杂性。

2. 不完全免疫

即宿主尽管对寄生虫能起一些免疫作用，但不能将虫体完全清除，以致寄生虫可以在宿主体内确保其世代延续和生存的机能。

寄生虫不断降低自身的抗原性，巧妙地避开宿主免疫反应而生存主要由下列因素决定：①不断改变自身抗原结构，使抗原失去活性；②模拟宿主抗原，逃避免疫监测；③抗原成分复杂；④在消化道或细胞内寄生，直接避开了宿主抗体和致敏淋巴细胞的杀伤作用。

3. 带虫免疫

是寄生虫感染中常见的一种免疫状态。所谓带虫免疫是指宿主与寄生虫之间处于某种平衡状态时，寄生虫在宿主体内保持着一定的数量，但宿主不呈现明显的临床症状，并保持着对同种虫体的再感染具有一定的免疫力，一旦宿主体内虫体消灭，宿主的这种免疫反应也随之结束。

4. 自愈现象

在某种蠕虫感染过程中，发现预先受到某种蠕虫感染的宿主当再次受到同种虫体感染时，可将原先寄生于宿主体内的这种寄生虫以及一些无关的寄生虫一起排出，这种免疫现象称为自愈现象。

三、免疫逃避

虽然宿主的免疫系统能抵抗寄生虫的寄生，但绝大多数寄生虫能在宿主的充分免疫力的情况下生活和繁殖，即寄生虫可以侵入免疫功能正常的宿主体内，并能逃避宿主的免疫效应，而在宿主体内发育、繁殖和生存，这种现象称免疫逃避。其主要原因为：

（一）抗原的改变

寄生虫表面抗原性的改变是逃避免疫效应的基本机制。

1. 抗原变异

寄生虫的不同发育阶段具有不同的特异性抗原，即使在同一发育阶段，有些虫种抗原亦可产生变化，产生持续不断的抗原变异型，因而不受已经存在的抗体的作用。如锥虫在宿主血液内能有顺序地更换其表被糖蛋白，产生新的变异体，而宿主体内每次产生的抗体，对下一次出现的新变异体无作用，因此寄生虫可以逃避特异性抗体的作用。

2. 分子模拟与伪装

有些寄生虫体表能表达与宿主组织抗原相似的成分，称为分子模拟。有些寄生虫体表能将宿主的抗原分子镶嵌在虫体体表，或用宿主抗原包被，称为抗原伪装。分子模拟与伪装妨碍了宿主免疫系统的识别。例如，曼氏血吸虫肺期童虫表面结合有宿主的血型抗原（A、B 和 H）和主要组织相容性复合物（MHC）抗原。这类抗原来自宿主组织而不是由寄生虫合成的，因此宿主抗体不能与这种童虫结合，为逃避宿主的免疫攻击创造了条件。

3. 表膜脱落与更新

蠕虫虫体表膜不断脱落和更新，结果与表膜结合的抗体随之脱落，因此出现寄生虫免疫逃避。

（二）组织学隔离

1. 免疫局限位点

寄生虫通过其特殊的生理结构与免疫系统相对隔离，不受免疫作用。如胎儿、眼组织、睾丸、胸腺等。

2. 细胞内寄生虫

寄生于细胞内的寄生虫，如果抗原不被呈递到感染细胞表面，则宿主的免疫系统就不能识别被感染细胞，其寄生虫可逃避免疫反应。

3. 宿主组织包囊膜包裹

其虫体因有较厚的囊壁包裹，尽管有些寄生虫的囊液具有很强的抗原性，机体的免疫系统无法作用于包囊内，所以囊内寄生虫可保持存活。

（三）抑制或直接破坏宿主的免疫应答

有些寄生虫抗原可直接诱导宿主的免疫抑制，抑制宿主对其进行的免疫清除作用。寄生在宿主体内的寄生虫释放出可溶性抗原，大量存在下可以干扰宿主的免疫反应，有利于寄生虫存活下来。表现为：与抗体结合、形成抗原抗体复合物、抑制宿主的免疫应答。如曼氏血吸虫感染者血清中存在循环抗原，可在宿主体内形成可溶性免疫复合物。有些寄生虫分泌的酶类可直接降解补体，灭活与消耗补体，以保护虫体本身。

四、免疫的实际应用

由于寄生虫形态结构和生活史比较复杂，其功能性抗原的鉴别和批量生产比较困难，抗寄生虫的疫苗比细菌和病毒更难获得，而且不易产生足够的免疫保护。但伴随各种生物学新技术，尤其是分子生物学技术在寄生虫学研究领域的应用，寄生虫免疫学研究也不断取得进展，各种虫体的抗原变异机理不断被揭示，保护性抗原分离及分子克隆不断取得突破，人们把目光重新又转移到免疫预防方面。一些寄生虫的虫苗在预防动物寄生虫病方面正在发挥越来越明显的作用，免疫预防已成为一种发展趋势，如牛巴贝斯虫基因工程苗在澳大利亚已进行田间试验。鸡球虫疫苗的应用可以有效的解决球虫抗药性及药物残留等系列药物相关问题。

（一）免疫学诊断

免疫学诊断是利用寄生虫和宿主机体之间所产生的抗原与抗体之间的特异性反应进行的。利用免疫学方法进行寄生虫病诊断，已被广泛采用，如变态反应、沉淀反应、凝集反应、补体结合反应、免疫荧光抗体技术、免疫酶技术等。如旋毛虫病、弓形虫病、伊氏锥虫病、利什曼原虫病等可应用荧光免疫技术进行诊断。

（二）免疫预防

主要寄生虫虫苗的种类有：

1. 弱毒苗

它是一种致病力减弱而仍具有活力的病原苗。致病减弱的虫体在易感动物体内可以存活甚至繁殖，但不致病，从而起到一种抗原的作用，在相当长的一段时间内激活机体内的免疫系统对同类或遗传上类似病原的感染起到免疫抵抗作用。致弱苗的制备可从自然界筛选弱毒株、驯化致弱、化学或物理致弱、遗传学致弱（基因剔除、基因失效）。

2. 分泌抗原苗

寄生虫的分泌或代谢产物具有很强的抗原性。在具备成功的培养技术的前提下，可以从培养液中提取有效抗原作为制备虫苗的成分。如犬的巴贝斯虫苗，分别在澳大利亚和欧洲广泛应用。

3. 重组抗原苗或基因工程苗

重组抗原苗是利用基因重组技术在异种生物体（主要有大肠杆菌、酵母、一些经过驯化或转化的真核细胞）内合成大量的重组抗原，再经过必要的处理进而制备成免疫制剂（虫苗或疫苗）。基因工程抗原苗可以弥补弱毒苗返祖，分泌抗原苗来源有限的不足。如血吸虫重组基因工程苗，以重组 GST（谷胱甘肽 - S - 转移酶）为代表的基因工程苗在动物和人体上都进行了试验，保护效果在 50% 以上。该蛋白质在血吸虫的各个发育时期（包括虫卵期）都有表达。

4. 化学合成苗

化学合成苗主要通过化学反应合成一些被认为可以对宿主有免疫保护作用的小分子抗原。它主要有合成肽苗和合成多糖苗。如疟疾合成多肽苗 spf66。

5. DNA 苗

DNA 苗又称核酸疫苗或基因疫苗。是将含有病原生物的重要基因的质粒 DNA 作为抗原直接接种到宿主体内，激活免疫系统产生抵抗病原侵入，诱导产生特异性免疫。DNA 虫苗免疫的免疫原性可靠，不但可以激活体液免疫系统，而且可以激活细胞免疫系统，尤其是能够激活细胞毒性 T 淋巴细胞（CTL）免疫系统，对清除寄生于细胞内的寄生虫如巴贝斯虫、弓形虫、疟原虫等尤为重要。

另外除应用疫苗进行免疫预防，常用的还有应用免疫增效剂进行免疫，以增强非特异性免疫力。

（李汝春）

【复习思考题】

1. 基本概念：感染来源，感染途径，寄生虫区系，自然疫源地，驱虫诊断，治疗诊断，免疫反应，先天性免疫，获得性免疫，带虫免疫。
2. 寄生虫病流行的基本环节。
3. 寄生虫病在流行病学上的特点，受哪些因素影响？
4. 寄生虫病的感染途径。
5. 宠物寄生虫病的主要危害。
6. 宠物寄生虫病诊断的方法，它们各自在诊断中的地位。
7. 寄生虫病的免疫特点。
8. 产生免疫逃避的主要原因。
9. 防治寄生虫病为什么要采取综合性防治措施，有何意义？

第三章　吸虫病

概　述

一、吸虫形态构造

（一）外部形态

吸虫大多数背腹扁平，两侧对称呈叶状，有些近似圆柱形，有些为线状。大小不一，长度范围在0.3～75mm。通常有两个吸盘，为附着器官，前部有由肌纤维交织而成的杯状口吸盘，其底部具有消化道开口的口孔，腹面的腹吸盘位置不定，在虫体后部则称为后吸盘，个别虫体无腹吸盘。吸虫表面平滑或具有小刺、小棘或鳞片等。

（二）体壁

吸虫无表皮，体壁由皮层和肌层构成皮肌囊。无体腔，内部各系统器官均包埋在柔软的实质内。皮层从外向内由外质膜、基质和基质膜构成。肌层由外环肌、内纵肌和中斜肌组成。

（三）消化系统

一般包括口、前咽、咽、食道及肠管。口除少数在腹面外，通常在虫体前端口吸盘的中央。前咽短小或缺。无前咽时，口后即为咽。食道或长或短，肠管常分为左右两条盲管称为盲肠。绝大多数吸虫的两条肠管不分枝，但有的肠管分枝，有的左右两条后端合成一条，有的末端连接成环状。吸虫没有肛门，吸虫以其寄生器官的黏液、分泌物或宿主的血液为食，经利用后的食物残渣，经口孔逆向吐出（图3－1）。

（四）生殖系统

除分体吸虫外，吸虫均为雌雄同体。其生殖系统很发达，占虫体的大部分。

1．雄性生殖系统

雄性生殖器官包括睾丸、输出管、输精管、贮精囊、射精管、前列腺、雄茎、雄茎囊和生殖孔等（图3－2）。睾丸的数目、形态、大小和位置随吸虫的种类而不同。通常有两个睾丸，圆形、椭圆形或分叶，左右排列或前后排列在腹吸盘下方或虫体的后半部。睾丸发出的输出管汇合为输精管，其远端可以膨大及弯曲成贮精囊。贮精囊接输精管，其末端为雄茎，在这些结构周围围绕着一簇由单细胞组成的前列腺。雄茎开口于生殖孔。

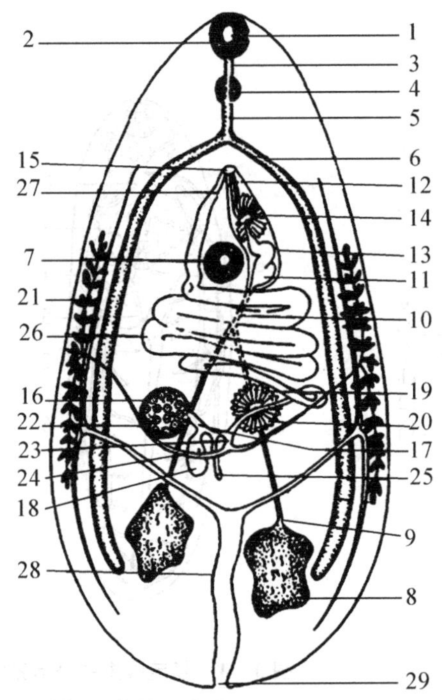

图3－1　复殖吸虫成虫的形态（采自陈心陶，1985）

1. 口　2. 口吸盘　3. 前咽　4. 咽　5. 食道　6. 盲肠　7. 腹吸盘　8. 睾丸　9. 输出管　10. 输精管　11. 贮精囊　12. 雄茎　13. 雄茎囊　14. 前列腺　15. 生殖孔　16. 卵巢　17. 输卵管　18. 受精囊　19. 梅氏腺　20. 卵膜　21. 卵黄腺　22. 卵黄管　23. 卵黄囊　24. 卵黄总管　25. 劳氏管　26. 子宫　27. 子宫颈　28. 排泄囊　29. 排泄孔

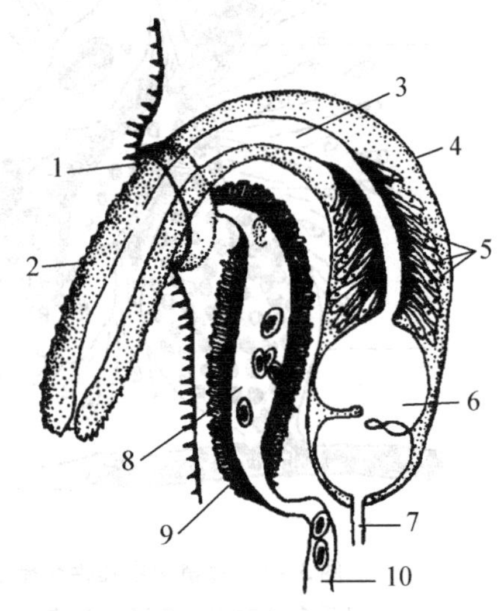

图3－2　复殖吸虫雄性生殖器官

（采自孔繁瑶．家畜寄生虫学，1997）

1. 生殖腔　2. 雄茎　3. 射精管　4. 雄茎囊　5. 前列腺　6. 贮精囊　7. 输精管　8. 子宫颈　9. 子宫颈腺　10. 子宫

2. 雌性生殖系统

雌性生殖器官包括卵巢、输卵管、卵膜、受精囊、梅氏腺、子宫及生殖孔等（图3－3）。卵巢的形态、大小及位置常因种而异。卵巢的位置常偏于虫体的一侧，卵巢发出输卵管，管的远端与受精囊及卵黄总管相接。劳氏管一端接着受精囊或输卵管，另一端向背面开口或成为盲管。卵黄总管是由左右两条卵黄管汇合而成，汇合处可能膨大形成卵黄囊。卵黄总管与输卵管汇合处的囊腔即卵膜，卵黄腺分泌的卵黄颗粒进入卵膜与梅氏腺的分泌物相结合形成卵壳。子宫起始处以子宫瓣膜为标志，子宫的长短与盘旋情况随虫种而异，接近生殖孔处多形成阴道，阴道与阴茎多数开口于一个共同的生殖腔，再经生殖孔通向体外。

（五）排泄系统

由焰细胞、毛细管、集合管、排泄总管、排泄囊和排泄孔等部分组成（图3－4）。焰细胞满布虫体的各部分，位于毛细管的末端，为凹形的细胞，在凹入处有一撮纤毛似火焰颤动。焰细胞收集的排泄物，从毛细管到前后集合管，再到排泄总管和排泄囊，最后由末端的排泄孔排出体外，排泄液含有氨、尿素和尿酸。焰细胞的数目与排列，在分类上具有重要意义。

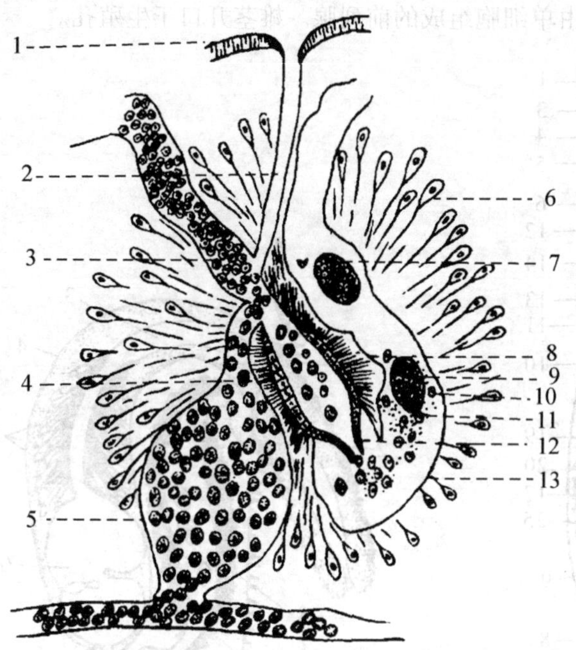

图3-3 复殖吸虫雌性生殖器官

(采自孔繁瑶．家畜寄生虫，1997)

1. 外角皮 2. 劳氏管 3. 输卵管 4. 梅氏腺分泌物 5. 卵黄总管 6. 梅氏腺细胞 7. 卵 8. 卵膜 9. 卵黄细胞 10. 卵的形成 11. 腺分泌物 12. 子宫瓣 13. 子宫

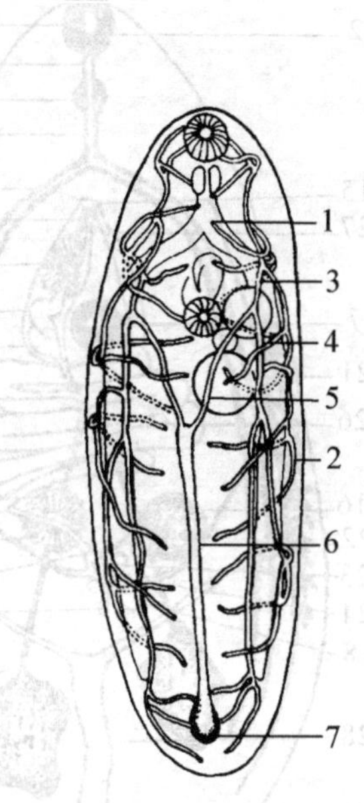

图3-4 复殖吸虫的排泄系统

(采自毕玉霞，2007)

1. 焰细胞 2. 毛细管 3. 前集合管 4. 后集合管 5. 集合总管 6. 排泄囊 7. 排泄孔

（六）淋巴系统

在单盘类及对盘类等吸虫中有类似淋巴系统的构造。由体侧2~4对纵管及分枝和淋巴窦相接（图3-5）。

（七）神经系统

在咽两侧各有1个由横索相连的神经节，相当于神经中枢。从两个神经节各发出前后3对神经干，分布于虫体背、腹和侧面。向后延伸的神经干，在几个不同的水平上皆有神经环相连。由前后神经干发出的神经末梢分布于口吸盘、咽及腹吸盘等器官（图3-6）。在皮层中有许多感觉器。有些吸虫的自由生活期幼虫，如毛蚴和尾蚴常具有眼点，具感觉器官的功能。

二、吸虫生活史

寄生于动物体内的复殖吸虫的生活史比较复杂。其主要特征是需要更换一个或两个中间宿主。中间宿主为淡水螺或陆地螺，补充宿主多为鱼、蛙、螺或昆虫等。发育过程经虫卵、毛蚴、胞蚴、雷蚴、尾蚴、囊蚴和成虫各期（图3-7）。

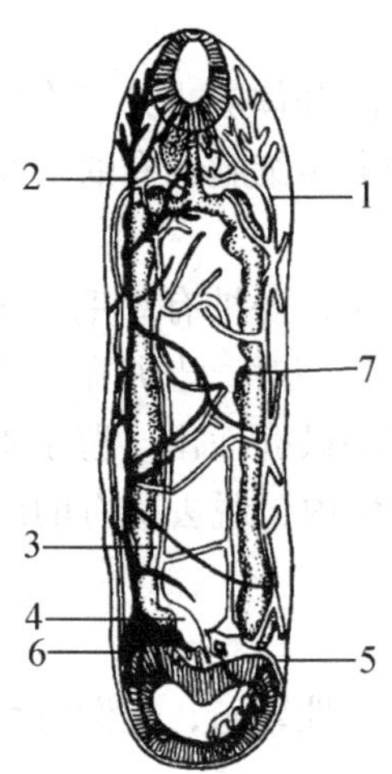

图 3－5　殖盘吸虫的淋巴系统
（采自汪明．兽医寄生虫学，2004）

1. 背淋巴管　2. 腹淋巴管　3. 中淋巴管　4. 后中淋巴管
5. 后背淋巴管　6. 后腹淋巴窦　7. 盲肠

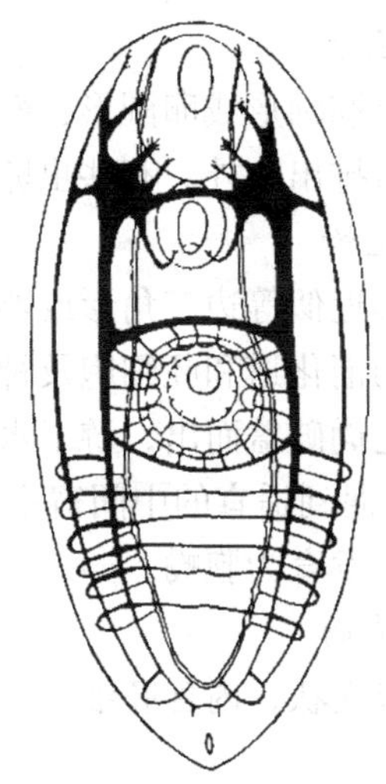

图 3－6　吸虫的神经系统（采自 Faust）

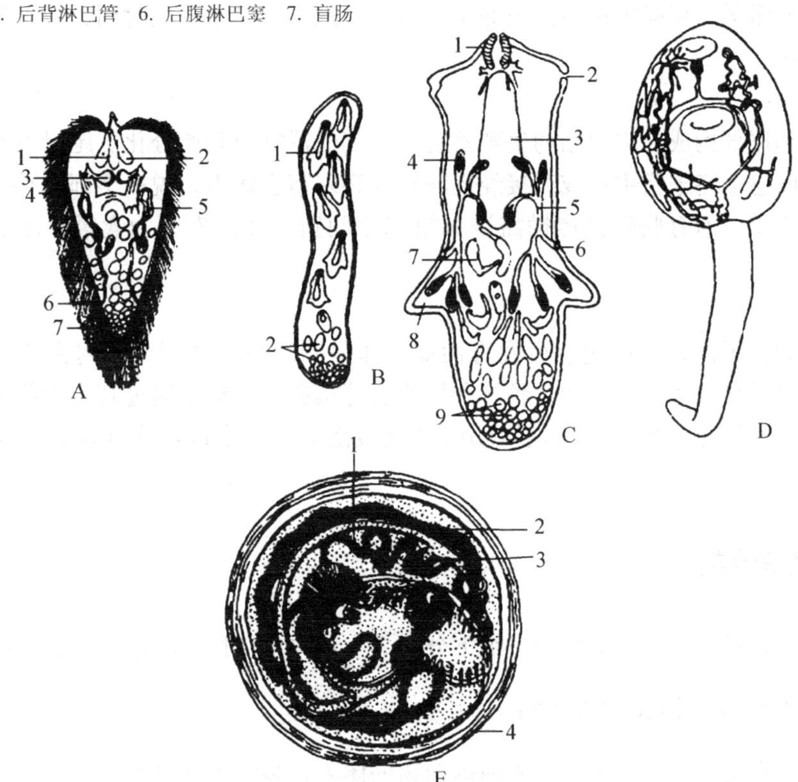

图 3－7　吸虫生活史（采自孔繁瑶．家畜寄生虫学，1997）

A. 毛蚴　1. 头腺　2. 穿刺腺　3. 神经元　4. 神经中枢　5. 排泄管　6. 排泄孔　7. 胚细胞
B. 胞蚴　1. 子雷蚴　2. 胚细胞
C. 雷蚴　1. 咽　2. 产孔　3. 肠管　4. 焰细胞　5. 排泄管　6. 排泄孔　7. 尾蚴　8. 足突　9. 胚细胞
D. 尾蚴
E. 囊蚴　1. 盲肠　2. 侧排泄管　3. 侧排泄管　4. 囊壁

1. 虫卵

多呈椭圆形或卵圆形，颜色为灰白、淡黄至棕色。除分体吸虫外都有卵盖，卵在子宫内成熟后排出体外。有些虫卵在排出时，仅含胚细胞和卵黄细胞；有的已发育有毛蚴。

2. 毛蚴

体形近似等边三角形或卵圆形，前端较宽，后段较窄，外被有纤毛，运动活泼。体内有简单的消化道和胚细胞及神经与排泄系统。排泄孔多为一对。当卵在水中完成发育，则成熟的毛蚴破盖而出，游于水中；无卵盖的虫卵，毛蚴则破壳而出。游于水中的毛蚴，在1~2d内遇到适宜的中间宿主，即利用其头腺，钻入螺体内，脱去被有的纤毛，移行至淋巴腔内，发育为胞蚴。

3. 胞蚴

呈包囊状，内含胚细胞、胚团及简单的排泄器。营无性繁殖，逐渐发育，在体内生成雷蚴。

4. 雷蚴

又称裂蚴，由胞蚴分裂而来，呈管状或长袋形，有咽和盲肠。有的吸虫只有一代雷蚴，有的则有母雷蚴和子雷蚴两期。营无性生殖，雷蚴逐渐发育成尾蚴，尾蚴从产孔排出。缺产孔的雷蚴，尾蚴由母体破裂而出。尾蚴在螺体内停留一段时间，成熟后即逸出螺体，游于水中。

5. 尾蚴

由体部和尾部构成。除原始的生殖器官外，其他器官均开始分化。尾蚴可在某些物体上形成囊蚴而感染终末宿主；或直接经皮肤钻入终末宿主体内，脱去尾部，移行到寄生部位，发育为成虫。但有些吸虫尾蚴需进入第二中间宿主体内发育为囊蚴，才能感染终末宿主。

6. 囊蚴

由尾蚴脱去尾部，形成包囊后发育而成，体呈圆形或卵圆形。囊内虫体体表常有小棘，有口、腹吸盘，还有口、咽、肠管和排泄囊等构造。囊蚴是通过其附着物或补充宿主进入终末宿主的消化道内，囊壁被胃肠的消化液溶解，幼虫即破囊而出，经移至寄生部位，发育为成虫。

三、吸虫分类

吸虫属于扁形动物门，吸虫纲。纲下分为3个目：单殖目、盾腹目和复殖目。

（一）单殖目（Monogenea）

发育史是直接的，寄生于鱼类或两栖动物的体表，多为体外寄生虫。

1. 指环虫科（Dactylogyridae）

小型虫体。具有1~3对头器和2对黑色眼点。具咽。肠支在伸至体表末端汇合成环。睾丸单个，个别为3个，位于体末端。卵巢单个，在睾丸之前，球形。卵黄腺发达。寄生于淡水鱼的鳃。

指环虫属（*Dactylogyrus*）

2. 三代虫科（Gyrodactylidae）

虫体细小。具有一对头器。后吸盘较发达。肠支通常为盲支。眼点付缺。睾丸中位，交配囊有小刺。卵巢通常位于睾丸之后，V 形或分瓣。胎生。鲢三代虫常见寄生于鲢鱼、鳙鱼的鳃、皮鳍、口腔；鲩三代虫寄生于草鱼的皮肤和鳃上。

三代虫属（*Gyrodactylus*）

（二）盾腹目（Aapidogastrea）

发育史是直接的，或需要交换宿主，多寄生于软体动物和鱼类及龟鳖类。

（三）复殖目（Digenae）

发育史需要更换宿主，寄生于动物和人。

1. 片形科（Fasciolidae）

大型虫体，扁平叶状，具有皮棘。口、腹吸盘紧靠。有咽，食道短，肠管多分枝或简单。卵巢分枝，位于睾丸之前。睾丸前后排列，分叶或分枝。生殖孔居体中线上，开口于腹吸盘前。卵黄腺位于体两侧。受精囊不明显，子宫位于睾丸前方。寄生于哺乳类肝脏胆管及肠道。

片形属（*Fasciola*）

2. 棘口科（Echinostomatidae）

中、小型虫体，呈长叶形。体前端有头冠，上有 1 ~2 行头棘。体表被有鳞或棘。腹吸盘发达，与口吸盘相距甚近。具咽、食道和肠支。肠支抵达体末端。生殖孔开口于腹吸盘之前。睾丸完整或分叶，纵列或斜列于体后半部，具雄茎囊。卵巢在睾丸之前，偏于右侧，多数种类无受精囊。卵黄腺粗颗粒状，分布于腹吸盘后的体两侧。子宫在卵巢的前方，含有薄壳的虫卵。寄生于爬虫类、鸟类及哺乳类的肠道。

棘口属（*Echinostoma*）

棘缘属（*Echinoparyphium*）

新棘缘属（*Neoacenthoparyphium*）

真缘属（*Euparyphium*）

棘原属（*Echinochasmus*）

外隙属（*Episthmium*）

似颈属（*Isthmiophora*）

3. 前后盘科（Paramphistomatidae）

虫体肥厚，呈圆锥形、梨形或圆柱形。活时为白色、粉红色或深红色。体表光滑。腹吸盘发达，在虫体后端。缺咽，有食道，肠支简单呈波浪头延伸到腹吸盘。睾丸前后或斜列于虫体中部或后部，卵巢位于睾丸之后。卵黄腺发达，位于体两侧。子宫弯曲沿睾丸背面上升，或呈“S”状弯曲上升。生殖孔开口于腹面中央前 1/3 处。排泄囊与劳氏管交叉或平行。寄生于哺乳类消化道。

同盘属（*Paramphistomum*）

4. 后睾科（Opisthorchiidae）

中、小型吸虫，虫体扁平，前部较窄，透明。口、腹吸盘不发达，相距较近。具咽和食道。肠支抵达体后端。生殖孔开口于腹吸盘前。睾丸呈球形或分枝、分叶，斜列或纵列于体后部，缺雄茎囊。卵巢通常在睾丸之前。卵黄腺位于体两侧。子宫有许多弯曲。寄生于爬虫类、鸟类及哺乳类的胆管或胆囊。

支睾属（*Clonorchis*）

后睾属（*Opisthorchis*）

次睾属（*Metorchis*）

微口属（*Microtrema*）

5. 异形科（Heterophyidae）

小型虫体。体后部宽于前部。腹吸盘发育不良或退化。食道长，肠支几乎到达体后端。生殖孔开口于腹吸盘附近。睾丸呈卵圆形或稍分叶，并列或前后排列，位于体后部，无雄茎囊。卵巢为卵圆形或稍分叶，位于睾丸之前的中央或偏右。卵黄腺位于体后的两侧。子宫弯曲位于体后半部，内含少数虫卵，贮精囊发达。寄生于哺乳类和鸟类肠道。

后殖属（*Metagoniums*）

异形属（*Heterophyes*）

6. 并殖科（Paragonimidae）

中型虫体，近卵圆形，肥厚。具有体棘。腹吸盘位于虫体中部，生殖孔在其后缘，肠管弯曲，抵达体后端。睾丸分枝，位于体后半部。卵巢分叶，在睾丸前与子宫相对，子宫高度盘曲，卵黄腺发达分布广泛。成虫寄生于猪、牛、犬、猫及人的肺脏。

并殖属（*Paragonimus*）

狸殖属（*Pagumogonimus*）

7. 双腔科（Dicrocoeliidae）

中、小型虫体。扁平叶状、矛形，半透明。口腹吸盘接近。睾丸呈圆形或椭圆形，并列或斜列于腹吸盘之后。卵巢圆形，常居睾丸之后。生殖孔居中位，开口于腹吸盘前。卵黄腺位于虫体中部两侧。子宫由许多上、下行的子宫圈组成。成虫寄生于爬虫类、鸟类、哺乳类的肝、肠及胰脏。

双腔属（*Dicrocoelium*）

阔盘属（*Eurytrema*）

8. 前殖科（Prosthogonimidae）

小型虫体，前端尖后端钝。具有皮棘。口吸盘位于虫体前部，有咽、食道，肠支简单，不抵达后端。腹吸盘位于虫体前半部。睾丸左右排列在腹吸盘之后。卵巢位于睾丸的正前方。生殖孔在口吸盘附近。卵黄腺呈葡萄状，位于体两侧。子宫盘曲于体后部。寄生于鸟类体内。

前殖属（*Prosthogonimus*）

9. 双穴科（Diplostomidae）

小型虫体，常分为前后两部分。前体部稍扁，呈匙状，在其前方有耳状突起，有黏着器，其下有密集的腺体。后体部呈柱状，有口吸盘和咽，肠支常抵达体后端。睾丸并列或纵列于虫体后部，卵巢在睾丸之前。卵黄腺呈颗粒状，分布于前、后体部。囊蚴在鱼类及两栖类寄生，成虫寄生于鸟类和哺乳动物。

翼形属（*Alaria*）

双穴属（*Piplostomum*）

10. 分体科（*Schistosomatidae*）

雌雄异体，一般雌虫较雄虫细，被雄虫抱在“抱雌沟”内。口腹吸盘不发达，或紧靠或付缺。缺咽。肠支在体后部联合成单管，抵达体后端。生殖孔开口于腹吸盘之后。睾丸形成4个或4个以上的叶，居于肠联合之前或后，有的睾丸数量很多，呈颗粒状。卵巢位于肠联合之前。卵黄腺占据卵巢后部的肠单管两侧。寄生于鸟类或哺乳动物的门静脉血管内。

分体属（*Schistosoma*）

东毕属（*Orienthobilharzia*）

第一节 犬猫吸虫病

一、消化系统吸虫病

（一）华枝睾吸虫病

华枝睾吸虫病是由后睾科枝睾属的吸虫寄生于犬、猫、猪、鼬、貂等动物和人的肝脏胆管及胆囊中引起的一种人兽共患寄生虫病，俗称“肝吸虫病”。

病原体 华枝睾吸虫（*Clonorchis sinensis*）成虫体形狭长，背腹扁平，前端稍窄，后端钝圆，呈叶状，半透明，体表无棘。虫体大小一般为（10～25）mm×（3～5）mm。口吸盘略大于腹吸盘，前者位于体前端，后者位于虫体前1/5处。消化道简单，口位于口吸盘的中央，咽呈球形，食道短，其后为肠支。肠支分为两支，沿虫体两侧直达后端，不汇合，末端为盲端。排泄囊为一略带弯曲的长袋，前端到达受精囊水平处，并向前端发出左右两支集合管，排泄孔开口于虫体末端。雄性生殖器官有2个睾丸，前后排列于虫体后1/3，呈分支状。无雄茎、雄茎囊和前列腺。雌性生殖器官有卵巢1个，浅分叶状，位于睾丸之前，输卵管发自卵巢，其远端为卵膜，卵膜周围为梅氏腺。卵膜之前为子宫，盘绕向前开口于生殖腔。受精囊在睾丸与卵巢之间，呈椭圆形，与输卵管相通。劳氏管位于受精囊旁，也与输卵管相通，为短管，开口于虫体背面。卵黄腺呈滤泡状，分布于虫体的两侧，两条卵黄腺管汇合后，与输卵管相通（图3－8）。

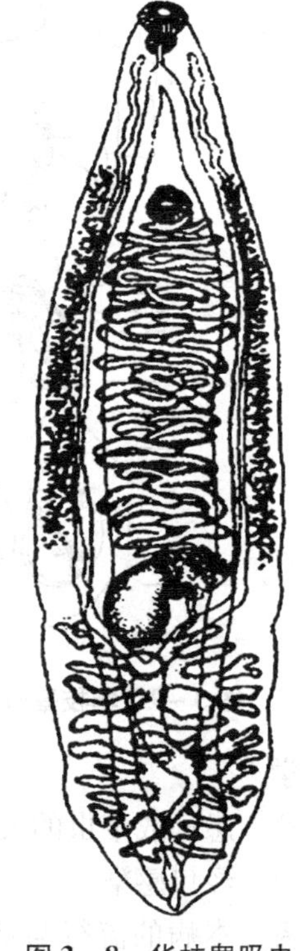

图3－8 华枝睾吸虫

（采自孔繁瑶．家畜寄生虫学，1997）

虫卵甚小，大小为（27～35）μm×（12～20）μm，黄褐色，形似灯泡状，内含成熟的毛蚴，一端有1个卵盖，另一端有1个小的突起。

生活史

中间宿主　为淡水螺类，如赤豆螺、纹沼螺、长角涵螺等。

补充宿主　70多种淡水鱼和虾，以鲤科鱼最多，其中麦穗鱼感染率最高。

终末宿主　犬、猫、猪等动物和人。

发育过程　成虫在终末宿主的肝脏胆管及胆囊中产虫卵，虫卵随胆汁进入消化道，随着粪便排出，进入水中被中间宿主淡水螺吞食后，在螺类的消化道内孵出毛蚴，毛蚴穿过肠壁在螺体内发育成为胞蚴，再经胚细胞分裂，形成许多雷蚴和尾蚴，成熟的尾蚴从螺体逸出。尾蚴在水中遇到适宜的补充宿主淡水鱼、虾类，则侵入其肌肉等组织，发育成为囊蚴。囊蚴呈椭圆形，大小平均为0.138mm×0.15mm，囊壁分两层。囊内幼虫运动活跃，可见口、腹吸盘，排泄囊内含黑色颗粒。囊蚴被终末宿主猫、犬等吞食后，在消化液的作用下，囊壁被软化，囊内幼虫的酶系统被激活，幼虫活动加剧，在十二指肠内破囊而出，从总胆管进入肝脏胆管发育为成虫（图3－9）。

发育时间　进入中间宿主的虫卵发育为尾蚴需30～50d；囊蚴进入终末宿主体内至发育为成虫并在粪中检到虫卵所需时间随宿主种类而异，犬、猫约需20～30d，鼠平均21d。

成虫寿命　囊蚴在鱼体内可存活3个月到1年。成虫在猫、犬体内分别存活12年和3.5年；在人体内寿命约为20～30年。

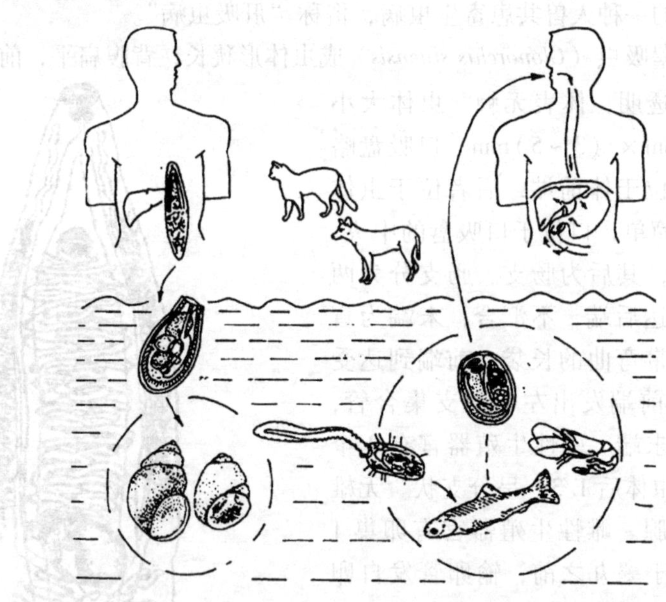

图3－9　华枝睾吸虫的生活史（采自孔繁瑶．家畜寄生虫学，1997）

流行病学

感染来源　患病或带虫的犬、猫和人是主要的感染来源。

感染途径　经口感染。

感染原因　本病的流行与地理环境、自然条件、生活习惯有密切关系。粪便污染水源，如流行区内在鱼塘边建造厕所，利用人畜粪便喂鱼，使螺、鱼受到感染；其中间宿主和补充宿主所需生态条件大致相同，鱼感染机会增多；猫、犬活动范围广，嗜食生鱼，这些均构成本病的流行因素。人的不良食鱼习惯，如食生鱼片、生鱼粥、烫鱼、干鱼、烤鱼等，是导致患病的原因。

囊蚴的抵抗力　囊蚴对高温敏感，90℃ 1s 死亡，在烹制全鱼时因温度不够和时间不足而不能杀死深部肌肉内的囊蚴。

地理分布　目前本病流行十分广泛，除少数干寒地区如青海、甘肃、内蒙古、新疆、西藏、宁夏外，其余省市均有不同程度感染。

症状　虫体寄生于胆管及胆囊中，机械性的刺激胆囊及胆管黏膜，引起胆管壁变厚、发炎，影响胆汁排泄，导致消化功能紊乱。临床上出现呕吐、腹泻。大量虫体寄生时，可使胆管阻塞，使胆汁排泄受阻，胆汁在体内积聚形成全身阻塞性黄疸。病犬、猫常呈慢性经过，轻度感染时症状不明显，重度感染时，表现长期消化不良，异嗜，食欲减退，下痢，水肿，甚至腹水。逐渐消瘦和贫血，肝区叩诊病犬反应明显，有痛感。

人主要表现胃肠道不适，食欲不振，消化障碍，腹痛。有门脉淤血症状，肝区隐痛，肝脏肿大，轻度浮肿。

病理变化　肝脏肿大，胆囊肿大，胆管变粗，胆汁浓稠，呈草绿色。胆管和胆囊内有许多虫体和虫卵。肝表面结缔组织增生，出现肝硬化或脂肪变性。

诊断　根据流行病学、临诊症状、粪便检查和病理变化等进行综合诊断。在流行地区，犬、猫常吃生鱼虾，如发生消化不良、腹泻、贫血和嗜酸性白细胞增加时，应进行粪便检查，如发现虫卵即可确诊。检查方法可采用漂浮法或沉淀法检查虫卵。

治疗　可选用以下药物：

丙硫咪唑　按每千克体重 25 ~ 50mg，1 次口服或混饲。

六氯对二甲苯（血防 846）　按每千克体重 20mg，每天 3 次，连续 5d，总剂量不超过 25g。

硫双二氯酚（别丁）　按每千克体重 80 ~ 100mg，每天 1 次，连续用药两周。

硝氯酚　按每千克体重 1mg，口服，每天 1 次，连用 3d。

防治措施　在流行地区，对犬猫进行全面检查和驱虫。在疫区，禁止以生的或未煮熟的鱼虾喂养犬猫。禁止在鱼塘边盖建猪舍或厕所。疫区应消灭淡水螺。

（二）后睾吸虫病

后睾吸虫病是由后睾科后睾属的猫后睾吸虫寄生于猫、犬及狐狸等动物的肝脏胆管内所引起的疾病。对犬、猫危害较大。

病原体　猫后睾吸虫（*Opistorchis felineus*），虫体大小为（7 ~ 12）mm ×（2 ~ 3）mm，体表光滑，颇似华枝睾吸虫，但略小。睾丸呈裂状分叶，前后斜列于虫体后 1/4 处。睾丸之前是卵巢及较发达的受精囊。子宫位于肠支之内，卵黄腺位于肠支之外，均分布在虫体中 1/3 处。排泄管在睾丸之间，呈 S 状弯曲（图 3 - 10）。

虫卵呈卵圆形，淡黄色，大小为（26 ~ 30）μm ×（10 ~ 15）μm，一端有卵盖，另一端有小突起，内含毛蚴。

生活史

中间宿主　为淡水螺，主要是李氏豆螺。

补充宿主　为淡水鱼类。

终末宿主　为犬、猫。

发育过程　成虫寄生于犬猫的胆管中，排出的虫卵随胆汁进入小肠，经粪便排出体外。虫卵被中间宿主吞食后，在其肠内孵出毛蚴，毛蚴穿过肠壁进入体腔，约1个月发育成内含雷蚴的胞蚴。雷蚴自胞蚴逸出进入螺的肝内，尾蚴在螺体内约经1个月发育成熟逸出，在水中游动，如遇到补充宿主淡水鱼后，即钻入其体内，在皮下脂肪及肌肉等处形成囊蚴。囊蚴被终末宿主猫吞食后，经胃肠液的作用，童虫逸出，经胆管进入肝脏，发育为成虫。

发育时间　童虫发育为成虫约3～4周。从虫卵至成虫的整个发育过程约经4个月。

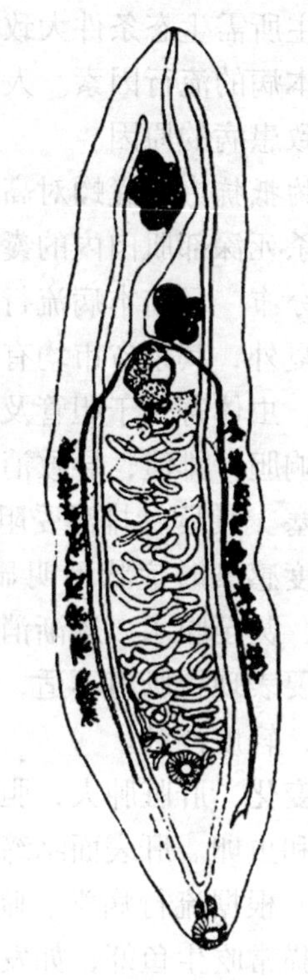

图3－10　猫后睾吸虫

（采自孔繁瑶，家畜寄生虫学，1997）

流行病学　猫后睾吸虫的终末宿主非常广泛，除犬、猫外，狐、獾、貂、水獭、海豹、狮、猪及人等均可感染，成为保虫宿主。虫卵在水中存活时间较长，平均温度为19℃可存活70d以上。中间宿主淡水螺的分布较广泛，几乎各种池塘均有发现，补充宿主淡水鱼有数十种，因此本病广泛流行。主要分布于东欧、西伯利亚及中国。

症状　临床可见精神沉郁，病初食欲逐渐减少甚至不食，继之呕吐、腹泻、脱水，可视黏膜及皮肤发黄，尿液呈橘黄色。重度感染时，胆管受到大量虫体、虫卵等的刺激而发生肿胀，大量虫体寄生时，胆汁排泄受阻，在体内聚集形成全身性黄疸，先出现于可视黏膜，如眼结膜，口腔黏膜，几天后可见全身皮肤发黄。患病犬、猫的腹部由于出现腹水而明显增大，头部下垂。

病理变化　由于虫体寄生时间较长，长期刺激肝脏胆管，可使肝细胞变性、结缔组织增生、肝硬化。剖检可见肝表面有很多不同形状和大小不等的结节。肝脏可达正常肝脏的2～3倍，且表面凹凸不平，质地坚硬。

诊断　可根据流行病学、临诊症状、粪便检查、寄生虫学剖检作出诊断。生前诊断采用沉淀法检查粪便中的虫卵。死后诊断主要是剖检，在胆管内找到虫体即可确诊。

治疗　可选用以下药物：

吡喹酮　为首选药，按每千克体重10～35mg，首次口服后隔5～7d再服第二次。

丙硫咪唑　按每千克体重25～50mg，口服，每天1次，连服2～3d。

全身性疗法　消炎、补充能量、补液。庆大霉素1万单位每千克体重，每天2次。ATP10mg、辅酶A 50单位、5%葡萄糖30～50ml，混合静脉注射。出现呕吐的猫可用止吐药胃复安，按每千克体重1.5mg肌肉注射。

防治措施

1. 给犬、猫喂食的鱼类应煮熟或经冷冻处理，使之无害化。

2. 每年冬季清理池塘淤泥一次，经常消毒鱼塘，可对灭螺和杀死尾蚴起到一定的作用。

（三）棘口吸虫病

棘口吸虫病是由棘口科的棘隙属、外隙属及棘口属的多种吸虫寄生于犬、猫的肠道内所引起的疾病。棘口吸虫种类多，分布广，对犬、猫造成一定的危害。

病原体

1. 犬外隙吸虫（*Episthmium canium*）

虫体短钝，近卵形，体表棘自头冠之后分布至虫体末端。虫体长 1.0 ~ 1.5mm，宽 0.4 ~ 0.8mm，头冠发达，具头棘 24 枚，背部中央间断。口吸盘位于体前端，腹吸盘位于体前 1/3 与 2/3 的交界处。两支肠管伸至虫体亚末端。睾丸位于体后半部的中间，圆形或多角形。卵巢位于睾丸前方左侧，椭圆形。卵黄腺分布在虫体两侧，自肠分支起至体末端。生殖孔开口于肠分支后。子宫短，仅含数个虫卵。虫卵大小为 84μm ×（50 ~ 60）μm。

2. 日本棘隙吸虫（*Echinochasmus japonicus*）

为小型虫体，前部窄，后部趋宽大，整个虫体向腹面弯曲，口、腹吸盘间为纵向的凹陷区。口吸盘球状，突出于虫体腹面，围有棘冠，头棘粗壮，其根部有棘窝。腹吸盘发达，显著突出于虫体腹面中央偏前方，呈一圆锥体。生殖孔紧接于腹吸盘前方。在虫体末端正中有一圆形凹陷的排泄孔。虫卵为卵圆形，金黄色，大小（72 ~ 80）μm ×（50 ~ 57）μm。

3. 园圃棘口吸虫（*Echinochasmus japonicus*）

虫体长叶形，体表具小棘。虫体长 8 ~ 9.2mm，宽 1.2 ~ 1.3mm。头冠发达，肾形。具头棘 27 枚，背部中央间断。口吸盘位于体前端，腹吸盘位于体前 1/5 处。两支肠管伸至虫体亚末端。睾丸位于体后半部，呈三角形。卵巢位于睾丸前的体中央或亚中央。卵黄腺分布于虫体两端，自腹吸盘开始。生殖孔开口于肠分支后。子宫弯曲于卵巢与腹吸盘之间，内含多个虫卵，虫卵卵圆形或椭圆形，大小为（108 ~ 116）μm ×（56 ~ 68）μm（图 3 - 11）。

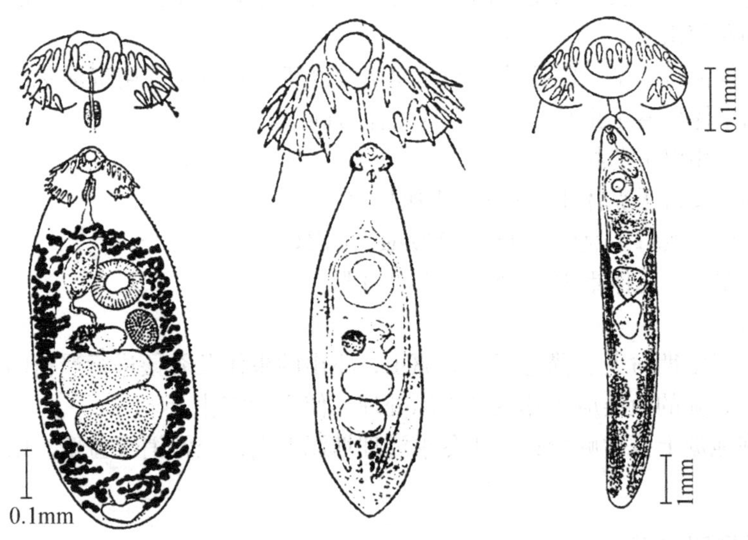

图 3 - 11　棘口吸虫成虫（采自陈心陶，1985）

1. 犬外隙吸虫　2. 日本棘隙吸虫　3. 园圃棘口吸虫

4. 宫川棘口吸虫（*E. miyagawai*）

虫体呈长时状，长 7.6～13mm，宽 1.3～1.6mm，体表被有小棘，具有头棘 37 枚。口吸盘小于腹吸盘。睾丸分叶状，在卵巢后方前后排列。卵巢呈圆形或扁圆形，位于虫体中央或稍前。子宫弯曲在卵巢前方，内充满虫卵。卵黄腺于后睾丸后方和向体中央扩展汇合。

生活史

中间宿主　为各种淡水螺，如纹绍螺、小土窝螺、扁卷螺等。

补充宿主　为淡水鱼、蛙、泥鳅、螺蛳以及沙塘鳢等。

终末宿主　犬、猫、水獭、鼠、兔、褐家鼠及人。

发育过程　成虫在肠道内产卵，虫卵随粪便排到外界，落入水中的卵大约经 7～31d 发育为毛蚴；毛蚴进入中间宿主后，约经 32d 先后形成胞蚴、雷蚴、尾蚴；尾蚴离开螺体，游于水中，遇补充宿主即钻入其体内形成囊蚴。犬、猫吃入含囊蚴的补充宿主后而遭感染。囊蚴进入消化道后，囊壁被消化，童虫逸出，吸附在肠壁上，约经 16～22d 即发育为成虫。

流行病学

感染来源　患病或带虫犬、猫等动物及人，虫卵存在于粪便中。

感染途径　终末宿主经口感染。

流行情况　1985 年在闽南龙海等 9 县市调查，人、犬、猫的感染率分别为 4.9%、39.7%、9.5%，人群感染随年龄的增长而降低。15 岁以内的病人占 77.5%。在日本、朝鲜、韩国和我国黑龙江、辽宁等地，有因食入烹调未熟的泥鳅而致人体感染园圃棘口吸虫的报道。该病在我国江苏、浙江、福建、广东、广西、云南、四川等地广泛流行。

症状　少量虫体感染时不显症状，幼犬、猫严重感染时食欲不振，消化不良，下痢，粪中混有黏液，食欲减退，逐渐消瘦和贫血，生长发育受阻，严重的因极度衰竭而死亡。

病理变化　棘口吸虫寄生于犬、猫肠道内，由于虫体体棘和头棘的机械性刺激，可使肠道的绒毛、黏膜和黏膜下层受损而引起炎症，局部有嗜酸性粒细胞、淋巴细胞和浆细胞浸润。引起肠黏膜出血。

诊断　根据流行病学、临诊检查和粪便初步诊断。粪便检查用沉淀法。也可用药物驱虫诊断，驱出虫体后鉴定虫种。剖检发现虫体可确诊。

治疗　可选用以下药物：

六氯乙烷　按每千克体重 2.0mg，1 次口服。

硫双二氯酚　按每千克体重 150～200mg，1 次口服。

吡喹酮　按每千克体重 10～35mg，1 次口服。

防治措施

1. 在流行区定期对犬、猫进行计划驱虫，驱出的虫体及粪便进行严格的无害化处理。
2. 喂给犬、猫的鱼类应煮熟或经冷冻处理，使之无害化。
3. 禁止在池塘上修建厕所；每年冬季清理塘泥 1 次，经常消毒鱼塘，以杀死螺蛳和棘口吸虫尾蚴。

（四）异形吸虫病

异形吸虫病是由异形科后殖属和异形属的吸虫寄生于犬、猫及人等多种动物的小肠中引起的疾病。异形科吸虫幼虫期寄生于鱼类，成虫寄生于禽类和哺乳动物体内。该病为世界性分布，东南亚和中东较普遍，是一种人兽共患病。

病原体 异形异形吸虫（*Heterophyes heterophyes* V. Siebold）虫体微小，成虫大小为（1.0～1.7）mm×（0.3～0.7）mm，体表具有鳞棘。呈梨形，前部略扁，后部较肥大，除口、腹吸盘外，很多种类还有生殖吸盘。腹吸盘大于口吸盘，腹吸盘位于虫体中线前段腹侧面，生殖吸盘位于腹吸盘的左下方，生殖吸盘或单独存在或与腹吸盘相连构成腹殖吸盘复合器。前咽明显，食管细长，肠支长短不一。睾丸1～2个，贮精囊明显，卵巢位于睾丸之前，受精囊明显（图3－12）。

卵小，淡褐色，内含成熟的毛蚴，大小为（26～30）μm×（15～17）μm。

生活史

中间宿主 为淡水螺类。

补充宿主 为淡水鱼或蛙。

终末宿主 犬、猫、猪、鹈鹕以及人。

发育过程 成虫寄生于终末宿主犬、猫等哺乳动物及鸟类的肠道中，产出的虫卵随宿主粪便进入水里。虫卵被中间宿主吞食，毛蚴在其体内孵出，经胞蚴、雷蚴（1～2代）和尾蚴阶段后，尾蚴从螺体逸出，侵入补充宿主体内，发育为囊蚴。终末宿主吞食含有囊蚴的鱼或蛙而感染，囊蚴在终末宿主消化道内脱囊，在小肠发育为成虫并产卵。

囊蚴抵抗力 抵抗力强，在醋中可存活24h，在80℃水中3min死亡，在开水中20s死亡。

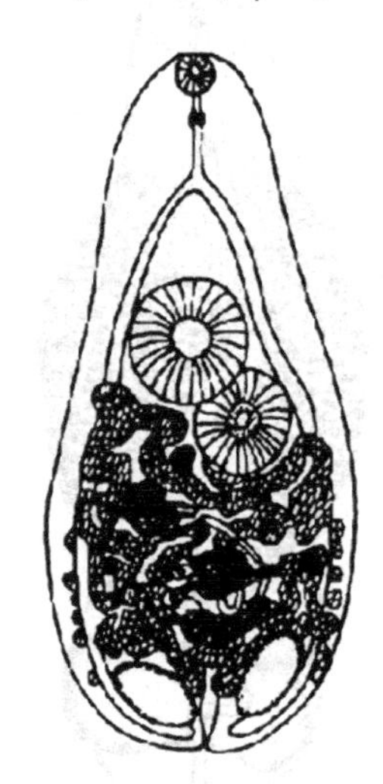

图3－12 异形异形吸虫

症状 症状与虫体寄生数量和虫卵栓塞部位密切相关，如感染虫体数量少，并无虫卵栓塞器官，无明显症状。如感染虫体数量较多，则可出现消化功能紊乱，腹痛、腹泻、粪便中混有血液、黏液，食欲不振。

病理变化 成虫寄生于宿主小肠黏膜绒毛间，由于机械性刺激和毒素作用，可引起肠黏膜充血、出血、炎症，嗜酸性粒细胞增高。由于大部分虫卵深埋于组织中，很容易随血液侵入心脏、脑和其他器官，从而产生肉芽肿。如虫卵异位沉积于心肌，可引起心肌炎及纤维化。

诊断 根据流行病学、粪便中检查虫卵即可确诊。病原学检查方法是用粪便涂片法及沉淀法检查虫卵，但要注意与华枝睾吸虫、后睾吸虫虫卵鉴别。

治疗 可选用以下药物：

硫双二氯酚 按每千克体重50～70mg给药。投药时，让病犬停食1顿，将药拌入食中喂给，隔5～7d再投药1次。

吡喹酮 按每千克体重50mg，1次口服。

防治措施

1. 犬定期驱虫。

2. 杀鱼时不得将鱼鳃、鱼鳍、鱼尾等随便丢弃，让犬、猫吞食，防止人为制造传染源。

3. 搞好人畜粪便的无害化处理，不得在鱼塘上修建厕所。

4. 消灭中间宿主螺蛳，可结合冬季清塘、清沟挖泥挑至高处让其自然干燥死亡，或用灭螺药物予以杀灭。

（五）翼形吸虫病

翼形吸虫病是由双穴科翼形属的有翼翼形吸虫寄生于犬、猫、狼、狐狸、貉和貂的小肠内引起的疾病。本病分布于世界各地，在我国的黑龙江、吉林、北京、江西和内蒙古等省、市及自治区均有发生。

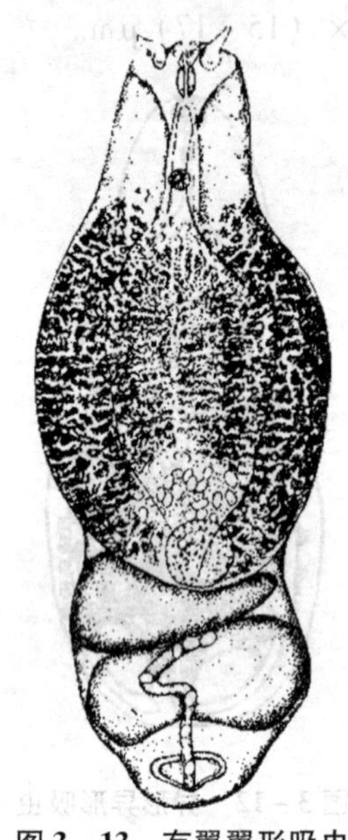

图 3－13　有翼翼形吸虫

（采自汪明．兽医寄生虫学，2004）

病原体　有翼翼形吸虫（*Alaria alata*），活体为黄褐色，虫体长为 2.65 ~ 4.62 mm，宽 0.83 ~ 1.16mm。虫体前后两部区分明显，前后体结合处向内凹陷，前体扁平而长，后体较短呈圆柱状，二者长短之比为（1.2 ~ 2.4）：1，前体体表被有小棘。口吸盘位于体前端，腹吸盘呈圆形不发达，位于前体前 1/5 处。口吸盘两侧有 1 对耳状的“触角”。黏着器发达，呈长圆形，中间具有较深的纵沟，位于前体腹面后 2/3 处。睾丸 2 个，形似哑铃，紧靠并前后横列于后体的中部。卵巢呈球形，位于前、后体结合处的中央。子宫先上行后下行并盘曲，经两睾丸间，开口于体后端的生殖腔内。卵黄腺由细小褐色颗粒组成，分布于前体两侧，几乎占满前体后 2/3 的全部空隙（图 3－13）。

虫卵卵圆形，金黄色，大小为（105 ~ 133）μm ×（53 ~ 95）μm，内含有受精卵及卵黄细胞。

生活史

中间宿主　为扁卷螺类。

补充宿主　为青蛙、蟾蜍及蝌蚪。

终末宿主　犬、猫、狼、狐狸、貉和貂。

转续宿主　大鼠、小鼠、蛇和鸟类。

发育过程　虫卵随宿主粪便排出体外，在适宜的条件下孵出毛蚴，游于水中，遇到中间宿主淡水螺即钻入其体内发育为胞蚴，由胞蚴直接生成尾蚴。尾蚴逸出在水中侵入蝌蚪或蛙类的肌肉中变为中尾蚴，中尾蚴是介于尾蚴与囊蚴之间的幼虫型。终末宿主吞食了含中尾蚴的蛙类而遭感染。童虫经过腹腔进入胸腔长期移行，经血液循环到达肺部，再经气管、咽最后到达小肠内发育为成虫。转续宿主因吞食青蛙和蟾蜍而感染中尾蚴，幼虫进入其体内长期处于停滞状态，不发育为成虫。终末宿主吞食含中尾蚴的转续宿主而遭感染，10d 即发育为成虫。

症状及危害　轻度感染时症状不明显。严重感染时，可引起十二指肠卡他性炎，表现消化不良，一般无严重危害。

诊断 通过粪便检查发现虫卵或尸体剖检发现虫体作出诊断。

治疗 可选用以下药物：

硫双二氯酚 按每千克体重 50～70mg 给药。投药时，让病犬停食 1 顿，将药拌入食中喂给，隔 5～7d 再投药 1 次。

吡喹酮 按每千克体重 50mg，1 次口服。

防治措施 看护好犬、猫，定期驱虫。禁止用生的或半熟的蛙、蟾蜍、蝌蚪、蛇和鸟类喂食犬、猫。

二、呼吸系统吸虫病

（一）并殖吸虫病

并殖吸虫病是由并殖科并殖属的卫氏并殖吸虫寄生于犬、猫等动物和人的肺脏中引起的疾病。又称为“肺吸虫病”，是重要的人兽共患病。

病原体 卫氏并殖吸虫（*Paragonimus westermani*），成虫椭圆形，虫体肥厚，背侧稍隆起，腹面扁平。活体红褐色，体表被有细小皮棘。口、腹吸盘大小相似，口吸盘位于虫体前端，腹吸盘约在虫体腹面中部。消化器官包括口、咽、食管及两支弯曲的肠支，两支弯曲肠支延伸至虫体后部。卵巢分 5～6 个叶，形如指状，与子宫并列于腹吸盘之后。两个睾丸有 4～6 个分支，并列于卵巢和子宫之后虫体后 1/3 处（图 3－14）。

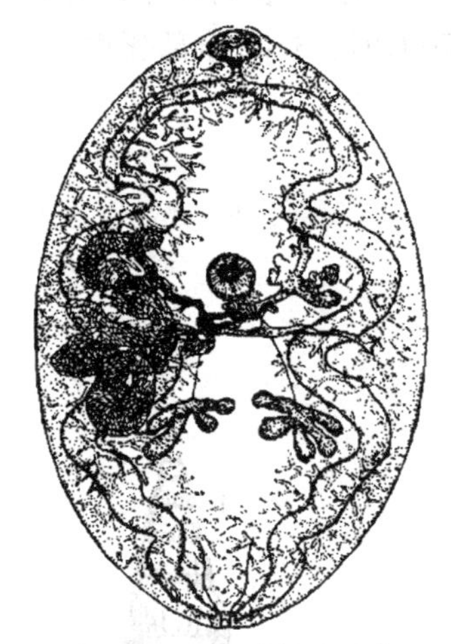

图 3－14 卫氏并殖吸虫
（采自汪明．兽医寄生虫学．第 3 版，2004）

虫卵金黄色，椭圆形，大小（80～118）μm×（48～60）μm，前端稍突，大多有卵盖，后端稍窄，卵壳厚薄不匀，后端往往增厚，卵内含有 1 个卵细胞和 10 多个卵黄细胞。

生活史

中间宿主 为淡水螺，蜷科和黑贝科中的某些螺（图 3－15）。

补充宿主 为淡水蟹或蝲蛄等。

终末宿主 主要为犬、猫、猪、人和多种肉食类哺乳动物。

发育过程 成虫成对地寄生于肺组织中形成虫囊，虫囊与支气管相通，产出的虫卵可经气管排出经痰液进入口腔，被咽下进入肠道后随粪便排出体外。卵落入水中，在适宜的温度下约经 3 周孵出毛蚴，毛蚴侵入中间宿主体内发育为胞蚴、母雷蚴、子雷蚴及尾蚴。成熟的尾蚴具短尾，尾蚴离开中间宿主在水中游动，遇到补充宿主即侵入其体内变成囊蚴，囊蚴呈球形，有两层囊壁，犬、猫因食入含有活囊蚴的溪蟹、蝲蛄而感染。

囊蚴进入终末宿主消化道后，约经 30～60min，在小肠前端经消化液作用下，童虫脱囊而出，靠两个吸盘作强有力的伸缩运动和前端腺分泌物的作用，钻过肠壁进入腹腔。童虫在脏器间移行并徘徊于各脏器及腹腔间。1~3 周后由肝脏表面或经肝或直接从腹腔穿过膈肌进入胸腔而入肺脏发育成熟并产卵。有些童虫可终生穿行于宿主组织间直至死亡。

发育时间　虫卵在水中孵出毛蚴需 2~3 周；在中间宿主和补充宿主体内的发育期需 90d；囊蚴进入终末宿主到成熟产卵，一般需 2~3 个月。

成虫寿命　成虫在宿主体内一般可活 5~6 年，长者可达 20 年。

流行病学

感染来源　患病或带虫犬、猫、猪、人等。

感染途径　经口感染。

地理分布　卫氏并殖吸虫在世界各地分布较广，日本、朝鲜、俄罗斯、菲律宾、马来西亚、印度、泰国以及非洲、南美洲均有报道。在我国，目前除西藏、新疆、内蒙古、青海、宁夏未见报道外其他 26 个省、市、自治区均有本病发生。

并殖吸虫病的发生与流行与中间宿主和补充宿主的分布有直接关系，由于其分布特点，加之终末宿主范围广泛，因此，本病具有自然疫源性。

囊蚴抵抗力　囊蚴在补充宿主体内的抵抗力较强，经盐、酒腌浸大部分不会死亡，但加热到 70℃时，3min 全部死亡。

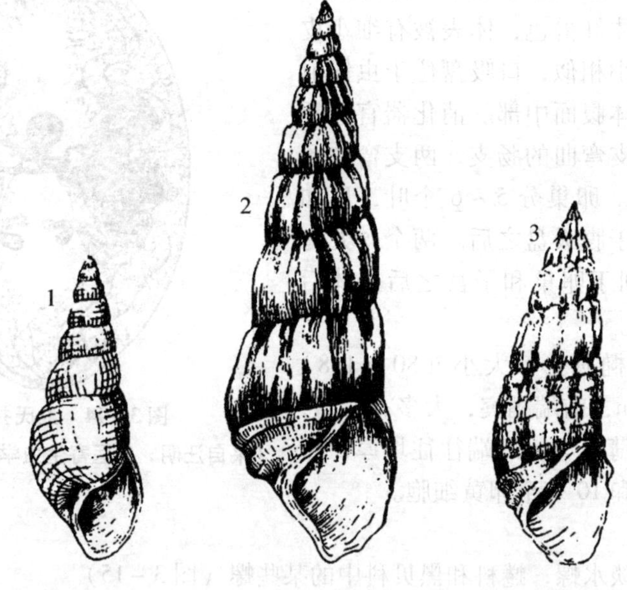

图 3-15　卫氏并殖吸虫第一中间宿主

1. 放逸短沟蜷　2. 方格短沟蜷　3. 黑龙江短沟蜷

致病作用及症状　童虫和成虫在动物体内移行和寄生期间可造成机械性损伤，引起组织损伤出血，并有炎性渗出。虫体的代谢产物等抗原物质可导致免疫病理反应，移行的童虫可以引起嗜酸性白细胞性腹膜炎、胸膜炎、肌炎及多病灶性的胸膜出血。在肺部引起慢性小支气管炎、小支气管上皮细胞增生和肉芽肿性肺炎，由于肉芽组织增生形成囊壁而变为囊肿。虫体死亡或转移后形成空囊，内容物被排出或吸收，纤维组织增生形成疤痕。进入血流中的虫卵还会引起虫卵性栓塞。成虫主要寄生于肺，但有时会发生异位寄生。

临床症状因感染部位不同而有不同表现。症状出现最早的在感染后数天至一个月内。患犬和猫表现精神不佳，咳嗽，早晨较剧烈，初为干咳，以后有痰液，痰多为白色黏稠状并带有腥味。若继发细菌感染，则痰量增加，并常出现咳血，铁锈色或棕褐色痰为本病的特征性症状。有些犬和猫还表现气喘、发热。并殖吸虫在体内有到处窜拢的习性，易出现异位寄生，寄生于脑部时还表现为感觉降低，头痛、共济失调，癫痫或瘫痪。寄生于腹部时，出现腹痛、腹泻，有时大便出血。

病理变化 虫体形成囊肿，可见于全身各内脏器官，以肺脏最为常见。肺脏中的囊肿多位于肺的浅层，一般豌豆大，稍凸出于肺表面，呈暗红色或灰白色，有的单个存在，有的积聚成团，切开囊肿可见黏稠褐色液体，有时可见虫体，有时有脓汁，有时可见形成纤维化或空囊。

诊断 根据流行病学结合临床症状，于痰液和粪便中检出虫卵便可确诊。

治疗 可选用以下药物：

硝氯酚 按每千克体重3～4mg，一次口服。

丙硫咪唑 按每千克体重15～25mg，口服，一天1次，连服6～12d。

吡喹酮 按每千克体重3～10mg，一次口服。

防治措施 在本病流行地区，禁止和杜绝以新鲜的蟹或喇蛄作为犬猫的食物。处理好犬、猫粪便，并无害化处理。销毁患病脏器。有条件的地区应配合灭螺。人群尽量不要生食或半生食蟹、蝲蛄及其制品，不饮生水。

（二）狸殖吸虫病

狸殖吸虫病是由并殖科狸殖属的斯氏狸殖吸虫寄生于猫、犬、果子狸等动物的肺脏引起的疾病。又称为斯氏肺吸虫病。可引起皮下结节的特征病变，称为皮下型并殖吸虫病。人体也可寄生，但是不能发育为成虫。

病原体 斯氏狸殖吸虫（*Pagumogonimus skrjabini*），成虫虫体窄长，前宽后窄，两端较尖，大小为（11.0～18.5）mm×（3.5～6.0）mm，宽长比例为（1∶2.4）～（1∶3.2）。在童虫期已显示出虫体长明显大于体宽的特征。腹吸盘位于体前约1/3处，略大于口吸盘。卵巢位于腹吸盘的后侧方，其大小及分支情况因虫体成熟程度不同而有所差别，虫龄低者，分支数较少，虫龄高者，分支数多，形如珊瑚状。睾丸2个，左右并列，分支状，其长度占体长的1/7～1/4，有些可达1/3，位于体中后1/3处（图3－16）。

虫卵椭圆形，左右不对称，壳厚薄不均匀，其大小平均48～71μm。

生活史

中间宿主 为泥泞拟钉螺、微小拟钉螺、中国小豆螺、建国小豆螺、建瓯拟小豆螺和中国秋吉螺等。

补充宿主 为锯齿华溪蟹、雅安华溪蟹、河南华溪蟹、福建马来溪蟹、角肢南海溪蟹、鼻肢石蟹和僧帽石蟹等。还有红娘华（水生节肢动物）体内发现此虫体的囊蚴。

转续宿主 多种动物，如蛙、鸟、鸭、鼠等。

终末宿主 为猫、犬、果子狸、豹猫等哺乳动物。

发育过程 生活史与卫氏并殖吸虫相似。

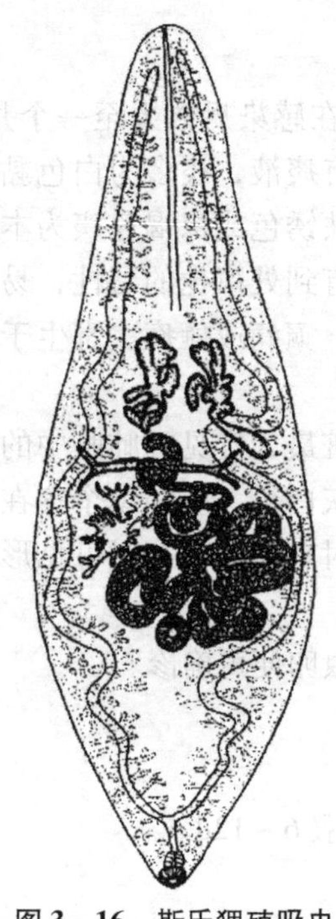

图 3－16　斯氏狸殖吸虫
（采自陈心陶，1985）

流行病学　患病和带虫的猫、犬、果子狸等是重要的感染来源。该病分布广泛，国内已发现于甘肃、山西、陕西、河南、四川、云南、贵州、湖北、湖南、浙江、江西、福建、广西、广东等 14 个省自治区均有此病的发生。

症状　一般犬、猫感染后，绝大多数未成熟虫体长期到处移行，难以定居，因而引起局部性或全身性病变，引起内脏幼虫移行和皮肤幼虫移行症。表现为咳嗽、胸痛，并伴有低热、乏力，精神不佳、行动缓慢，食欲减退，逐渐消瘦等全身症状。有时表现游走性皮下包块或结节；有时也能在肝中成囊并产卵。血象检查嗜酸性粒细胞明显增加。因本病表现多样，临床应特别注意与肺结核、肺炎、肝炎等鉴别。

病理变化　在动物体内，虫体在肺、胸腔等处结囊发育成熟并产卵，引起类似卫氏并殖吸虫的一系列典型病变。如侵入肝，在肝浅表部位形成急性嗜酸性粒细胞脓肿，中心为坏死腔，内含坏死组织，也可在肝中成囊产卵。

诊断　免疫学诊断或皮下包块活体组织检查是本病的主要诊断方法。如间接血凝试验或酶联免疫吸附试验。或采用外科手术摘除包块或结节，观察有无虫卵或虫体。

防治措施　同并殖吸虫病。

三、循环系统吸虫病

日本分体吸虫病

日本分体吸虫病是由分体科分体属的日本分体吸虫寄生于动物和人的门静脉系统的小血管内引起的疾病。又称“血吸虫病”。是一种危害严重的人兽共患寄生虫病。

病原体　日本分体吸虫（*Schistosoma japonicum*），雌雄异体，体呈线状。雄虫粗短，乳白色，体表光滑，大小为（10～20）mm×（0.5～0.55）mm，口吸盘位于体前端，腹吸盘在其后方，吸盘如杯状突出，具有短而粗的柄与虫体相连，并且腹吸盘大于口吸盘。自腹吸盘以后，虫体两侧向腹侧内褶，形成抱雌沟，雌虫停留其中，二者呈合抱状。消化器官有口、食道，缺咽，食道在腹吸盘前分为 2 支，向后伸延为肠管并在虫体后 1/3 处合并为一条。睾丸 7 个，呈椭圆形，在腹吸盘后成单行排列。生殖孔开口于腹吸盘后抱雌沟内。

雌虫较雄虫细长，前端细小，后端粗圆，大小为（15～26）mm×0.3mm。暗褐色。卵巢呈椭圆形，位于虫体中部偏后两肠管之间，子宫呈管状内含 50～300 个虫卵，雌性生殖孔开口于腹吸盘后方。卵黄腺呈较规则的分枝状，位于虫体后 1/4 处（图 3－17）。

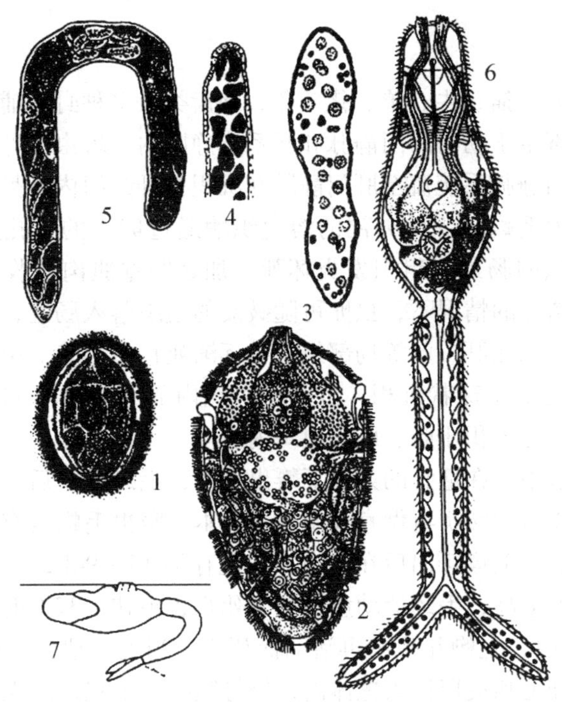

图 3-17 日本分体吸虫虫卵及各期幼虫（采自孔繁瑶．兽医寄生虫学，1997）

1. 虫卵 2. 毛蚴 3. 母胞蚴 4. 母胞蚴的前端 5. 子胞蚴
6. 尾蚴 7. 静止在水面上的尾蚴

虫卵 椭圆形，淡黄色，卵壳较薄，无盖，卵壳一侧有一逗点状小棘，卵壳内侧有一薄层的胚膜，内含一成熟的毛蚴，虫卵大小为（70~100）μm×（50~65）μm（图 3-18）。

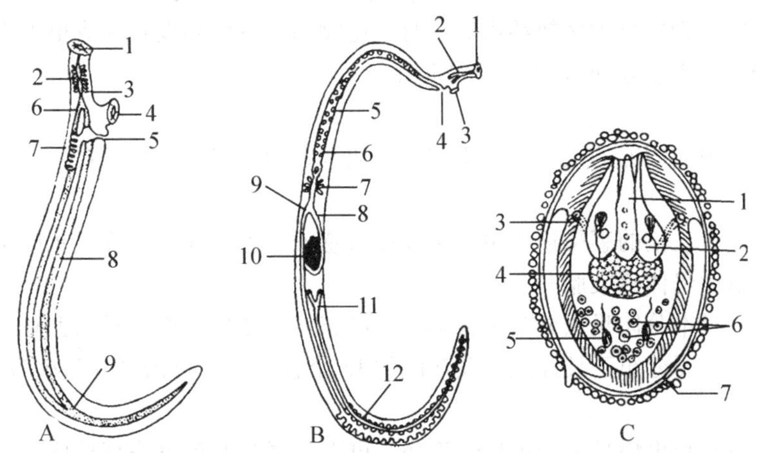

图 3-18 日本分体吸虫的雄虫、雌虫和虫卵（采自孔繁瑶．家畜寄生虫学，1997）

A. 雄虫：1. 口吸盘 2. 食道 3. 腺群 4. 腹吸盘 5. 生殖孔 6. 肠管 7. 睾丸 8. 肠管 9. 合一的肠管

B. 雌虫：1. 口吸盘 2. 肠管 3. 腹吸盘 4. 生殖孔 5~6. 虫卵与子宫 7. 梅氏腺 8. 输卵管 9. 卵黄管 10. 卵巢 11. 肠管合并处 12. 卵黄腺

C. 虫卵：1. 头腺 2. 穿刺腺 3. 神经突 4. 神经元 5. 焰细胞 6. 胚细胞 7. 卵膜

生活史

中间宿主　钉螺。

终末宿主　人、犬、猫、牛、羊、猪、兔、啮齿类及多种野生哺乳类。

发育过程　成虫寄生于动物的门静脉和肠系膜静脉内，雌虫产卵于肠黏膜下层静脉末梢内。一部分虫卵由门静脉系统流至肝门静脉并沉积在肝组织内，另一部分虫卵经肠壁进入肠腔，由于成熟卵内毛蚴头腺的分泌的溶组织酶通过卵壳的微孔进入组织，破坏血管壁，并使虫卵周围组织的肠黏膜组织发炎坏死，加之肠壁肌肉的收缩，所以在血流的压力、肠蠕动和腹内压增加的情况下，虫卵可随破溃的组织落入肠腔，并随宿主粪便排出体外。不能排出的卵，沉积在肝、肠等局部组织中逐渐死亡、钙化。由于卵成串排出，故在宿主肝、肠血管内往往呈念珠状沉积。沉着于组织内的卵，约经 11d 发育成熟，内含毛蚴。雌虫产出的卵大部分沉积于肠、肝等组织内。

成熟的虫卵落入水中，在适宜的条件下孵出毛蚴，毛蚴孵出后，利用其体表的纤毛在水中做直线游动，遇障碍便转折再做直线游动。日本血吸虫毛蚴具有向光性和向上性，因此多分布于水体的表层。毛蚴孵出后在水中一般能存活 15 ~ 94h，孵出的时间愈久，感染钉螺的能力愈低；温度愈高，毛蚴活动愈剧烈，死亡也愈快。37℃时，毛蚴在 20min 内活动已大为减少，至 2h 时，毛蚴几乎不再活动而死亡。当毛蚴遇到钉螺，借头腺分泌物的溶组织酶作用，脱去纤毛和皮层钻入螺体内，经母胞蚴、子胞蚴的无性繁殖阶段发育成尾蚴。一个毛蚴钻入螺体后通过无性繁殖可产生成千上万条尾蚴。

尾蚴从螺体内逸出的首要条件是水。尾蚴从螺体逸出后在水中的生存时间及其感染力随环境的温度、水的性质和尾蚴逸出后时间的长短而异。环境温度愈高，寿命愈短；逸出时间愈长，其侵袭力愈差。尾蚴在水中游动遇到终末宿主后从皮肤侵入，经小血管或淋巴管随血液经右心、肺、体循环到达肠系膜静脉和肝门静脉内，发育为成虫。

发育时间　虫卵在水中，25 ~ 30℃，pH 值为 7.4 ~ 7.8 时，几个小时即可孵出毛蚴；侵入中间宿主内毛蚴发育为尾蚴约需 3 个月；尾蚴钻入皮肤到发育为成虫需 30 ~ 50d。

成虫寿命　成虫生存期可达 3 ~ 5 年以上。

流行病学

感染来源　规模饲养的犬、猫感染较少，通常多为散养的犬、猫接触了被污染的水源而感染。

感染途径　犬、猫的感染途径主要是经皮肤感染。也可在犬、猫饮水时从口腔黏膜侵入。还可经胎盘由母体感染胎儿。

地理分布　日本分体吸虫分布于日本、菲律宾、印度尼西亚、马来西亚和中国。在中国分布很广泛，主要分布于长江流域及江南的 13 个省、市、自治区（贵州省除外），共计 372 个县、市。

症状　日本血吸虫病是一种免疫性疾病，可引起复杂的免疫病理反应。因动物的年龄和感染强度不同，分为急性和慢性两个类型。

急性型　感染的幼龄犬、猫表现精神不佳，体温至 40 ~ 41℃以上。行动缓慢，食欲减退，腹泻，粪便中混有黏液、血液和脱落的黏膜；腹泻严重者，最后出现水样粪便，排粪失禁。逐渐消瘦、贫血。经 2 ~ 3 个月死亡或转为慢性。经胎盘感染的幼龄犬、猫症状更重，死亡率高。

慢性型 患病犬、猫表现消化不良，发育缓慢。食欲不振，间歇性下痢，粪便混有黏液、血液，甚至块状黏膜，并有腥恶臭味，出现里急后重现象，甚至脱肛，肝硬化，腹水。幼龄犬、猫发育不良，怀孕犬、猫易流产。

人感染后先出现皮炎，而后咳嗽、多痰、咯血，继而发热、下痢、腹痛。肝脾肿大，肝硬化，腹水增多，逐渐消瘦和贫血，常因衰竭而死亡。幸存者体质极度虚弱，成人丧失劳动能力，妇女不孕，孕妇易流产，儿童发育不良。

病理变化 病死的犬、猫尸体消瘦，贫血，皮下脂肪萎缩；腹腔内常有多量积液。肝脏表面和切面有粟粒至高粱米粒大灰白色或灰黄色小点，即虫卵结节。病初肝脏肿大，后期萎缩硬化。严重感染时，肠道各段可见虫卵的沉积，常见有小溃疡、瘢痕及肠黏膜增厚。肠系膜淋巴结肿大，门静脉血管肥厚，血管内有多量雌雄合抱的虫体。

诊断 在流行地区，根据症状和流行特点，有无接触有钉螺的“疫水”史，进行综合分析可作出初步诊断，确诊和查出隐性感染的犬、猫，则需做病原检查或免疫学诊断。

常用的病原检查方法是虫卵毛蚴孵化法和沉淀法，孵化法检出率高，但不能替代沉淀法，一般两者结合进行。

生前可采用免疫学诊断，如皮内反应、环卵沉淀反应、补体结合反应、间接血凝试验、对流免疫电泳和酶联免疫吸附试验等方法，对证明是否感染具有一定的诊断意义。

治疗 可选用以下药物：

吡喹酮 按每千克体重 5～15mg，1 次口服。

硝硫氰胺（7505） 按每千克体重 7～8mg，一次口服，1 天 1 次，连用 3d。

六氯对二甲苯（血防 846） 按每千克体重 120～160mg，1 次口服，连用 3～5d。

防治措施 应采取综合措施，人医、兽医密切合作，做到人、畜同步进行防治。除积极检查和治疗病畜和病人，控制感染源外，还要加强粪便和用水的管理，安全放牧和消灭钉螺。该病危害严重，宿主范围广泛且生活史复杂，综合防治已成为一项十分浩大的系统工程。

1. 定期驱虫

及时对人、畜进行驱虫和治疗，并做好病畜的淘汰工作。

2. 灭螺

结合水土改造工程或用灭螺药物杀灭中间宿主，阻断血吸虫的发育途径。

3. 粪便管理

在疫区内可将人、畜粪便进行堆肥发酵和制造沼气，既可增加肥效，又可杀灭虫卵。

4. 用水管理

选择无螺水源，实行专塘用水或井水，以杜绝尾蚴的感染。

5. 加强犬、猫的管理

限制犬、猫到流行区活动。

（刘涛）

第二节　鸟类吸虫病

前殖吸虫病

前殖吸虫病是由前殖科前殖属的吸虫寄生于鸟类的腔上囊、泄殖腔或输卵管内引起的疾病。主要见于雀形目鸟，尤其是水禽和其他水生鸟容易感染发病。

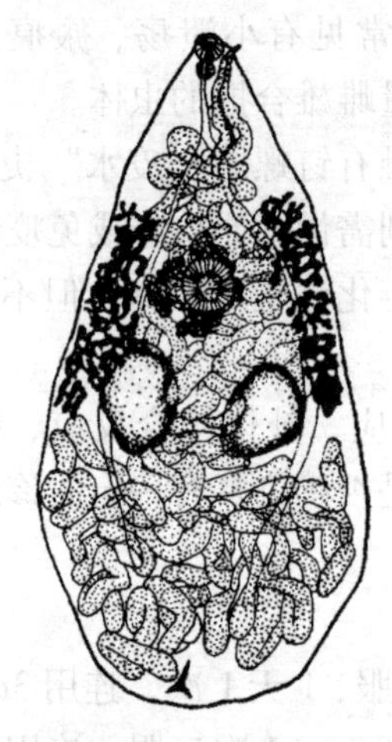

图 3－19　卵圆前殖吸虫

（采自孔繁瑶．家畜寄生虫学．第 2 版．中国农业大学出版社，1997）

病原体　卵圆前殖吸虫（*Prosthogonimus ovatus*），体扁呈梨形，前端狭，后端圆，体表有小刺。长 3～6mm，宽 1～2mm。口吸盘小，椭圆形，位于体前端。腹吸盘较大，位于虫体前 1/3 处。睾丸不分叶，椭圆形，并列于虫体中部之后。卵巢分叶，位于腹吸盘盘的背面。生殖孔开口于口吸盘的左前方。子宫盘曲于睾丸前后。卵黄腺位于虫体前中部的两侧（图 3－19）。

虫卵呈棕褐色，具卵盖，另一端有小刺，内含卵细胞，大小为（22～24）μm × 13μm。

生活史

中间宿主　为淡水螺类，有豆螺和白旋螺等。

补充宿主　为各种蜻蜓及其稚虫。

终末宿主　家雀、椋鸟、白嘴鸭和穴鸟等，也见于家禽。

发育过程　成虫在宿主的寄生部位产卵，随粪便和排泄物排出体外。虫卵被中间宿主吞食（或虫卵遇水孵出毛蚴），毛蚴在螺体内发育为胞蚴和尾蚴。无雷蚴阶段。成熟的尾蚴从螺体逸出，游于水中，遇到补充宿主蜻蜓的稚虫时，即由稚虫的肛孔进入其肌肉中经 70d 形成囊蚴。当蜻蜓稚虫越冬或变为成虫时，囊蚴在其体内仍保持生命力。鸟由于啄食补充宿主而感染。含囊蚴的蜻蜓在宿主体内被消化，囊蚴中的童虫逸出，经肠进入泄殖腔，再转入输卵管或腔上囊。

流行病学　前殖吸虫病多呈地方性流行，其流行季节与蜻蜓的出现季节相一致，多发生在春季和夏季。寄生于鸟类的吸虫有上百种，但笼养鸟和其他人工养殖的观赏鸟很少感染，野鸟感染多因在水池岸边捕食蜻蜓而引起。

症状　患鸟食欲下降，消瘦，精神萎靡，蹲卧墙角，滞留空巢，或排乳白色石灰水样液体，泄殖腔周围沾满污物，可影响鸟产蛋。严重者因输卵管破坏，导致泛发性腹膜炎而死亡。

病理变化　输卵管发炎，黏膜充血、出血，极度增厚，在黏膜上可找到虫体。后期输卵管壁变薄甚至破裂，出现腹膜炎，腹腔内有脓样物。有时出现干性腹膜炎。

诊断 根据症状，结合查到粪便中虫卵，或剖检有输卵管病变并查到虫体可确诊。

治疗 未见报道有良好的治疗方法。可参照禽前殖吸虫病治疗：

丙硫咪唑 每千克体重120mg，一次口服，疗效良好。

吡喹酮 每千克体重50mg，一次口服。

预防措施 在流行季节鸟类最好笼养，避免和中间宿主接触，防止鸟吃入蜻蜓及其幼虫。

（王雅华）

第三节 鱼类吸虫病

一、指环虫病

指环虫病是由指环虫科指环虫属的多种虫体寄生于鱼鳃等部位所引起的疾病。

病原体 指环虫是一类较小的单殖吸虫，能像蚂蟥运动似地伸缩，均为雌雄同体的卵生单殖吸虫。产卵数少，在温暖季节可不断产卵、孵化。主要有以下4种：

1. 鳃片指环虫（*Dactylogyrus lamellaus*）

寄生于草鱼鳃、皮肤和鳍。虫体扁平，长0.192～0.529mm，宽0.072～0.136mm。乳白色，虫体前端背面有4个黑色眼点，呈方形排列。肠分为2支，末端相连成环。后端有1个呈圆盘状固着器，上有1对中央大钩，内突上侧有1对三角形的付片，边缘有7对小钩。睾丸1个，在虫体中部稍后。贮精囊附近有前列腺。交接器结构较复杂，由交接管和支持器两部分构成。卵巢1个，在睾丸之前。生殖孔位于腹面，近肠管分支处。阴道口在体侧，其附近有角质的支持构造，膨大的受精囊与阴道相接，再由此有一小管接输卵管。梅氏腺在子宫基部周围。卵黄腺较发达，在虫体两侧和肠管周围。

2. 鳙指环虫（*D. aristichthys*）

寄生于鳙鱼鳃。边缘有小钩7对，中央大钩分叶明显其基部较宽。腹联结片略呈倒“山”形，背联结片稍似菱角状，左右两部分较细长。交接管为弧形尖管，基部呈半圆形膨大。支持器端部形似贝壳状，覆盖于交接管，基部略呈三角形。

3. 小鞘指环虫（*D. vaginulatus*）

体长0.998～1.4mm。中央大钩粗壮。联结片呈矩形而宽壮，在中部及两端略有扩伸，中部似有空缺。辅助片呈“Y”形。交接管粗壮呈弓状弯曲。支持器基部呈棒状，它与一几丁质鞘管相连。

4. 坏鳃指环虫（*D. vastator*）

寄生于鲫鱼、锦鲤鱼、金鱼的鳃丝，热带鱼的鳃。其联结片呈“一”字形。交接管呈斜管状，基部稍膨大，并带有较长的基座。支持器末端分出两叉，其中一个叉横向钩住交接管（图3－20）。

虫卵较大，呈卵圆形，一端有一小柄，其末端呈小球状。

生活史

终末宿主 草鱼、鲫鱼、鳙鱼、锦鲤鱼、金鱼、热带鱼等。

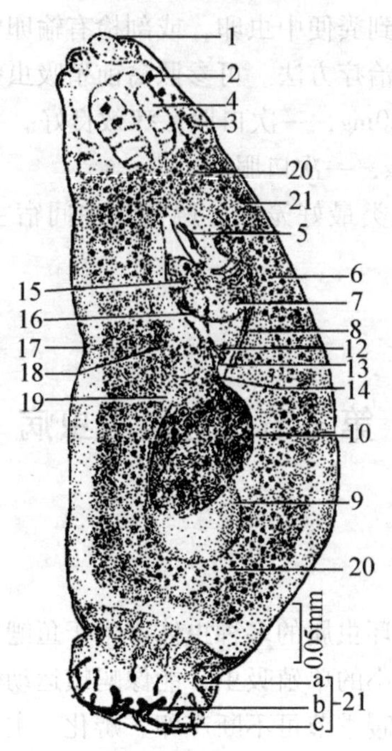

图 3－20　坏鳃指环虫（黄琪琰．鱼病学．第 1 版，1983）

1. 头器　2. 点眼　3. 头腺　4. 咽　5. 交接器　6. 贮精囊　7. 前列腺　8. 输精管　9. 精巢　10. 卵巢　11. 卵黄腺　12. 卵壳腺　13. 卵膜　14. 输卵管　15. 在子宫内成熟的卵　16. 子宫　17. 阴道孔　18. 阴道管　19. 受精囊　20. 肠　21. 后吸器（a. 边缘小钩　b. 联结片　c. 中央大钩）

发育过程　指环虫生活过程中不需要中间宿主。受精卵自虫体排出后，由于其上有附属结构，致使虫卵容易漂浮于水面，或附着在其他物体及宿主鳃上。当水温为 28～30℃ 时，经 1～3d 孵化并发育成幼虫。幼虫带有 5 簇纤毛，借纤毛在水中游动，遇到适宜的宿主即附着于鳃上，脱去纤毛定居发育为成虫。如果幼虫在 24h 内遇不到适宜的宿主，则会自行死亡。

流行病学　指环虫病是一种常见多发病，主要危害观赏鱼苗、鱼种、幼鱼和小型鱼。为寄生性鳃瓣病。指环虫的分布很广，各地普遍流行，适宜生长水温为 20～25℃，主要在夏、秋两季流行，越冬鱼种池在初春温度适宜时容易发生。严重感染时，0.5kg 左右的病鱼，每片鳃片可寄生 200 条以上。

症状及病理变化　指环虫病在鱼种阶段发病较多，对幼鱼危害很大。指环虫靠其后固着器寄生于鱼的鳃上，少量寄生时，无明显病状。大量寄生时，随着虫体增大，鳃丝受到破坏，妨碍呼吸。后期鱼鳃明显肿胀，鳃盖张开难以闭合，鳃丝呈暗灰色且黏液增多。病鱼不安，呼吸困难，有时急剧侧游，在水草丛中或缸边摩擦，企图摆脱指环虫的侵扰。晚期病鱼精神呆滞，游动缓慢，食欲不振或不摄食，鱼体贫血，逐渐消瘦，极度虚弱，最终因鳃丝表面细胞严重受损，致使病鱼呼吸受阻而窒息死亡（图 3－21）。

诊断　依据症状与病变及流行情况进行初诊，严重感染的病鱼，肉眼即可见鳃丝上布满灰白色样物，用镊子轻轻取下，置于盛有清水的培养皿中，明显可见蠕动的虫体，由此即可确诊。也可剪取鳃丝通过低倍镜镜检，平均每个视野 10 个左右虫体，即可确诊。

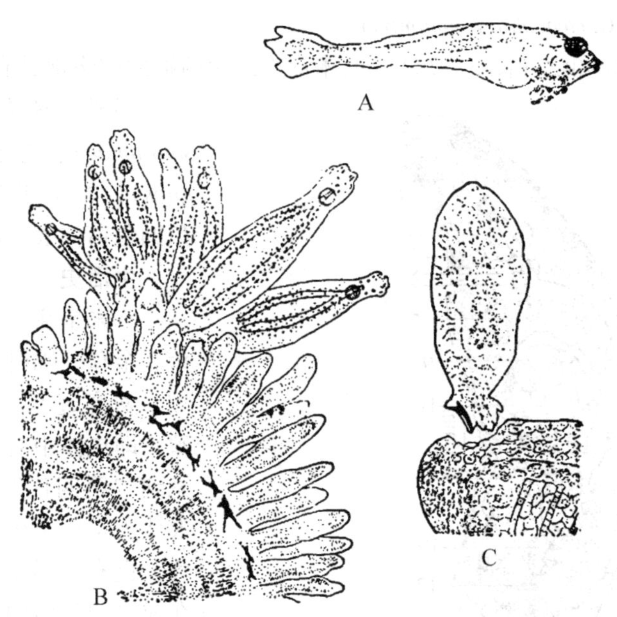

图 3－21 指环虫在鳃上寄生和破坏鳃组织（仿 林慕恩，伍惠生）

A. 示大量虫体挤出鳃盖外的情形 B. 部分鳃片放大，示虫体成丛寄生在鳃丝上的情形
C. 部分鳃丝切片，示对鳃丝破坏的情形

防治措施

1. 用生石灰带水清塘，杀灭病原体，用量为每公顷水深 1m，用生石灰 900kg。

2. 鱼种放养前用浓度为 20mg/kg 高锰酸钾溶液浸洗，水温 10 ~ 20℃，浸洗 15 ~ 30min。

3. 用 2.5% 敌百虫粉全池遍洒，使池水浓度为 1 ~ 2mg/kg。

4. 用 90% 晶体敌百虫与面碱合剂（1∶0.6）全池遍洒，使池水浓度为 0.1 ~ 0.24mg/kg，效果很好。

5. 对于室内观赏鱼，可用加热棒将水温提升到 25℃ 以上保持恒温。

二、三代虫病

三代虫病是由三代虫科三代虫属的多种虫体寄生鱼的皮肤和鳃等部位所引起的疾病。

病原体 主要有以下 4 种，其中以鲢三代虫和鲩三代虫最为常见。

1. 鲢三代虫（*Gyrodactylus hypopthalmichthysi*）

寄生于鲢鱼、鳙鱼等的皮肤、鳍、鳃上。虫体扁平呈叶片状，体长 0.315 ~ 0.51mm，宽 0.074 ~ 0.136mm。无眼点，前端有头器 1 对。虫体的后端有 1 个圆盘状的固着盘，上有 1 对中央大钩，8 对呈伞形排列的边缘小钩，2 根联结片。头部腹面有口，下接葫芦状的咽，食道短，其后是分枝的盲肠。雌雄同体，胎生。虫体的后部固着盘之前有 1 个新月形的卵巢，卵巢之前有 1 个睾丸，雌、雄生殖孔分别开口于虫体前端肠的分叉处。

2. 鲩三代虫（*G. ctenopharyngodontis*）

寄生于草鱼皮肤和鳃（图 3－22）。虫体背连结片两端的前缘常具有一尖刺状突起。

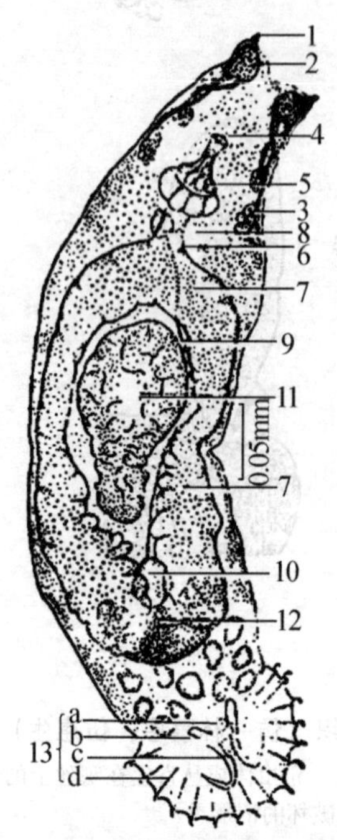

图 3－22　鲩三代虫（仿《湖北省鱼病病原区系图志》）

1. 头刺　2. 头器　3. 头腺　4. 口　5. 咽　6. 食道　7. 肠　8. 交配器　9. 输精管　10. 精巢　11. 胚胎　12. 卵巢　13. 后固着器（a. 背联结片　b. 腹联结片　c. 中央大钩　d. 边缘小钩）

另外，还有细锚三代虫（*G. sprostonae*）、秀丽三代虫（*G. elegans*），寄生于金鱼、锦鲤和热带鱼的鱼苗体表和鳃上。

生活史

终末宿主　为鲢鱼、鳙鱼、草鱼、金鱼、锦鲤和热带鱼等。

发育过程　三代虫营胎生生殖，即虫体中有胚胎，有时甚至可见到“第四代”。这种胎生现象有人认为是单殖生殖中的幼体生殖现象；也有人认为是一卵多胚现象。在成虫的身体中部，可见到 1 个椭圆形的第二代胚胎，在第二代胚胎中孕育着第三代胚胎，故称之为“三代虫”。胎儿较活泼，在即将离开母体时，在母体虫体中部突然隆起一个瘤肿，虫体便从此逸出，在水中遇到适宜的宿主，即附着于皮肤、鳃等处发育为成虫。

流行病学　分布广泛，其中以湖北和广东较严重。本病全年均可发生，尤其是春末夏初或室内越冬时容易流行。虫体繁殖时最适宜水温为 20℃左右，因而 4～5 月份繁殖最盛，亦是本病流行的季节。该病危害多种淡水鱼类和海水鱼类，在成鱼、鱼种和鱼苗体上都可寄生，但对鱼苗、鱼种危害严重，金鱼也常受其害。

症状及病理变化　较大的鱼体患病时，症状往往不明显，危害也较小。幼鱼初期鱼体褪色而变得苍白无光泽，皮肤上有一层灰白色黏液，鱼鳍下垂，末端卷曲且逐渐裂开，病鱼呈现极度不安状态，时而狂游于水中，时而急剧侧游于水底，在水草丛中或缸边撞擦，企图摆脱寄生虫的骚扰。继而食欲不振，游泳迟缓，逐渐消瘦。严重时引起死亡。虫体寄生在鱼鳃上可导致呼吸困难，不久即窒息死亡。

三代虫寄生数量多时，刺激鱼体分泌大量黏液，严重时鳃丝肿胀，粘连，出现斑点状淤血。

诊断　将病鱼放在盛有清水的培养皿中，可见有活动的蛭状小虫。低倍显微镜检查时，如果每个视野有 5～10 个虫体时，就可引起鱼的死亡。肉眼观察，可见鳃瓣缺损，鳃部黏液分泌增多，切片观察可见寄生部位组织坏死。

防治措施　参照指环虫病。

三、双穴吸虫病

双穴吸虫病是由双穴科双穴属的多种吸虫的尾蚴寄生于鱼的血管和眼球内所引起的疾病。又称“复口吸虫病”、“白内障病”或“瞎眼病”。

病原体 病原体主要有湖北双穴吸虫（*Diplostomulum hupenensis*）的尾蚴—湖北尾蚴（*Cercaria hupehensis*）、倪氏双穴吸虫（*D. neidashui*）的尾蚴—倪氏尾蚴（*C. neidashui*）。

尾蚴分为体部和尾部两部分。体密被有小刺。体部前端为1个头器，下方为一个肌质的咽，并有前咽，肠管分为两叉。体中部有一个腹吸盘，其后有2对黏腺细胞，并有管通到头器内，体部末端有1个排泄囊。尾部分尾干和尾叉两部分，在水中能弯曲。尾蚴在水面静止时尾干弯曲，呈“丁”字形，运动时在水的上层上下游动，有明显的趋光性。

后尾蚴分为前后两部分。虫体呈卵圆形，扁平透明。大小为0.4～0.5mm。前端有1个口吸盘，两端各有1个侧器官。口吸盘下方为咽，接着为两条分枝状的肠管，伸到体后端。身体后半部有1个腹吸盘，大小与口吸盘相似，其下有1个椭圆形的黏附器。虫体还分布着许多呈颗粒状发亮的石灰质体（图3－23）。

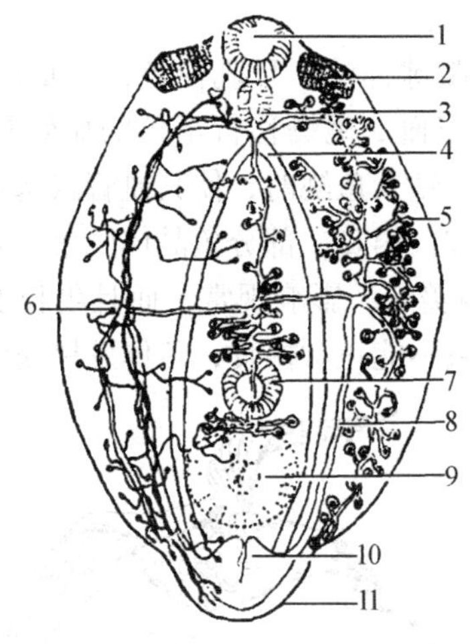

图3－23 湖北双穴吸虫的后尾蚴（仿 潘金培等）

1. 口吸盘 2. 侧器 3. 咽 4. 肠 5. 石灰质体 6. 焰细胞 7. 腹吸盘 8. 侧集器 9. 粘附器 10. 排泄囊 11. 后体

生活史

中间宿主 为椎实螺，主要为斯氏萝卜螺、克氏萝卜螺。

补充宿主 鲢鱼、鳙鱼、草鱼、锦鲤、团头鲂、金鱼、龙睛等鱼类。

终末宿主 为鸥鸟（红嘴鸥）。

发育过程 成虫寄生于鸥鸟肠道中，虫卵随其粪便落入水中孵出毛蚴。毛蚴在水中游动钻入中间宿主椎实螺体内，在肝脏和肠外壁处经无性繁殖发育成胞蚴、尾蚴。尾蚴移至螺的外套腔内，然后逸出至水中。尾蚴在水中呈有规律的间歇性运动，时沉时浮，集中于水的上层。鱼经过时，即迅速叮在鱼的体表，脱去尾部，钻入鱼体。湖北尾蚴从肌肉钻进附近的血管移行至心脏，上行至头部，从视血管进入眼球；倪氏尾蚴从肌肉穿过脊髓，向头部移行进入脑室，再沿视神经进入眼球水晶体内，发育成后尾蚴。鸥鸟吞食病鱼后，后尾蚴在其体内发育为成虫（图3－24）。

发育时间　水温在25～35℃时，虫卵在水中经3周左右孵出毛蚴，毛蚴在水中如找不到中间宿主4h开始死亡，9h全部死亡。尾蚴进入鱼体移行到眼球内约需1个月左右发育成后尾蚴。

流行病学　双穴吸虫病主要危害鲢鱼、鳙鱼、草鱼、锦鲤、金鱼、龙睛等。发病率高、死亡快，病鱼死亡率可达60%以上。本病在每年5～8月份广泛流行于华中地区，尤其靠近水库、湖泊、河流养殖区等大水域地区多发。对鱼种危害较大，特别是夏花鱼，可造成大量死亡。1龄以上的龙睛患病较为普遍。

症状及病理变化　急性感染时表现为病鱼运动失调，在水面跳跃式游泳、挣扎，继而游动缓慢，有时鱼头朝下，鱼尾转上，在水面旋转，失去平衡；或头向下，尾向上漂浮水中，严重者侧卧水面静止不动，如同死鱼一样。病鱼出现体弯曲现象，称“体弯症”。这是由于尾蚴在通过神经移行至脑室过程中，损伤神经和脑组织所致，从而使骨骼变形、肌肉收缩。病鱼从出现运动失调到死亡，有时只有几分钟到十分钟。一般病鱼出现体弯症后数天之后死亡。

慢性感染无死亡现象，但眼球浑浊，呈乳白色，严重感染的病鱼成瞎眼或水晶体脱落。病鱼最显著的病变为头部充血。尾蚴移行至鱼的血管和心脏时，可造成血液循环障碍；在脑血管移行时引起充血；钻入鱼鳃时，使其血管阻塞充血；从血管侵入眼球，使血管显著扩张，亦可导致眼出血和白内障，部分鱼晶体脱落。有些鱼1只眼睛患病而形成独眼，俗称“独眼病”，不但有碍美观，影响观赏，而且生长发育受到影响；有的观赏鱼两只眼睛都受到侵害而失明，导致不能正常摄食，鱼体发黑瘦弱或极度瘦弱而死亡。

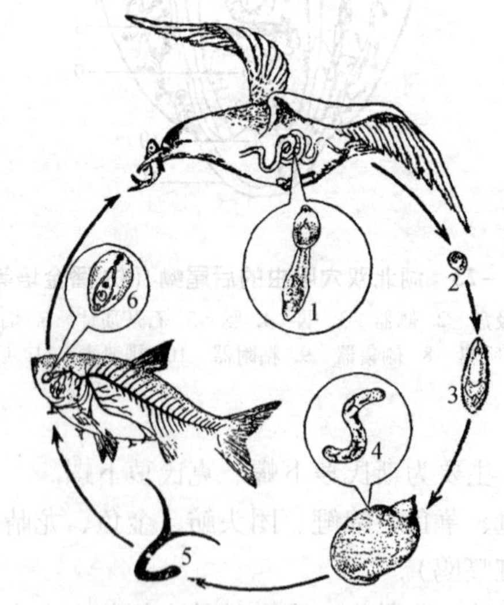

图3－24　双穴吸虫的生活史（仿《中国淡水鱼类养殖学》）

1. 寄生鸥鸟肠中的成虫　2. 虫卵　3. 在水中的毛蚴　4. 在椎实螺中的胞蚴
5. 在水中的尾蚴　6. 钻入鱼眼中的后囊蚴

诊断 本病根据流行病学、临诊症状、病原体检查可确诊。

根据病鱼眼睛发白等异常变化可作出初步诊断。挖出眼睛剪破后，取出水晶体放在生理盐水中，刮下水晶体表层，用显微镜检查，或在光亮处肉眼观察，如发现有大量双穴吸虫即可确诊。

鱼苗、鱼种急性感染时，如眼睛中虫体数量较少，眼睛一般不发白。此时，观察病鱼头部是否充血、鱼体是否弯曲、在池中是否游动异常；同时了解当地是否有很多鸥鸟，并检查池中是否有椎实螺，如果螺体内有大量双穴吸虫尾蚴时，则有助于诊断。

防治措施 本病主要从切断虫体生活史的某个环节入手进行预防，如驱赶水鸟，消灭中间宿主等。

1. 鱼池用生石灰或茶饼进行彻底清塘，每公顷水深1m，用生石灰 1 500 ~2 250kg 或750kg 茶饼，带水清塘。

2. 消灭中间宿主，进水时要经过过滤，以防中间宿主随水带入。

3. 全池遍洒晶体敌百虫以杀灭尾蚴。次数根据塘中诱辅中间宿主的效果及螺感染强度、感染率而定；用块状生石灰按 150 ~225mg/kg，化浆全池泼洒，杀灭虫卵和毛蚴。

4. 用0.7mg/kg 浓度的硫酸铜全池遍洒，重复2 次。

5. 水族箱、水池里一旦发现椎实螺应立即清除。

四、血居吸虫病

血居吸虫病是由血居科血居虫属的血居吸虫寄生于鱼的血管中所引起的疾病。本病对鱼苗、鱼种危害较大。

病原体 血居吸虫种类很多，我国已报道有6 种，主要为龙江血居吸虫（*Sanguiniicola lungensis*），寄生于淡水鱼、海水鱼、热带鱼的鳃弓血管、动脉球、肝脏血管。虫体扁平，梭形，前端尖细，长0.268 ~ 0.844mm，宽 0.142 ~ 0.244mm。体两侧具有很粗的棘及刚毛。口孔在吻突的前端，无咽，下接食道，在体1/3 处突然膨大成4 叶肠盲囊。精巢 8 ~16 对，位于卵巢前方，输精管沿正中线向后，至卵巢后方左侧，作两三折叠而达雄性生殖孔。卵巢呈蝴蝶状，左右对称地在中央相连，输卵管自两翼中央开始斜向左右作一扭转，从左侧走向后方（图3 -25）。

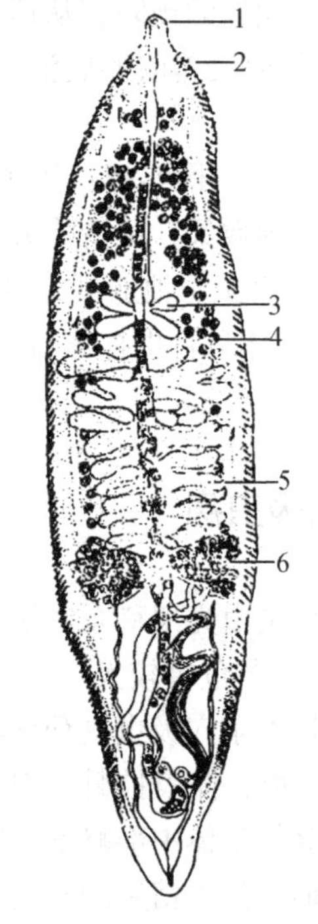

图3 -25 龙江血居吸虫（仿 唐仲璋等）

1. 口 2. 食道 3. 肠 4. 卵黄腺 5. 精巢 6. 卵巢

虫卵呈橘子瓣状，在大弯的一侧有一短刺。

生活史

中间宿主 为褶叠椎实螺。

终末宿主　为鲢鱼、鳙鱼、鲫鱼、草鱼、金鱼、热带鱼等。

发育过程　成虫在鱼体内产出虫卵，卵在鳃血管中孵出毛蚴，毛蚴钻出鳃并落入水中，钻入中间宿主褶叠榧实螺体内，经无性繁殖发育为胞蚴、尾蚴。尾蚴离开螺体，在水中鱼类经过时尾蚴即从体表钻入并转移到循环系统中发育为成虫。

流行病学　血居吸虫病为世界性疾病，分布极其广泛，并引起鱼的大批死亡，尤其引起鱼苗、鱼种的急性死亡。可危害100余种淡水、海水鱼类。对鲢鱼、鳙鱼及鲤鱼鱼苗危害较大，几天内可引起几十万苗种死亡。主要流行于春季和夏季。血居吸虫种类很多，对宿主有严格的选择性。

症状及病理变化　急性症状由于大量感染虫体，鳃血管因虫卵聚集引起堵塞，随之发生鳃坏死，表现鳃丝肿胀，鳃盖张开，全身红肿，鱼苗在水面急游打转，不久死亡。鱼体较大时，虫卵随血流被带到肝、脾、肾、心脏等器官，虫卵被结缔组织包裹。由于虫卵累积过多，引起血管栓塞，组织受损，肝、肾的机能损害，产生了慢性症状：表现腹水胀满、肛门肿大突出，竖鳞、眼球突出，最后病鱼逐渐衰竭而死。病鱼表现贫血，红细胞和血红蛋白量显著下降，轻者下降20%，重者可下降61%；球蛋白含量也大幅度下降。

诊断　根据流行病学、临床症状、病原学检查可确诊。尤其注意鱼池中是否有大量褶叠榧实螺存在。

取病鱼将其心脏及动脉球取出，放在盛有生理盐水的培养皿中，剪开心脏及动脉球，并轻刮内壁，在光亮处用肉眼仔细观察，检查是否有血居吸虫成虫。也可将鳃及肾等组织压成薄片，显微镜下检查有无橘子瓣状虫卵。

防治措施　此病的预防应从切断其生活史某些环节着手。可采用下面的方法：

1. 鱼苗、鱼种放养前彻底清塘，每公顷水深1m，用生石灰1 500～2 000kg或750kg茶饼带水清塘。

2. 杀死中间宿主榧实螺：用苦草扎成把，放入池中，诱捕榧实螺，第二天取出，置阳光中暴晒，连续数天，可清除大部分榧实螺；或用0.7mg/kg浓度硫酸铜或0.5mg/kg浓度的90%晶体敌百虫全池遍洒，24h内连续2次。

3. 用90%晶体敌百虫拌饵料投喂鱼种进行治疗，浓度为5～10g/kg饵料，每天1次，连用5d。

五、侧殖吸虫病

侧殖吸虫病是由光睾科东穴属的东穴吸虫寄生于鱼的肠道内所引起的疾病，俗称“闭口病”。本病对鱼苗危害较大。

病原体　日本东穴吸虫（*Oricentotrema japonica*）。虫体较小如芝麻粒大，大小为0.5～1.3mm，呈卵圆形，体表披棘。口吸盘略小于腹吸盘。前咽不明显，咽椭圆形，食道长，肠分叉。腹吸盘位于体中部略前。精巢1个，长椭圆形，位于体后1/3处的中轴线上。卵巢圆形或卵圆形，位于精巢的右前方。卵黄腺分布于肠的外侧。雌、雄生殖孔共同开口于虫体的左侧（图3－26）。

虫卵呈梨形，有盖的一端较窄。

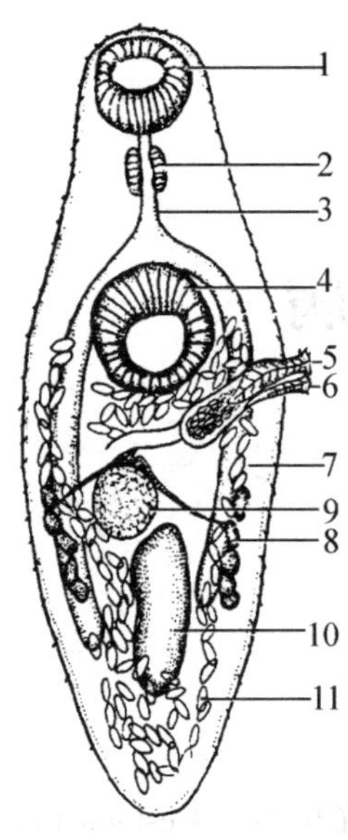

图 3-26 日本东穴吸虫（采自汪明．兽医寄生虫学．第 3 版．中国农业出版社，2003）

1. 口吸盘 2. 咽 3. 食道 4. 腹吸盘 5. 肠 6. 阴茎 7. 子宫末端 7. 肠 8. 卵黄腺 9. 卵巢 10. 睾丸 11. 卵

生活史

中间宿主　为田螺等螺类。

终末宿主　草鱼、青鱼、鲢、鳙、鲤、鲫、鳊和鲂等 10 多种鱼。

发育过程　成虫寄生在鱼的肠道内，虫卵随鱼的粪便排于水中，并孵化成毛蚴。毛蚴钻入田螺等螺的体内，发育成雷蚴、尾蚴。尾蚴移至螺的触角上或水草上，被鱼苗吞食后，在鱼苗的体内发育为成虫。也有的尾蚴在螺的体内发育成囊蚴，当带有囊蚴的螺被鱼吞食后，在鱼的肠道中发育为成虫。

流行病学　该病为鱼苗培育阶段的一种肠道寄生虫病。对草鱼、青鱼、鲢、鳙、鲤、鲫、鳊和鲂等 10 多种鱼类均可感染，严重时可引起鱼苗的大批死亡，较大鱼种死亡率较低。流行季节为 5 ~6 月，尤其是下塘后 3 ~6d 的鱼苗最易发生。我国各地都有发现，长江中下游一带分布较广。

症状及病理变化　病鱼体色发黑，游动无力，生长停滞，闭口不食，聚集于下风处，俗称“闭口病”。6 ~10cm 的鱼易发病，除见鱼体消瘦外，外表无明显的症状。

解剖病鱼可见肠道被虫体充满堵塞，肠内无食物，因而造成死亡。

诊断　检查时应注意查看鳃及实质性器官日本东穴吸虫虫卵的存在与否来进行确诊。

防治措施　参照血居吸虫病。

（张学勇）

【复习思考题】

1. 简述吸虫形态构造。
2. 复殖吸虫的生活史具有哪些特点？
3. 犬、猫吸虫病常见种类有哪些？请比较其病原形态构造特点以及生活史上的差异。
4. 简述华枝睾吸虫的流行因素。
5. 并殖吸虫病的病理变化。
6. 当地主要威胁观赏鱼类的吸虫病的诊断、治疗及预防措施。
7. 简述预防犬、猫吸虫病的综合性措施。

第四章　绦虫病

概　述

绦虫（tapeworm）亦称带虫，属于扁形动物门中的绦虫纲（Cestoidea），该纲动物全部营寄生生活。虫体背腹扁平，左右对称，长如带状，大多分节，无口和消化道，缺体腔；除极少数外，均是雌雄同体。种类繁多，分布极其广泛，成虫绝大多数寄生在脊椎动物的消化道中，生活史需1～2个中间宿主，在中间宿主体内发育的时期称为中绦期（Metacestode），各种绦虫的中绦期结构和名称不同，多寄生在宿主的实质脏器内，包括肝、肺、脑、肌肉、肠系膜、心、肾、脾、骨或其他组织中，引起的疾病比其成虫所造成的危害更为严重。

一、绦虫形态构造

寄生于宠物体内的绦虫种类很多，其中最常见的为圆叶目（Cyclophyllidea）和假叶目（Pseudophyllidea）绦虫。

（一）形态

绦虫虫体呈背腹扁平的带状，白色或乳白色，不透明。虫体大小随种类不同，小的仅数毫米，最长可达25m以上。虫体分为头节、颈节和体节三部分（图4－1）。

头节　头节细小，为吸着器官，一般有三种类型。吸盘型多见于圆叶目绦虫，头节膨大呈球形，具有4个圆形吸盘，排列在头节的四面，有的在头节的顶端中央还有顶突，其上有一排或数排小钩，也具吸附作用。吸槽型多见于假叶目绦虫，呈指状，在头节背腹面各具有一内陷形成的沟样吸槽。吸叶型为长形吸附器官，前端具4个叶状、喇叭状或耳状结构，有的上面具有小钩或棘，分别附在可弯曲的小柄上或直接长在头节上。

颈节　在头节之后较纤细而不分节的部分。颈节内具有生发细胞，体节的节片即由生发细胞芽生出来，逐渐成热，逐渐向后伸延生长发育成为整个体节。

体节　又称链体，由节片组成，数目因虫体种类不同差异很大，由几个到几千个不等。节片一般呈四边形，由于种类不同，有的长大于宽，有的宽大于长。根据其生殖器官发育程度不同，可分为未成熟节片、成熟节片和孕卵节片。紧靠颈节部分的体节均较小，

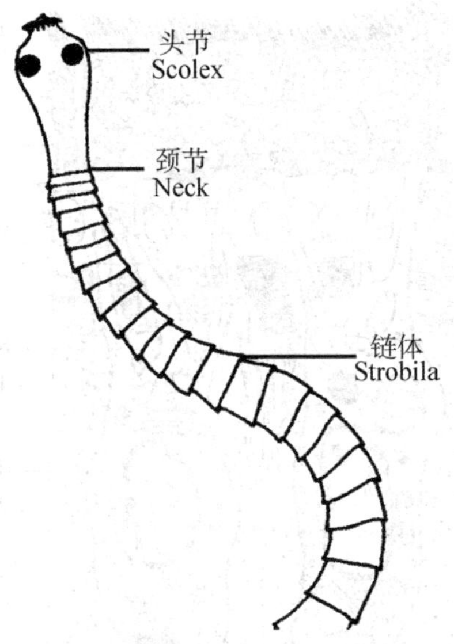

图 4-1　绦虫的基本外形

（采自李国清．兽医寄生虫学．中国农业大学出版社，2006）

生殖器官未发育，称为未成熟节片，又称幼节；其后已形成两性生殖器官，称为成熟节片，又称成节；最后部分的体节，子宫内已蓄积或充满虫卵，而生殖器官的其他部分都已萎缩或退化，这种体节称为孕卵节片，又称孕节。孕节里面含有成熟的卵子，孕卵节片不断脱落，新的节片不断形成，所以绦虫始终能保持着它们每个种别的固有长度与一定的节片数目。

（二）体壁

绦虫的体壁可分为两层，即皮层和皮下层（图 4-2）。

皮层是具有高度代谢活性的组织，其外表面具有无数微小的指状胞质突起，称微毛（microthrix），微毛结构与肠绒毛很相似，只是它的末端呈尖棘状。微毛遍被整个虫体，包括吸盘表面。微毛的作用一是作为附着结构使虫体免于从宿主消化道中被排出体外，二是尖棘状末端能擦伤宿主肠壁上皮细胞，使细胞浆溢出，营养物质通过微毛被绦虫吸收。微毛下是较厚的具有大量空泡的胞质区或称基质区，胞质区下界有明显的基膜（basal membrane）与皮下层截然分开，在接近基膜的胞质区内线粒体密集。整个皮层均无胞核。

皮下层主要由表层肌（superficial muscle）组成，有环肌、纵肌及少量斜肌，均为平滑肌。此肌层下的实质组织中有大量的电子致密细胞或称核周体（perikarya），核周体通过若干连接小管穿过表层肌和基膜与皮层相连。核周体具有大的双层膜的胞核和复杂的内质网，以及线粒体、蛋白类晶体和脂或糖原小滴等，所以皮层实际上是一种合胞体结构，它靠核周体的分泌而更新。表层肌中的纵肌较强，它作为体壁内层包绕着虫体实质和各器官并贯穿整个链体；但在节片成熟后，节片间的肌纤维会逐渐退化，因而孕节能自链体脱落。

绦虫没有消化系统，营养物质靠体壁的渗透作用吸收、合成和运输到各器官。

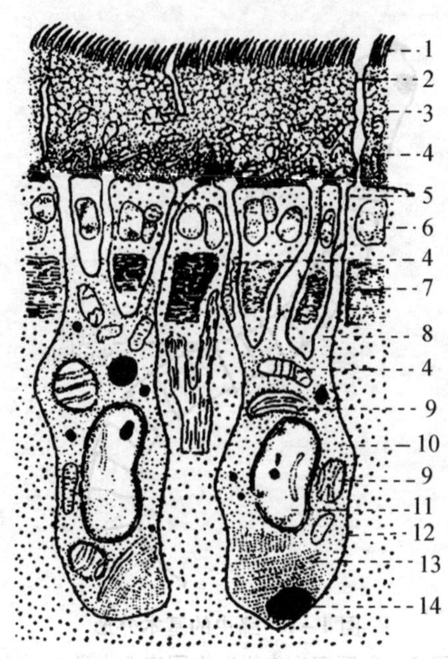

图4－2 绦虫体壁之电镜结构

（采自孔繁瑶．家畜寄生虫学．第2版．中国农业大学出版社，1997）

1. 微绒毛 2. 孔道 3. 皮层 4. 线粒体 5. 基膜 6. 环肌 7. 纵肌 8. 连接管 9. 内质网 10. 电子致密细胞 11. 核 12. 实质 13. 蛋白质 14. 脂肪或糖原

（三）实质

绦虫无体腔，由体壁围成的一个囊状结构，又称皮肤肌肉囊。内充满着海绵状组织，亦称为髓质区，各器官等均埋藏在此区内。绦虫实质组织中散布着许多钙和镁的碳酸盐微粒，外面被以胞膜而呈椭圆形，称为石灰小体（calcareous body）或钙颗粒（calcareous corpuscle），有缓冲平衡酸碱度的作用，或作为离子和二氧化碳的补给库。

（四）神经系统

只有简单的神经系统。神经中枢在头节中，自中枢发出两条大的和几条小的纵神经干，贯穿于各链节，直达虫体后端，在头节和每个节片中还有横向的连接支。感觉末梢分布于皮层，与触觉和化学感受器相连。

（五）排泄系统

排泄系统起始于焰细胞，由焰细胞发出来细管汇集成为较大的排泄管，与虫体两侧的纵排泄管相通，在最后体节游离边缘的中部有一个总排泄孔。排泄系统既有排出代谢产物的作用，亦有调节体液平衡的功能。

（六）生殖系统

除极个别虫种外，均为雌雄同体。其生殖器官特别发达，即每个节片都具有雄性和雌性生殖系统各一组或两组。生殖器官的发育开始于雄性生殖系统，接着出现雌性生殖系统的发育。

雄性生殖器官包括睾丸，输出管，输精管，雄茎囊等部分组成，雄茎囊内包含着贮精囊、射精管、前列腺以及雄茎的大部分。睾丸圆形或椭圆形，几个至几百个睾丸，每个睾丸发出一条输出管，然后汇合成输精管，输精管通常曲折延伸入雄茎囊，在雄茎囊内或外输精管可膨大形成内外贮精囊。输精管在雄茎囊中接纳前列腺后延伸为射精管，前列腺位于雄茎囊内或外。射精管的末端是雄茎，并能从雄茎囊伸出，开口于生殖孔，在雌性生殖孔附近，为交配器官。

雌性生殖器官包括卵膜及与其相通的卵巢、卵黄腺、梅氏腺、子宫、阴道等。卵膜位于雌性生殖器官的中心区域。卵巢大多分成左右两叶，位于节片的后半部，由输卵管与卵膜相通。卵黄腺位于卵巢后方或呈泡状散在，由卵黄管通往卵膜。阴道为略弯曲的小管，多数与输精管平行，其远端开口于生殖孔，近端常膨大成受精囊，与卵膜相通。子宫呈管状或囊状，均与卵膜相通，管状的子宫呈螺旋状，位于节片中部，开口于子宫孔；囊状的子宫为盲囊状，有袋状分枝，无子宫孔，随着其内虫卵的增多和发育而膨大。圆叶目绦虫的子宫为盲囊，虫卵须孕节脱落破裂后才能释放出来，而假叶目绦虫有子宫孔，虫卵成熟后可由子宫孔排出体外（图4－3、图4－4）。

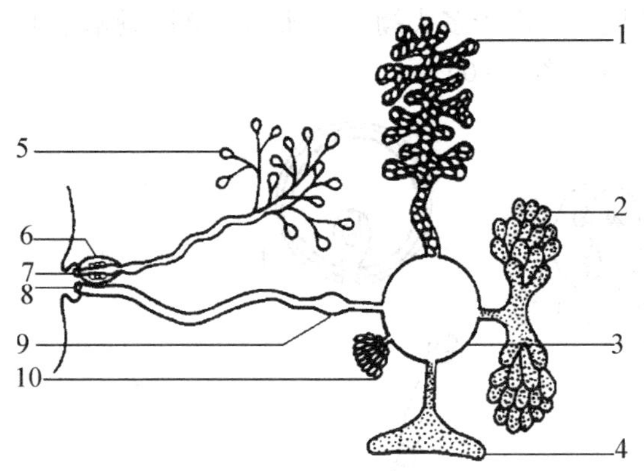

图4－3　圆叶目绦虫构造模式图

（采自张宏伟．动物疫病．中国农业出版社，2001）

1. 子宫　2 卵巢　3. 卵膜　4. 卵黄腺　5. 睾丸　6. 雄茎囊　7. 雄性生殖孔　8. 雌性生殖孔　9. 受精囊　10. 梅氏腺

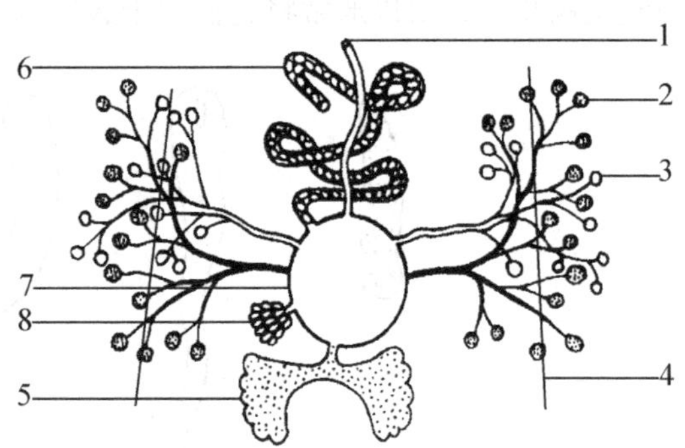

图4－4　假叶目绦虫构造模式图

（采自张宏伟．动物疫病．中国农业出版社，2001）

1. 雌性生殖孔　2. 卵巢　3. 卵黄腺　4. 排泄管　5. 卵巢　6. 子宫　7. 卵膜　8. 梅氏腺

二、绦虫生活史

绦虫生活史较复杂，均需要一个或两个中间宿主参与才能完成。整个生活史可分为虫卵、中绦期和成虫三个时期。中间宿主是无脊椎动物中的环节动物、软体动物、甲壳类、昆虫和螨等以及各种脊椎动物。

虫卵　因种类不同，形态上差异很大。圆叶目绦虫的虫卵多呈圆球形，在子宫中已发育成熟，无卵盖，有三层卵膜，卵外膜（卵壳），胚膜，内胚膜。卵壳一般易脱落，胚膜较厚，卵内含有一个六钩蚴，无纤毛，不能活动，需经中间宿主吞食后，才能从胚膜内孵出，并在中间宿主体腔中发育为幼虫。假叶目绦虫的虫卵椭圆形，具有卵盖，成熟的虫卵含有一个受精的卵细胞（或已分裂为多个细胞）和围绕在卵细胞外的卵黄细胞（图 4－5）。

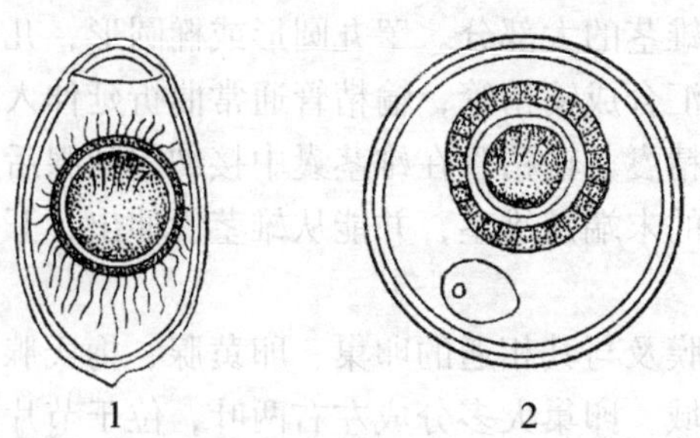

图 4－5　绦虫卵的模式构造

（采自孔繁瑶．家畜寄生虫学．第 2 版．中国农业大学出版社，1997）

1. 假叶目绦虫卵　2. 圆叶目绦虫卵

中绦期　即绦虫蚴期。孕卵节片或虫卵被中间宿主吞食后，卵内六钩蚴逸出，在寄生部位发育，发育成具有某种特征性的中绦期。中绦期大致有以下 7 种类型：原尾蚴、裂头蚴、似囊尾蚴、囊尾蚴、多头蚴、棘球蚴、链尾蚴。由于多头蚴、棘球蚴、链尾蚴基本上与囊尾蚴相似，所以通常将它们归于囊尾蚴类型（图 4－6）。

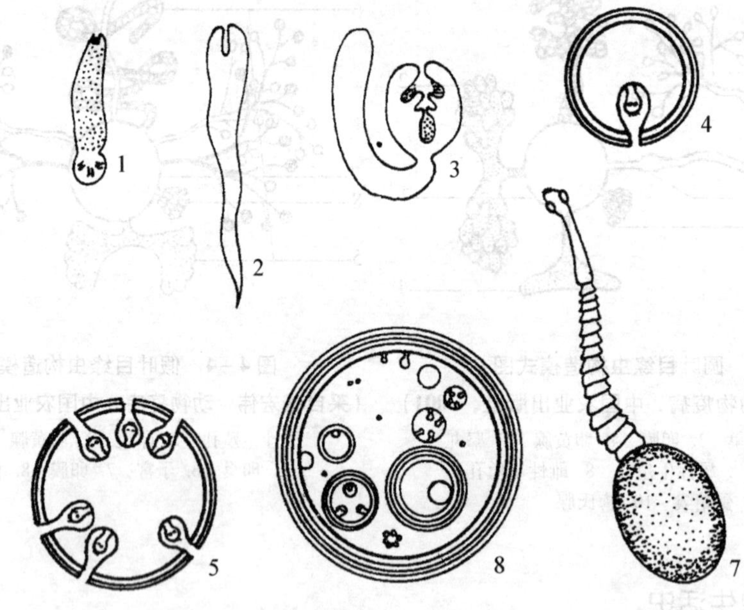

图 4－6　绦虫蚴构造模式图（采自张宏伟．动物疫病．中国农业出版社，2001）

1. 原尾蚴　2. 裂头蚴　3. 似囊尾蚴　4. 囊尾蚴　5. 多头蚴　6. 棘球蚴　7. 链尾蚴

原尾蚴（procercoid），为实心结构，前端略凹入，后端有圆形或椭圆形小尾球，其上仍然保留 3 对小钩。

裂头蚴（plerocercoid sparganum），由原尾蚴发育而成，已具成虫形状，白色，带状，但不分节，仅具不规则的横皱褶，前端略凹入，伸缩活动能力很强。

似囊尾蚴（cysticercoid)，体型很小，前端有一个膨大的小囊，囊腔很小，其内有一个缩入头节，后部为一实心的尾状结构。

囊尾蚴（cysticercus)，为半透明的囊体，囊内充满液体，囊壁上有一个向内翻转的头节。

多头蚴（coenurus），囊壁上有多个头节的囊尾蚴。

棘球蚴（echinococcus，hydatid cyst），是一种较大的囊，囊内无数头节称原头蚴或原头节（protoscolex)，此外，囊内还有许多小的子囊，附于囊体或悬浮在囊液中，称为生发囊，其内又可有许多头节或更小的囊，以致一个棘球蚴中可含成千上万个头节，为细粒棘球绦虫的幼虫。泡球蚴（alveolar hydatid cyst）或多房棘球蚴（multilocular hydatid cyst）属棘球蚴型，囊较小，但可不断向囊内和囊外芽生若干小囊，囊内充满的不是囊液而是胶状物，其中头节较小。

链尾蚴（strobilocercus)，头节在体的前端，囊泡在末端，头节和囊泡之间有一段分成许多节，但无性器官的链体，又称链状囊尾蚴，为猫带状泡尾绦虫的幼虫。

发育过程　绦虫的成虫寄生于脊椎动物的消化道内，虫卵自子宫孔排出或随孕节脱落而排出，假叶目和圆叶目在发育过程上有很大区别。

假叶目绦虫生活史中需要二个中间宿主。虫卵在水中适宜条件下孵化为钩球蚴；钩球蚴被第一中间宿主淡水桡足类动物剑水蚤吞食后，在剑水蚤的血腔内发育成原尾蚴；含有原尾蚴的中间宿主被第二中间宿主鱼或其他脊椎动物如蛙等吞食后发育为裂头蚴；裂头蚴必须进入终末宿主肠道后才能发育为成虫。

圆叶目绦虫生活史只需1个中间宿主。虫卵在子宫中即已发育，内含一个无纤毛的六钩蚴。虫卵被中间宿主吞食后，其中的六钩蚴逸出，然后钻入宿主肠壁，随血流到达组织内，发育成各种中绦期幼虫。如果以哺乳动物作为中间宿主，在其体内发育为囊尾蚴、多头蚴、棘球蚴等类型的幼虫；如果以节肢动物和无脊椎动物作为中间宿主，则发育为似囊尾蚴。中绦期幼虫被终末宿主吞食后，在其肠道内发育为成虫。

成虫在终末宿主体内存活时间随虫体种类而不同，有的仅能活几天到几周，而有的可长达几十年。

假叶目和圆叶目绦虫虽然同属绦虫纲，但仍有各自的特点，两者的不同点见表1。

表1　假叶目和圆叶目绦虫的不同点

不同点	假叶目绦虫	圆叶目绦虫
头节	多呈梭形	呈球形
固着器官	位于头节背、腹面的吸槽	4个吸盘，以及顶突和小钩等
卵黄腺	呈滤泡状散布在节片的表层中，位于节片两侧	分1~2个叶，位于卵巢之后
生殖孔	位于节片中部	位于节片侧面
子宫	子宫有子宫孔通向体外	无子宫孔
体节	成节和孕节结构相似	孕节和成节结构差异较大
虫卵	椭圆形，卵壳较薄，一端有小盖，卵内含一个卵细胞和若干个卵黄细胞	多呈圆球形，外面是卵壳和很厚的胚膜，卵内是已发育的幼虫，具有3对小钩，称六钩蚴
中绦期幼虫	原尾蚴、裂头蚴等	似囊尾蚴、囊尾蚴、多头蚴、棘球蚴、链尾蚴等

三、绦虫分类

绦虫大约有 1 500 多种，隶属于扁形动物门、绦虫纲。绦虫纲又分为两个亚纲即单节绦虫亚纲（或称似绦虫亚纲）和多节绦虫亚纲（或称真绦虫亚纲）。其中多节绦虫亚纲中圆叶目和假叶目的绦虫与宠物有关。

（一）圆叶目（Cyclophyelidea）

头节上有 4 个吸盘，最前端常有顶突，其上有或没有小钩；生殖孔一般在体节的一侧或两侧；睾丸点状，卵巢叶状或哑铃形。无子宫孔，虫卵无卵盖，内含六钩蚴。

带科（Taeniidae）

头节上有 4 个吸盘，除无钩绦虫（牛带吻绦虫）外，均有明显的顶突，顶突不能回缩，上有两圈形状特殊的小沟。生殖孔明显，不规则地交替排列。睾丸数目多，卵巢双叶，子宫为管状并有分枝。幼虫为囊尾蚴、多头蚴或棘球蚴，寄生于草食动物或杂食动物，成虫寄生于食肉动物和人。

带属（*Taenia*）

多头属（*Multiceps*）

棘球属（*Echinococcur*）

泡尾带属（*Hydatigera*）

戴文科（Davaineidae）

中、小型虫体。头节顶突上有 2 ~ 3 排斧形小钩，吸盘上有细微的小棘。每节有一组生殖器官，偶有两组的。成虫多寄生在鸟类，幼虫寄生无脊椎动物。

戴文属（*Davainea*）

赖利属（*Raillietina*）

双壳科（Dilepididae）

也称囊宫科。中小型虫体，头节上有 4 个吸盘，其上有或无小棘，多有可伸缩的顶突，其上通常有 1 ~ 2 圈小钩。每节有生殖器官一组或两组。睾丸数目众多，孕节子宫为横的袋状管或分叶，或为副子宫器或卵囊所替代，卵囊含有一个或多个虫卵。为鸟类和犬、猫等哺乳类动物寄生虫。

复孔属（*Dipylidium*）

中绦科（Mesocestoididae）

中小型虫体，头节上有 4 个吸盘，但无顶突。生殖孔位于腹面的中线上，虫卵居于厚壁的副子宫器。成虫寄生于鸟类和犬猫等哺乳类动物。

中绦属（*Mesocestoides*）

（二）假叶目（Pseudophyllidea）

头节一般为双槽形。虫体分节明显或不明显，甚至没有分节。生殖器官每节常有一组。子宫常呈管状开口于体节腹面的中央。虫卵有卵盖，排出时不含幼虫，在第一中间宿主体内发育为原尾蚴，在第二中间宿主为实尾蚴，成虫大多数寄生于鱼类。

双叶槽科（Diphyllobothriidae）

大中型虫体。头节均有吸槽，分节明显。生殖孔与子宫孔同在腹面。卵有盖，排出后孵化。成虫主要寄生于鱼类，有的也见于爬行类、鸟类和哺乳动物。与动物有关的仅这一科。

双叶槽属（*Diphyllobothrium*）

迭宫属（*Spirometra*）

舌形属（*Ligula*）

头槽科（Bothriocephalidae）

头节有明显的顶突和两个较深的吸沟。睾丸球形，分布在节片两侧。生殖孔开口在节片背面中线后1/3的任何点上。卵巢双瓣翼状，子宫弯曲呈“S”状，开口于节片中央腹面，在生殖孔前。卵黄腺比睾丸小，散布在节片两侧。成虫寄生于鱼类的肠道。

头槽属（*Bottriocephalus*）

第一节 犬猫绦虫病

一、犬猫共患绦虫病

寄生于犬猫的绦虫种类很多，主要有犬复殖孔绦虫、线中绦虫、泡状带绦虫、豆状带绦虫、曼氏迭宫绦虫、双叶槽绦虫等。其成虫对犬猫的危害较大，幼虫多寄生在家畜或人的体内，给家畜和人类的健康带来威胁，为了阻断或控制绦虫成虫的繁育，防止重复感染，保证家畜和人类的健康，必须加强和高度重视犬猫绦虫病的防治。

（一）犬复殖孔绦虫病

犬复殖孔绦虫病是由双壳科复殖孔属的绦虫寄生于犬猫等犬科动物和猫科动物的小肠内引起的疾病。也可感染人，以儿童多见。世界性分布，我国各地均有报道。

病原体 犬复殖孔绦虫（*Dipylidium caninum*），活体为浅红色，固定后为乳白色，长10～50cm，宽约3cm，约有200个节片。头节近似菱形，具有4个吸盘和1个可伸缩的顶突，其上有4～5圈小钩。体节呈黄瓜籽状，故又称为瓜籽绦虫。成熟节片具有两组雌、雄生殖器官，呈两侧对称排列。两个生殖孔对称地分列于节片两侧缘的近中部。睾丸100～200个，经输出管、输精管通入左右两个贮精囊，开口于生殖孔。卵巢和卵黄腺各两个，位于节片两侧形似葡萄状。孕节子宫呈网状，后分化为若干个储卵囊，每个储卵囊内含2～40个虫卵。虫卵圆球形，透明，直径35～50μm，具两层薄的卵壳，内含一个六钩蚴（图4－7）。

生活史

中间宿主 蚤类和犬毛虱，如犬栉首蚤、猫栉首蚤。

终末宿主 主要是犬、猫、狐、狼等食肉动物；人也可感染。

发育过程 成虫寄生于犬、猫的小肠内，其孕节单独或数节相连地从链体脱落，自动逸出宿主肛门或随粪便排出。虫卵被中间宿主蚤类幼虫食入，六钩蚴在其血腔内经18d发

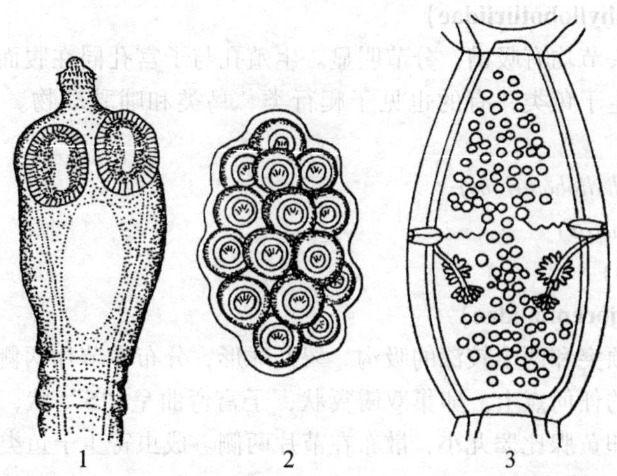

图4-7　犬复殖孔绦虫（采自张宏伟．动物疫病．中国农业出版社，2001）

1. 头节　2. 卵袋　3. 成熟节片

育为似囊尾蚴，并随幼蚤羽化为成蚤而寄生于成蚤体内。一个成熟蚤体内的似囊尾蚴可多达56个。犬猫舔毛时吞入了含有似囊尾蚴的跳蚤而感染，似囊尾蚴进入其消化道并在小肠内释出，经2~3周发育为成虫。

流行病学　本病呈世界性分布，欧洲、亚洲、美洲、非洲和大洋洲均有报告。终末宿主分布广泛，犬和猫的感染率很高，狐和狼等也有感染，人体感染多为婴幼儿。犬猫通过食入感染的中间宿主蚤而感染此病。春末、夏及秋季适宜蚤类的生长发育，所以本病主要在同期流行。南方温暖季节较长，感染季节也较长。多雨年份能促进本病的流行。

症状　轻度感染时，一般无明显症状。幼犬严重感染时可引起食欲不振、消化不良、腹部不适等，或有腹痛、腹泻，因孕节自动从肛门逸出而引起肛门瘙痒和烦躁不安等症状。个别的可能发生肠阻塞。

诊断　粪便检查发现孕节，在显微镜下可观察到具有特征的卵囊，内含数个至30个以上的虫卵即可确诊。

治疗　可选用下列药物：

吡喹酮　犬每千克体重5mg，猫每千克体重2mg，一次内服。亦可皮下注射，每千克体重2.5~5mg。幼犬4月龄以上才能使用。该药对成虫和幼虫均有效，但对虫卵无效。

氢溴酸槟榔素　犬每千克体重1~2mg，禁食12h后一次口服给药。为了防止呕吐，应在服药前15~20min给予稀碘酊液（水10ml，碘酊两滴）。

丙硫咪唑　犬每千克体重10~20mg，一次内服，连服3~4d。具有高效杀虫作用。

氯硝柳胺（灭绦灵）　每千克体重154~200mg，一次口服。服前禁食12h，有呕吐症状犬可加大剂量直肠给药。对成虫和幼虫均有高效。

盐酸丁萘脒　每千克体重25mg，一次口服。服药前禁食12h，服药后3h方可喂食。本品为广谱抗绦虫药。

阿苯哒唑（肠虫清）　口服每日一次，每次400 mg，连服3d。

甲苯咪唑片（安乐士） 每千克体重20mg，一次口服，连服3d。

防治措施

定期驱虫 驱虫时间和次数应该根据当地流行情况确定。全年可进行2～4次驱虫，种犬驱虫工作应在配种前3～4周内进行。驱虫时，要把犬、猫固定在一定的范围内，以便收集排出带有虫卵的粪便，彻底销毁，防止虫卵污染周围环境。

定期消毒 平时要注意对犬猫生活环境和用具进行消毒，每天清除犬猫的粪尿及其排泄物，每周用低毒的化学药消毒一次，每个月应该进行一次彻底的清洁消毒工作。家庭饲养犬猫一定要定期洗澡，同时增加运动，提高其抵抗力。

消灭传染源 应用杀虫剂蝇毒磷、倍硫磷等药物杀灭犬、猫体表上的蚤与虱。

（二）线中绦虫病

线中绦虫病是由中绦科中绦属的绦虫寄生于犬猫和野生食肉动物的小肠内引起的疾病，偶寄生于人体。

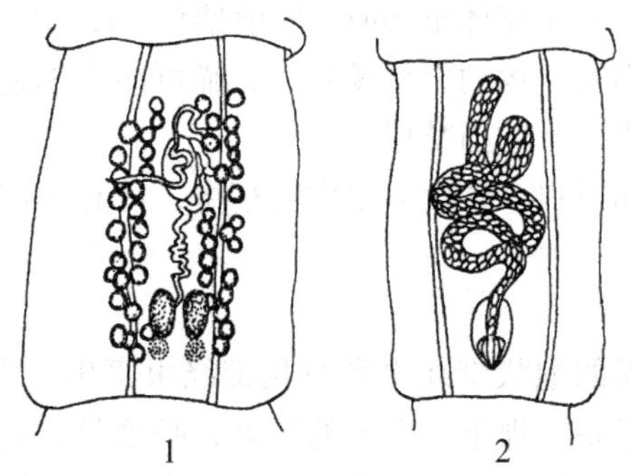

图4－8 线中殖孔绦虫（采自张宏伟．动物疫病．中国农业出版社，2001）

1. 成熟节片 2. 孕卵节片

病原体 线中绦虫（*Mesocestoides lineatus*），又名线中殖孔绦虫或中线绦虫。虫体呈乳白色，长30～250cm，最宽处为3mm。头节无顶突和小钩，有4个长圆形吸盘。成节近方形，每节有一套生殖器官。子宫位于节片中央而呈纵的长囊状，故眼观该种绦虫的链体中央部似有一纵线贯穿。孕节似桶状，内有子宫和一椭圆形的副子宫器，成熟虫卵在副子宫器内。虫卵长圆形，有两层薄膜，内含六钩蚴，大小为（40μm×35μm）～（45μm×60μm）（图4－8）。

生活史

中间宿主 需两个中间宿主，第一中间宿主为食粪的地螨。第二中间宿主为蛇、蛙、蜥蜴、鸟类及小哺乳动物中的啮齿类。

终末宿主 犬、猫和狐狸、浣熊、郊狼等野生食肉动物，人可偶尔感染。

发育过程 生活史尚未完全阐明。成虫寄生于犬猫的小肠内，孕节随粪便排出。虫卵在第一中间宿主体内形成似囊尾蚴，第二中间宿主吞食了含似囊尾蚴的地螨后，在其体内形成四槽蚴，多在第二中间宿主的腹腔或肝、肺等器官内发现。含四槽蚴的第二中间宿主被犬猫吞食后，四槽蚴逸出，在小肠内经16～20d发育为成虫。四槽蚴能从肠道向组织或腹腔移行，也能由腹腔移行至肠道。

流行病学 世界性寄生虫病，分布较广，见于欧洲、非洲、北美、朝鲜和日本等地。我国的北京、长春、浙江、黑龙江、甘肃及新疆的犬均有发生，黑龙江的猫及人体内均有发现。犬猫经口感染，常因吞食含四槽蚴的蛇、蛙、鸟类及啮齿类而感染。

症状 人工感染犬后，呈现食欲不振，消化不良，被毛无光泽。严重感染时有腹泻。可引起腹膜炎和腹水等。人体感染时呈现食欲不振，消化不良，精神烦躁，体渐消瘦。

诊断 粪便中见有2~4mm长呈桶状的孕节即可确诊。

治疗 可选用下列药物：

仙鹤草酚（驱绦丸） 用根芽全粉30~50g，服后不需给泻剂。亦可用草芽浸膏，鹤草酚单体或鹤草酚粗晶片，但应服硫酸镁导泻。

氯硝柳胺（灭绦灵） 犬每千克体重100~150mg，猫每千克体重200mg，1次口服。服前禁食12h。

盐酸丁萘脒 每千克体重15~50mg，一次口服。服药前禁食12h，服药后3h方可喂食。本品为一种广谱抗绦虫药。

乙酰胂胺槟榔碱合剂 每千克体重5mg，服前禁食3h，混入奶中给药。用药后可能出现副作用，呕吐、流涎、不安、运动失调及喘气，猫可能出现过量的唾液。可用阿托品缓解。三月龄以下的犬、一岁以下的猫禁用。

防治措施 对犬猫定期驱虫。禁食第二中间宿主，可有效控制感染。

（三）带绦虫病

带绦虫病是由带科带属的泡状带绦虫和豆状带绦虫寄生于犬猫的小肠内引起的疾病。泡状带绦虫的幼虫多寄生于猪、绵羊、山羊的肝脏、肠系膜、大网膜、肺脏等处，少见于牛及其他野生反刍动物。豆状带绦虫的腹腔幼虫寄生于家兔的肝脏、网膜、肠系膜、腹腔浆膜等处。

病原体 主要有以下2种：

泡状带绦虫（*Taenia hydatigena*），是较大型的虫体，呈乳白色或微带黄色，长75~500cm，由250~300个节片组成。头节上有吸盘、顶突和26~46个小钩。成节内有一套生殖器官，睾丸600~700个，子宫有5~16对大侧枝再分出许多小枝，生殖孔在体缘不规则交替开口，孕节全部被虫卵充满。虫卵近似椭圆形，内含六钩蚴，大小为（36~39）μm×（31~35）μm。幼虫为细颈囊尾蚴，乳白色，囊泡状，囊内含透明液体，俗称“水铃铛”，大小如鸡蛋或更大，直径约为8cm，囊壁薄上有1个乳白色具有长颈的头节。在肝、肺等脏器中的囊体，由宿主组织反应产生的厚膜包裹，故不透明（图4-9、图4-10）。

豆状带绦虫（*Taenia pisiformis*），虫体乳白色，长可达2m，由400~500个节片组成。头节上有吸盘、顶突和36~48个小钩。生殖孔在体缘不规则交替开口，并稍突出，使体节边缘呈锯齿状，故又称锯齿带绦虫（*T. serrata*）。子宫有8~14对侧枝，孕节内子宫充满虫卵。虫卵圆形，大小为（36~40）μm×（32~37）μm。幼虫为豆状囊尾蚴，卵圆形，呈豌豆大小的囊泡，囊内含1个头节。大小为（6~12）μm×（4~6）μm。一般由5~15个或更多成串的附着在腹腔浆膜上（图4-11）。

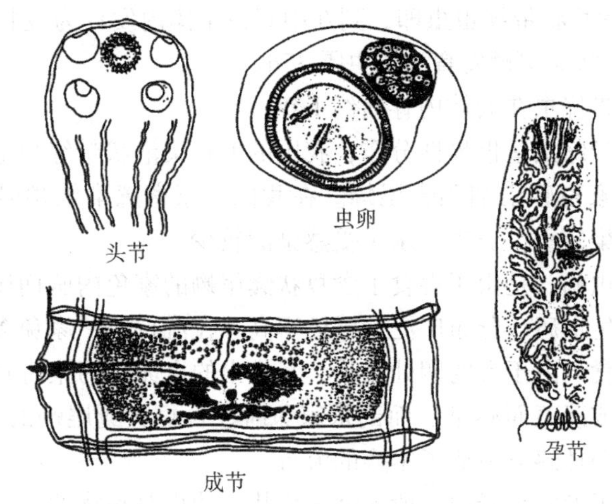

图 4－9　泡状带绦虫
（采自李国清．兽医寄生虫学．中国农业大学出版社，2006）

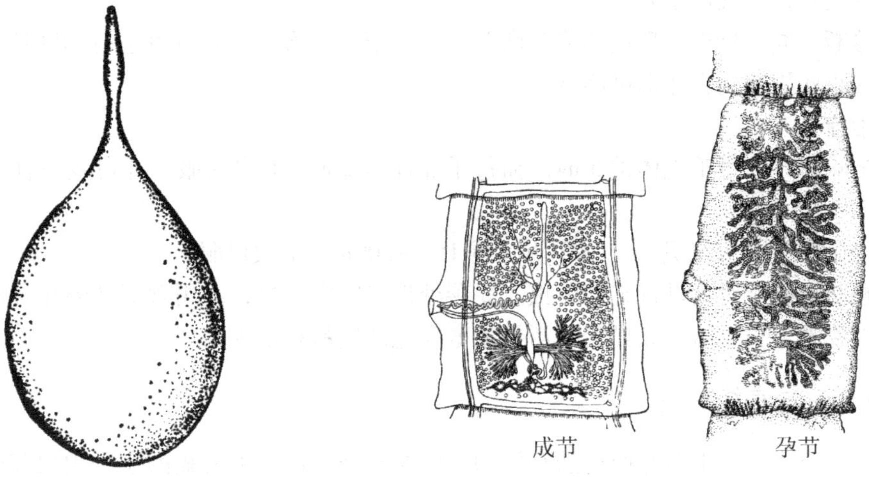

图 4－10　细颈囊尾蚴（采自李国清．兽医寄生虫学．中国农业大学出版社，2006）

图 4－11　豆状带绦虫（采自孔繁瑶．家畜寄生虫学．第 2 版．中国农业大学出版社，1997）

生活史

中间宿主　泡状带绦虫为猪、羊、牛等家畜。豆状带绦虫为家兔、野兔及其他啮齿类动物。

终末宿主　主要是犬、猫、狐、狼等肉食动物。

发育过程　孕节随粪便排至体外，孕节破裂，虫卵逸出，污染草料和饮水。虫卵被中间宿主吞食后，在其肠内六钩蚴逸出，然后钻入肠壁血管，随血流到达肝脏，并逐渐移行至肝脏表面，进入腹腔内发育为囊尾蚴。终末宿主犬猫吞食含囊尾蚴的中间宿主脏器而感染，在小肠内发育为成虫。

发育时间　泡状带绦虫卵发育为成熟的细颈囊尾蚴需 52～90d，细颈囊尾蚴发育为成虫需 36~73d。兔吞食豆状带绦虫虫卵，到在中间宿主体内发育为豆状囊尾蚴大约需 15~30d，在犬小肠内的豆状囊尾蚴发育为成虫需 35d。

成虫寿命　泡状带绦虫在犬体内存活约 1 年。

流行病学　泡状带绦虫呈世界性分布，我国的犬感染泡状带绦虫遍及全国。凡有养犬的地方，一般都会有家畜感染细颈囊尾蚴。在我国，家畜感染细颈囊尾蚴一般以猪最普遍，绵羊则以牧区感染较重，黄牛、水牛受感染的较少。

犬感染豆状带绦虫病，是由于吞食了含豆状囊尾蚴的家兔内脏而感染，豆状囊尾蚴病是家兔常见的一种寄生虫病，分布广泛，感染率高。在流行区，家兔多为散养，以野外的青草或废弃的蔬菜为食。由于犬的四处活动，其排出的虫卵会污染青草或蔬菜，当家兔采食了被虫卵污染青草或蔬菜而感染。而剖杀家兔时，含豆状囊尾蚴的内脏又会被犬吃到，这种犬和家兔之间的循环感染造成了本病的流行。

症状　成虫寄生于犬的小肠内一般无临床症状。幼虫对动物的危害较大。豆状囊尾蚴可引起家兔消化紊乱、腹部膨胀、消瘦等症状，严重时可引起突然死亡。细颈囊尾蚴对仔猪、羔羊的危害较严重，病畜表现不安、流涎、不食、腹泻和腹痛等症状，有时引起腹膜炎和胸膜炎，表现体温升高。

诊断　粪便检查发现虫卵或孕卵节片，可帮助确诊。必要时可进行诊断性驱虫。死后剖检在小肠内找到虫体即可确诊。

治疗

吡喹酮　犬每千克体重 5mg，猫每千克体重 2mg，1 次内服。亦可皮下注射，每千克体重 2.5~5mg。

氯硝柳胺（灭绦灵）　每千克体重 154~200mg，1 次口服。

预防措施　对犬进行定期驱虫。妥善处理屠宰废弃物，不用含豆状囊尾蚴的动物内脏及废弃物喂犬猫。防止犬猫粪便污染家畜和兔的饲料和饮水。

（四）迭宫绦虫病

迭宫绦虫病是由双叶槽科迭宫属的曼氏迭宫绦虫寄生于犬猫的小肠内引起的疾病。人偶能感染。幼虫寄生于蛙、蛇、鸟类和多种脊椎动物包括人的肌肉、皮下组织、胸腹腔等处。蛇、鸟类或猪等哺乳动物可作为转续宿主。

病原体

曼氏迭宫绦虫（*Spirometra mansoni*），又名孟氏裂头绦虫或孟氏旋宫绦虫。虫体呈乳白色，长 40~60cm，最长可达 1m，约 1 000 个节片组成。头节细小，呈指状，背腹面各有一条纵行的吸槽。体节宽度均大于长度，孕卵节片则长宽几乎相等。成熟节片中有一套生殖器官，子宫呈螺旋盘曲，紧密重叠，基部宽而顶端窄小，略呈发髻状，位于节片中部，子宫孔开口于阴门下方。睾丸呈小囊泡状，约 320~540 个，散布在节片靠中部的实质中。卵巢分两叶，位于节片后部。卵黄腺散布在实质的表层，包绕着其他器官（图 4-12）。

卵呈椭圆形，淡黄色，两端稍尖，卵壳较薄，一端有卵盖，内有一个卵细胞和若干个卵黄细胞。虫卵大小为（52~76）μm×（31~44）μm。

裂头蚴呈乳白色，长度大小不一，从 0.3cm 到 30~105cm 不等，扁平，头端膨大，中

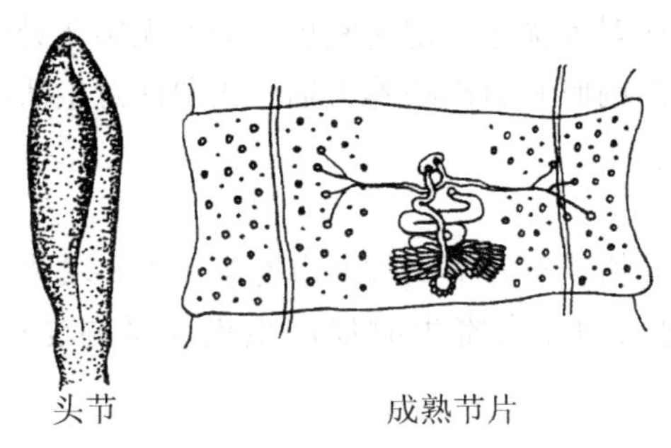

图4－12 曼氏迭宫绦虫

（采自张宏伟．动物疫病．中国农业出版社，2001）

央有一明显凹陷，与成虫头节略相似，体表不分节，前端具有横纹，后端多呈钝圆形，活时伸缩能力很强。

生活史

中间宿主 需要两个中间宿主。第一中间宿主是剑水蚤和镖水蚤。补充宿主是蛙。转续宿主为蛇、鸟类和猪等多种脊椎动物。人可成为补充宿主、转续宿主或终末宿主。

终末宿主 主要是猫和犬，此外还有虎、狼、豹、狐、狮、貉、浣熊等食肉动物。

发育过程 成虫寄生在犬猫等终末宿主的小肠内，虫卵随粪便排出体外，在水中适宜的温度下孵出钩球蚴，钩球蚴椭圆形或近圆形，直径约80～90μm，周身被有纤毛，常在水中作无定向螺旋式游动。被中间宿主剑水蚤吞食后在其体内发育为原尾蚴，原尾蚴长椭圆形，（260μm×44μm）～100μm，前端略凹，后端有小尾球，内仍含6个小钩。含有原尾蚴的剑水蚤被蝌蚪吞食后，在其体内发育为裂头蚴。裂头蚴具有很强的收缩和移动能力，当蝌蚪发育为成蛙时，常迁移到蛙的肌肉、腹腔、皮下或其他组织内，以大腿或小腿的肌肉中最多。当受感染的蛙被蛇、鸟类或猪等非正常宿主吞食后，裂头蚴不能在其肠中发育为成虫，而是穿出肠壁，移居到腹腔、肌肉或皮下等处继续生存，因此，蛇、鸟、猪即成为其转续宿主。犬猫等终末宿主吞食了含有裂头蚴的蛙等补充宿主或转续宿主后，裂头蚴便在其小肠内发育为成虫。

发育时间 虫卵发育为钩球蚴需3～5周，钩球蚴发育为原尾蚴需1～2周，原尾蚴在第二中间宿主体内发育为裂头蚴。裂头蚴发育为成虫约需3周。

成虫寿命 成虫在猫体内寿命约3年半。

流行病学 曼氏迭宫绦虫呈世界性分布，欧洲、美洲、非洲、澳洲均有报道，但多见于东南亚诸国；我国的许多省市都有记载，尤其多见于南方各省。蛙、蛇、禽和猪等多种脊椎动物都可成为传染源，犬猫感染曼氏迭宫绦虫是由于生食含裂头蚴蛙、蛇、禽、猪等动物的肌肉、组织或器官引起的。人感染裂头蚴主要是生吃了含裂头蚴的肌肉，或误食了含有原尾蚴的剑水蚤，用生蛙皮、肉敷贴伤口或治疗疮疖和眼病，使裂头蚴进入人体而感染。

症状 轻度感染时常不呈现症状。严重感染时，动物有不定期的腹泻、便秘、流涎、皮毛无光泽、消瘦及发育受阻等症状。

诊断 粪检虫卵或发现孕卵节片均可帮助确诊。必要时可做驱虫观察。

治疗 参见犬复殖孔绦虫病。

防治措施 在流行地区对犬猫进行定期驱虫。粪便无害化处理，防止虫卵扩散。禁止用未经处理的受感染动物的内脏和肌肉喂养犬猫。人要注意生活习惯，以防感染裂头蚴。

（五）双叶槽绦虫病

双叶槽绦虫病是由双叶槽科双叶槽属的绦虫寄生于人和犬猫小肠内引起的疾病。主要为人体的寄生虫。在其他动物体内寄生时仅产生极少量的受精卵。其幼虫寄生于各种鱼类。

病原体

宽节双叶槽绦虫（*Diphyllobothrium latum*），又名宽节裂头绦虫。虫体较大，成虫可达2～10m以上，具有3 000～4 000个节片。头节细小，呈匙形，其背腹侧各有一条较窄而深凹的吸槽。成节和孕节均呈四方形。睾丸数较多，为750～800个，与卵黄腺一起散布在节片两侧。卵巢分两叶，位于体中央后侧。子宫呈玫瑰花状，开口于节片的腹面中央，其后为生殖孔。

虫卵呈卵圆形，浅灰褐色，卵壳厚而平滑，两端钝圆，一端有明显的卵盖，另一端肥厚有结节，内含卵细胞。虫卵大小为（67～71）μm×（40～51）μm。

裂头蚴长约5mm，具有特征性的头节。

生活史

中间宿主　需要两个中间宿主。中间宿主为剑水蚤。

补充宿主　为鱼类。

终末宿主　人、犬、猫、猪、北极熊以及其他食鱼的哺乳动物。

发育过程　虫卵随宿主粪便排出后，在水中适宜的温度下孵出钩球蚴，钩球蚴活泼，于水中游动，被中间宿主剑水蚤吞食后，在其血腔内发育为原尾蚴。当补充宿主吞食受感染的剑水蚤，原尾蚴在其体内发育为裂头蚴，裂头蚴并可随着鱼卵排出。当大的肉食鱼类吞食小鱼或鱼卵后，裂头蚴可侵入大鱼的肌肉和组织内继续生存。直到终末宿主食入含裂头蚴的鱼遭受感染，裂头蚴在其肠内发育为成虫。

发育时间　虫卵在15～25℃的水中发育为钩球蚴需7～15d，钩球蚴能在水中生存数日，并能耐受一定低温。钩球蚴发育为原尾蚴需2～3周。原尾蚴发育成裂头蚴需1～4周。裂头蚴发育为成虫需5～6周。

成虫寿命　成虫在人体内可存活5～13年。

流行病学 宽节双叶槽绦虫主要分布于欧洲、美洲和亚洲的亚寒带和温带地区，俄罗斯的发生率最高。我国仅在台湾和黑龙江有过报道。多种野生动物都可以感染，成为该病的自然疫源地。人或动物是由于食入了含裂头蚴的生鱼而感染。流行地区人或犬猫粪便污染水源，是剑水蚤受感染的一个重要原因。

症状 犬猫感染时大部分无症状，重症则主要表现为食欲下降、呕吐、腹泻、贪食、异嗜，继而消瘦、贫血、生长发育停滞，严重者死亡。有的呈现强烈的兴奋，有的发生痉挛或四肢麻痹。本病为慢性消耗性疾病。

人感染后有非特征性的腹部症状，由于虫体吸取肠中的维生素B_{12}，引起巨红细胞性贫血。临床表现精神沉郁，生长发育明显受阻，食欲减退或呕吐。

诊断 根据症状和粪便检查发现节片或虫卵即可确诊。

治疗 可选用下列药物：

吡喹酮 犬每千克体重5mg，猫每千克体重2mg，1次口服。

氯硝柳胺（灭绦灵） 犬每千克体重154~200mg，1次口服。

防治措施 不用生的或半生的鱼及其内脏饲喂犬猫。未经处理的粪水禁止排入江湖中，以防病原扩散。在流行区，人勿食生的或半生的淡水鱼。

二、主要寄生于犬的绦虫病

（一）棘球绦虫病

棘球绦虫病是由带科棘球属的绦虫寄生于犬科动物的小肠中引起的疾病。幼虫为棘球蚴，寄生于牛、羊、猪、人及其他动物的肝、肺等脏器，又称为“包虫病”。由于棘球蚴体积大，生命力强，压迫组织而使其萎缩和功能障碍，还易造成继发感染。如果囊壁破裂，可引起过敏反应，甚至死亡。

病原体 主要有以下2种，以细粒棘球绦虫多见。

细粒棘球绦虫（*Echinococcus granulosus*），虫体很小，由1个头节和3~4个节片组成，全长不超过7mm。头节略呈梨形，具有顶突和4个吸盘，顶突上有两圈大小相间的小钩共36~40个，呈放射状排列。各节片均为狭长形。成熟节片内有一套生殖器官，孕节长度超过虫体全长的一半，睾丸45~65个，均匀地散布在生殖孔水平线前后方。子宫呈不规则的分支和侧囊，含虫卵200~800个。虫卵大小为（32~36）μm×（25~30）μm（图4-13）。

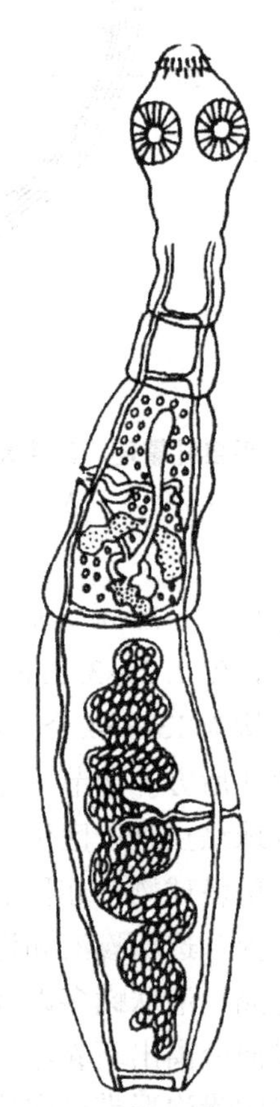

图4-13 棘球绦虫

（采自张宏伟．动物疫病．中国农业出版社，2001）

中绦期为单房型棘球蚴，为圆形囊状结构，大小因寄生的时间、部位以及宿主的不同而异，直径多为5~10cm，小的仅有黄豆大，最大可达50cm。棘球蚴由囊壁和囊内含物组成。有的还有子囊和孙囊。囊壁外有宿主的纤维组织包裹。囊壁为两层，外层为角皮层，乳白色，半透明，似粉皮状，易破裂；内层为生发层亦称胚层。囊内含物包括生发囊、原头蚴、子囊、孙囊和囊液等。囊液为无色透明或微带黄色，充满整个囊腔，具有抗原性。原头蚴椭圆形或圆形，由囊壁内层向囊内生长而成，数量较多，大小为170μm×122μm，为向内翻卷收缩的头节，其顶突和吸盘内陷，保护着数十个小钩。原头蚴与成虫头节的区别在于其体积小和缺顶突腺。生发囊亦称育囊，是具有一层生发层的小囊，在小囊壁上生成数量不等的原头蚴，多者可达 30 ~40 个，原头蚴可向生发囊内生长，也可向囊外生长为外生性原头蚴，由于可不断扩展，其危害较内生的棘球蚴更大。子囊可由母囊的生发层直接长出，也可由原头蚴或生发囊进一步发育而成。子囊结构与母囊相似，其囊壁具有角皮层和生发层，囊内也可生长原头蚴、生发囊以及与子囊结构相似的小囊，称为孙囊。有的母囊无原头蚴、生发囊等，称为不育囊，不育囊可以长得很大。原头蚴、生发囊和子囊可从胚层上脱落，悬浮在囊液中，称为囊砂或棘球砂。一个棘球蚴中可有无数的原头蚴（图 4 – 14）。

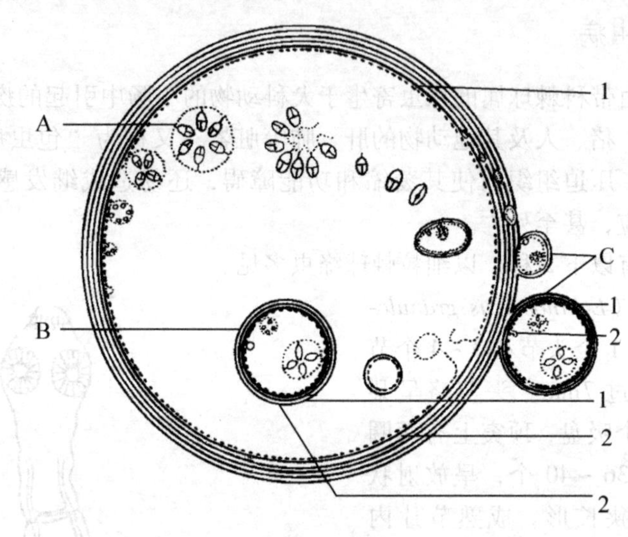

图 4 – 14　棘球蚴模式构造

（采自孔繁瑶．家畜寄生虫学．第 2 版．中国农业大学出版社，1997）

A. 生发囊　B. 内生性子囊　C. 外生性子囊

1. 角皮层　2. 胚层

多房棘球绦虫（*Echinococcus multilocularis*），成虫外形和结构都与细粒棘球绦虫相似，但虫体更小，体长仅 1. 2 ~3. 7mm，由 2 ~6 个节片组成。头节、顶突、小钩和吸盘等都相应偏小，顶突小钩为 13 ~34 个。成节生殖孔位于节片中线偏前，睾丸数较少，为 26 ~36 个，分布在生殖孔后方。孕节子宫为囊状，无侧囊，内含虫卵 187 ~404 个。虫卵形态和大小均与细粒棘球绦虫难以区别。

中绦期为多房棘球蚴，亦称泡球蚴，为囊泡状团块，由无数囊泡相连聚集而成。囊泡圆形或椭圆形，内含透明囊液和许多原头蚴，或含胶状物而无原头蚴，整个泡球蚴与周围组织间无被膜分隔。泡球蚴多以外生性出芽生殖不断产生新囊泡，长入组织，少数也可向内芽生形成隔膜而分离出新囊泡。一般 1 ~2 年即可使被寄生的器官几乎全部被大小囊泡占据。呈葡萄状的囊泡群带可向器官表面蔓延至体腔内，犹如恶性肿瘤。

生活史

中间宿主　细粒棘球绦虫中间宿主为羊、牛、猪、骆驼和鹿等偶蹄动物，偶可感染马、袋鼠、某些啮齿类、灵长类和人。多房棘球绦虫中间宿主为啮齿类动物如田鼠、麝鼠、旅鼠、仓鼠、大沙鼠、棉鼠、黄鼠、小家鼠等，在牛、绵羊和猪的肝脏也发现有蚴体寄生，但不能发育至感染阶段，人也能成为中间宿主。

终末宿主　犬、狼、狐、豺等食肉动物。

发育过程　成虫寄生在终末宿主小肠，孕节或虫卵随宿主粪便排出。孕节有较强的活动能力，可沿草地或植物蠕动爬行，致使虫卵污染动物皮毛和周围环境，包括牧场、畜舍、蔬菜、土壤及水源等。当中间宿主吞食了虫卵和孕节后，六钩蚴在其肠内逸出，然后钻入肠壁，经血液循环至肝、肺等器官，发育为棘球蚴。棘球蚴被犬等终末宿主吞食后发育为成虫，其所含的每个原头蚴都可发育为一条绦虫。由于棘球蚴中含有大量的原头蚴，故犬肠内寄生的成虫数量可达数千至上万条。

发育时间　细粒棘球绦虫卵发育为棘球蚴需 5 ~ 6 个月，棘球蚴发育为成虫约需 40 ~ 45d。多房棘球蚴在犬体内发育为成虫一般需 30 ~ 33d。

成虫寿命　细粒棘球绦虫在犬体内的寿命为 5 ~ 6 个月。多房棘球绦虫寿命为 3 ~ 3.5 个月。

流行病学　细粒棘球绦虫分布广泛，遍及全世界。此病主要流行于牧区，在牧区易感动物主要是牧羊犬和野犬。细粒棘球绦虫的中间宿主虽然种类较多，但在流行病学上具有重要意义的动物主要是绵羊，绵羊感染率最高，在我国以新疆最为严重，绵羊的感染率在 50% 以上，有的地区甚至高达 100%。主要由于放牧的羊群经常与牧羊犬密切接触，在牧地上吃到虫卵的机会多，而牧羊犬又常吃到绵羊的内脏，因而造成本病在绵羊与犬之间的循环感染。动物的死亡多发生于冬季和春季。虫卵对外界的抵抗力较强，在室温的水中可存活 7 ~ 16d；在干燥环境中可存活 11 ~ 12d；在 0℃时可存活 116d；不易被化学杀虫剂杀灭；煮沸与直射阳光对虫卵有致死作用。虫卵在 50℃中，1h 即死亡。

多房棘球绦虫分布较局限，在我国的新疆、青海、甘肃、四川、宁夏等省流行。其虫卵在外界有较强的抵抗力，低温对六钩蚴几乎无作用，在 2℃水中可存活达两年之久，能耐低温至 -51℃。

症状　成虫对犬的致病作用不明显，甚至寄生数千条亦无临床表现。严重感染的动物被毛粗乱无光泽，呕吐，腹泻或便秘，粪便中混有白色点状的孕卵节片，肛门部常有瘙痒表现。但棘球蚴对人和动物危害较大，犬是人畜共患棘球蚴病的主要传播者。

诊断　粪便检查虫卵或发现孕卵节片可帮助确诊。或剖检鉴定虫体可确诊。

治疗　可选用以下药物：

吡喹酮　每千克体重 5mg，1 次内服，无副作用。

盐酸丁萘脒　每千克体重 50mg，间隔 48h 再用 1 次。

氢溴酸槟榔素　每千克体重 1 ~ 2mg，禁食 12h 后 1 次口服给药。

丙硫咪唑　每千克体重 90mg，1 次内服，连服 2d。

防治措施

定期驱虫　在流行区定期为家犬和牧羊犬驱虫。驱虫后，特别注意粪便无害化处理，防止病原的扩散。处理或接触犬粪时要特别小心，避免感染人。

加强管理　合理处理病畜及其内脏，严禁乱扔，不得随意喂犬，必须经过无害化处理后，方可作为饲料。避免犬接触鼠类。

（二）羊带绦虫病

羊带绦虫病是由带科带属的绦虫寄生于犬科动物的小肠内引起的疾病。幼虫寄生于绵羊、山羊和骆驼的心肌、膈肌、咬肌和舌肌等处。偶尔亦可在肺、肝、肾、脑及食道壁和胃壁寄生。

病原体 绵羊带绦虫（*Taenia owin*），虫体呈乳白色，长45~100cm。头节较宽大，上有吸盘、顶突和24~36个小钩。生殖孔位于节片边缘的中央，孕节子宫每侧有20~25对分支，每个侧支又有许多小分支。虫卵大小为（30~40）μm×（24~28）μm。中绦期为羊囊尾蚴，似猪囊尾蚴，卵圆形，大小为（3mm×2mm）~（9mm×4mm）。囊内充满透明液体，囊壁一端有一个凹入的头节（图4-15）。

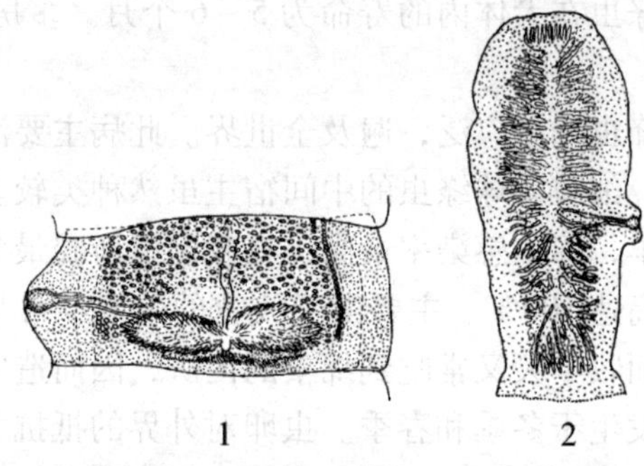

图4-15 羊带绦虫

（采自孔繁瑶．家畜寄生虫学．第2版．中国农业大学出版社，1997）

1. 成节 2. 孕节

生活史

中间宿主 绵羊、山羊、骆驼。

终末宿主 犬、狼等犬科动物。

发育过程 成虫寄生在犬的小肠内，孕节随犬粪排出，虫卵被中间宿主羊吞食后，在其肠内逸出六钩蚴，然后钻入肠壁血管，随血流到达肌肉和其他器官中，需2.5~3个月发育为羊囊尾蚴。羊囊尾蚴被终末宿主犬、狼吞食后，在其小肠内约经7周发育为成虫。

流行病学 在我国，仅新疆和青海有报道。犬主要是由于食入了含囊尾蚴的羊肉或其脏器而感染。羊由于吃到虫卵而感染，羊囊尾蚴对羔羊有一定的危害，甚至可引起死亡，但不感染人。

症状 轻度感染大多不显症状。严重感染时，出现呕吐，慢性肠炎，贪食、异嗜等症状。随后逐步出现贫血，消瘦，腹泻，而且经常出现便秘与腹泻交替发生的情况。虫体寄生数量多时可出现肠道阻塞，有的出现兴奋、痉挛或四肢麻痹等神经症状。

诊断 粪便检查，可在显微镜下看到虫卵并结合症状即可确诊。

治疗 可参考犬复殖孔绦虫。

预防措施 勿用羊的内脏和肌肉喂犬。在流行区对犬进行定期驱虫，防止虫卵污染牧地和饮水。

（三）多头绦虫病

多头绦虫病是由带科多头属的绦虫寄生于犬科动物的小肠内引起的疾病。幼虫主要寄生于绵羊、山羊、黄牛、牦牛等反刍动物的脑和脊髓中，尤以两岁以下的绵羊易感。幼虫偶尔感染骆驼、猪、马及其他野生反刍动物，极少感染人。

病原体 主要有以下3种：

多头带绦虫（*Taenia multiceps*），又称多头绦虫。虫体长40～100cm，由200～500个节片组成。头节有4个吸盘，顶突上有22～32个小钩，分作两圈排列。成熟节片呈方形或长大于宽，节片内有睾丸200个左右，卵巢分两叶，大小几乎相等。孕卵节片内子宫有14～26对侧枝，子宫充满虫卵。卵为圆形，直径一般为29～37μm，内含六钩蚴。幼虫为脑多头蚴，又称脑共尾蚴、脑包虫，乳白色半透明的囊泡，呈圆形或椭圆形，囊体由豌豆大至鸡蛋大，囊内充满透明液体，囊壁由2层膜组成，外膜为角质层，内膜为生发层，其上有100～250个原头蚴。原头蚴直径2～3mm（图4－16）。

连续多头绦虫（*Multiceps serialis*），虫体长10～70cm，头节的顶突上有小钩26～32个，排成两圈。孕节子宫侧枝20～25对，虫卵（31～34）μm×（20～30）μm。幼虫为连续多头蚴，形似鸡蛋，直径4cm或更大，囊内有液体，壁上有原头蚴。

斯氏多头绦虫（*Coenurus skrjabini*），体长20cm，头节顶突上有小钩32个。孕卵节片中子宫有20～30个侧枝，虫卵大小为32μm×26μm。幼虫为斯氏多头蚴，一般如鸡蛋大小，圆形或椭圆形，囊内充满透明液体，囊壁上有原头蚴。

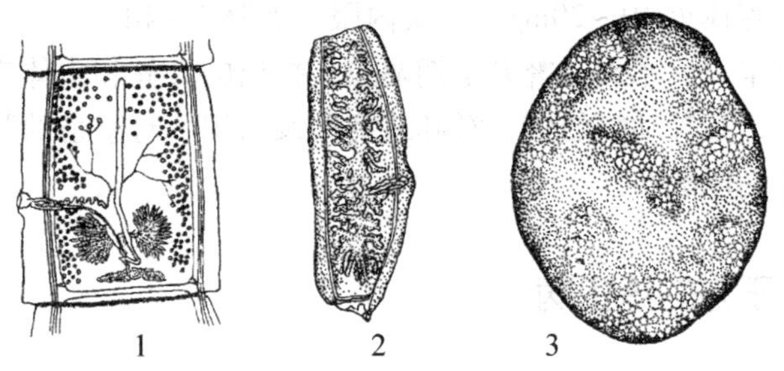

图4－16 多头绦虫

（采自孔繁瑶．家畜寄生虫学．第2版．中国农业大学出版社，1997）

1. 成节 2. 孕节 3. 脑多头蚴

生活史

中间宿主 主要为羊和牛，偶见骆驼、猪及其他野生反刍动物。连续多头绦虫中间宿主为兔。

终末宿主 犬、狼、狐等犬科动物。

发育过程 成虫的孕卵节片随粪便排到体外，中间宿主吞食虫卵而感染。在小肠内六钩蚴脱壳逸出，进入肠壁血管，随血液循环到达寄生部位，发育成多头蚴。多头带绦虫虫卵在中间宿主的脑和脊髓处发育为脑多头蚴；连续多头绦虫虫卵在兔的肌肉和皮下结缔组织内发育为连续多头蚴；斯氏多头绦虫虫卵在中间宿主的肌肉、皮下和胸腔内发育为斯氏多头蚴。终末宿主犬吃入多头蚴而感染，在小肠内逐渐发育为成虫。多头蚴生发层上的每个原头蚴均可发育成一条绦虫。

发育时间　虫卵发育为多头蚴需 2~3 个月。多头蚴发育为成虫需 1.5~2.5 个月。

成虫寿命　成虫在犬体内可存活 6~8 个月。

流行病学　本病呈世界性分布，多呈地方性流行。我国内蒙、宁夏、甘肃、青海及新疆五大牧区多发。犬、狼、狐是由于食入了患多头蚴病动物的脑、脊髓、肌肉或脏器而感染。寄生于犬小肠内的多头绦虫存活时间较长，不断地排出孕卵节片污染草场、饲料和饮水，成为牛、羊、兔多头蚴病的感染来源。尤其是两岁以内的羔羊多发，全年均有因此病死亡的动物。虫卵对外界环境的抵抗力强，在自然界可长时间保持生命力，高温或直射光很快死亡。

症状　通常无明显症状。严重感染时，患犬经常出现不明原因的腹部不适，食欲反常（贪食或异食），呕吐，慢性肠炎。大量感染时，造成贫血、消瘦、腹泻、消化不良，甚至便秘和腹泻交替发生。

当脑多头蚴寄生于牛、羊等动物时，有典型的神经症状和视力障碍。

诊断　依据临床症状，结合粪便检查虫卵或孕节加以判定。如发现患病犬的粪便及肛门周围，经常有类似大米粒的白色或淡黄色孕卵节片（刚排出的绦虫孕节可附着在肛门周围蠕动，时间长者节片变干，粘于肛门周围的被毛上，形似芝麻粒状）即可确诊，也可用饱和盐水漂浮法检查粪便虫卵或在镜下观察节片确诊本病。

治疗

吡喹酮　每千克体重 5mg，1 次内服。

丙硫咪唑　每千克体重 10~20mg，一次内服，连服 3~4d。

预防措施　对牧羊犬、军犬、警犬定期驱虫，排出的犬粪和虫体应深埋或烧毁。防止犬吃到含多头蚴的牛、羊等动物的脑、脊髓或兔肉及组织。对患畜的脑和脊髓应烧毁或深埋。捕杀野犬，防止病原散布。

三、主要寄生于猫的绦虫病

寄生于猫体内的绦虫比较多，常见的有犬复殖孔绦虫、线中绦虫、泡状带绦虫、豆状带绦虫、曼氏迭宫绦虫、双叶槽绦虫、带状带绦虫等。大多数绦虫均寄生于犬猫的体内，属于犬猫共患病，只有带状带绦虫只感染猫。

带状带绦虫病

带状带绦虫病是由带科带属的绦虫寄生于猫的小肠内引起的疾病。偶可寄生于人体的小肠中。幼虫寄生于多种啮齿类动物的肝脏，兔和人也偶可感染。分布极广，主要是鼠与猫之间循环感染的一种绦虫。

病原体

带状带绦虫（*Taenia taeniaeformis*），又名带状泡尾绦虫。成虫乳白色，体长 15~60cm，头节外观粗壮，顶突肥大、呈半球形突出，上有小钩，4 个吸盘也呈半球形，向外侧突出，颈节极不明显。因此又称为“粗头绦虫”或“肥颈绦虫”。每个成熟节片都有一个侧生殖开口，随机分布于成熟节片的一侧，末端的孕节充满虫卵。虫卵具有带科绦虫虫卵的典型特征，呈褐色，球形，虫卵直径为31～36μm，内含六钩蚴（图4－17）。

中绦期幼虫为链尾蚴，又称叶状囊尾蚴，形似长链，长约20cm，头节裸露不内嵌，后接一假分节的链体，末端有一小尾囊或尾泡。

生活史

中间宿主　主要是鼠科和仓鼠科啮齿类动物，兔和人也可感染。

终末宿主　猫。

发育过程　寄生在猫小肠内的带状带绦虫，其孕节随宿主粪便排出后，通常可自行蠕动，在蠕动时即可释放出虫卵污染外界环境。当中间宿主吞食了虫卵后，六钩蚴在消化道逸出，钻入小肠壁，然后随血流到肝脏，发育成链尾蚴。猫捕食了含有链尾蚴的鼠类而受感染，链尾蚴进入猫小肠，尾泡和假链体脱落，头节吸附在肠壁上，发育为成虫。

发育时间　虫卵发育为链尾蚴需2个月。链尾蚴发育为成虫需36～41d。

成虫寿命　成虫在猫体内可存活2年。

1

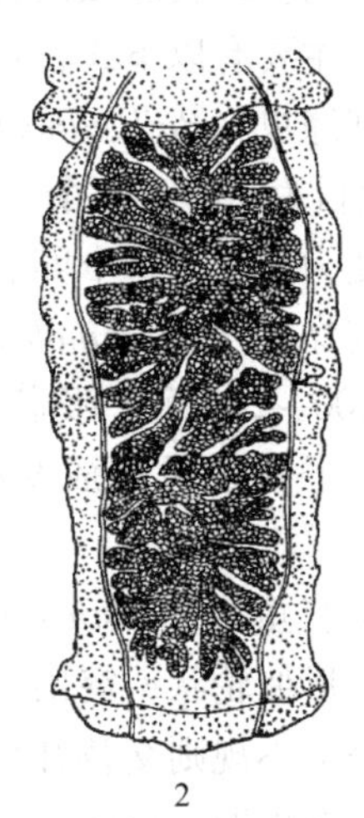
2

图4－17　带状带绦虫
（参见孔繁瑶．家畜寄生虫学．第2版．中国农业大学出版社，1997）
1. 头节　2. 孕节

流行病学　带状带绦虫为世界性分布，与家猫的分布一致。鼠科和仓鼠科啮齿动物是本虫最典型的中间宿主。在北美和欧洲，偶尔发现兔的肝脏有连尾蚴，说明兔也可作为带状带绦虫的中间宿主。排至体外的孕节具有很强的运动性，可自行蠕动很长距离。因此，受感染的猫与易感动物兔等同居一室，即可对这些动物具有感染的危险。带状带绦虫繁殖力强，猫每天可排出3～4个节片，大部分节片内含500个或少于500个虫卵，最多可达12 180个虫卵。

症状　迄今尚没有关于猫感染带状带绦虫后临床症状的描述，所以认为带状带绦虫对猫的致病性弱，不导致明显的临床症状。实验结果表明，幼虫对鼠类可引起肉瘤状肿瘤。

诊断　在粪便中找到典型的节片或通过漂浮法检出虫卵，即可确诊。

治疗　可选用以下药物：

吡喹酮　每千克体重2mg，一次口服。此药安全范围大，副作用小，喂药前后不用禁食。

甲苯咪唑片（安乐士）　每千克体重20mg，一次口服，连服3d。

防治措施　注意灭鼠，禁止猫捕食鼠类。对猫进行定期驱虫，猫的粪便无害化处理。

（王雅华）

第二节 鸟类绦虫病

一、赖利绦虫病

赖利绦虫病是由戴文科赖利属的绦虫寄生于鸟类小肠内引起的疾病。常见于雀形目和鹦形目的多种鸟。鸟类绦虫的种类繁多，赖利属是能引起鸟类发生明显疾病的绦虫。

病原体 主要有以下3种：

四角赖利绦虫（*Raillietina tetragona*），虫体最长可达25cm。头节较小，顶突上有1～3圈小钩，数目为90～130个。吸盘卵圆形，上有8～10圈小钩。成节的生殖孔位于同侧。子宫破裂后变为卵囊，每个卵囊内含卵6～12个，虫卵直径为25～50μm。

棘沟赖利绦虫（*R. echinobothrida*），大小和形状颇似四角赖利绦虫。顶突上有两行小钩，数目为200～240个。吸盘呈圆形，上有8～15圈小钩。生殖孔位于节片一侧的边缘上，孕节内的子宫最后形成90～150个卵囊，每一卵囊含虫卵6～12个。虫卵直径为25～40μm。

有轮赖利绦虫（*R. cesticillus*），虫体较小，一般不超过4cm，偶可达15cm。头节大，顶突宽而厚，形似轮状，突出于前端，上有两圈共400～500个小钩，吸盘上无小钩。生殖孔在体侧缘上不规则交替开口，睾丸约15～30个，孕节内的子宫分为若干卵囊，每个卵囊内仅有一个虫卵。虫卵直径75～88μm（图4－18）。

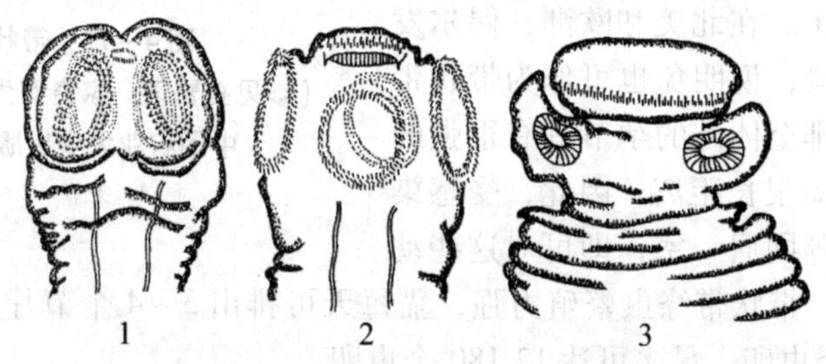

图4－18 赖利绦虫头节（采自张宏伟．动物疫病．中国农业出版社，2001）

1. 四角赖利绦虫 2. 棘沟赖利绦虫 3. 有轮赖利绦虫

生活史

中间宿主 多种类型的昆虫。

终末宿主 主要是鸡、雉鸡、鸽、野鸽、孔雀、红鹦鹉、雀科鸣禽等鸟类。

发育过程 孕卵节片或虫卵随粪便排到外界，被中间宿主吞食后，六钩蚴逸出，发育为似囊尾蚴。终末宿主啄食含似囊尾蚴的中间宿主而感染，似囊尾蚴在鸟的小肠内发育为成虫。

流行病学 鸟类绦虫病为世界性分布。绦虫的传播需中间宿主，因而以昆虫、肉或鱼为食的鸟类易患此病，以种子为食的鸟类少见，但杂食性的鸟类多患本病。绦虫种类繁多，大多数宿主特异性很强。一般一种绦虫仅寄生于一种鸟和亲缘关系甚近的数种鸟，鸟与鸟之间不会相互传染。一半以上的野生鸟都有绦虫寄生，而笼养鸟与舍养鸟感染机会很小，但大多数观赏鸟与舍养鸟是从野生鸟捕获的，因此，此类鸟的绦虫病亦不可忽视。本病发生与中间宿主如蚂蚁、甲虫、苍蝇、蚱蜢的分布面广阔有密切关系。鸟类吞吃了这些含似囊尾蚴中间宿主即被感染。

症状 由于绦虫是寄生在鸟的小肠，头节深埋在肠腺和肠黏膜里，因而引起肠黏膜出血和发炎，影响消化功能。绦虫数量较多时，可导致肠阻塞。绦虫代谢产物中的毒素可引起神经症状。病鸟一般表现为消瘦、食欲不振、生长缓慢、腹泻、贫血，大多数鸟有异癖，便中带血。常继发营养缺乏症和其他肠道传染病。

病理变化 小肠黏膜肥厚，有点状出血并有小结节，小结节的中央凹陷。肠壁上的小结节注意与结核病结节区别。

诊断 本病无特征性症状，生前诊断可通过粪便检查，发现孕节或虫卵即可确诊。但由于赖利绦虫孕卵节片排出无规律性，检出率不高。所以，剖检是最可靠的诊断方法，在小肠内发现虫体可确诊。

治疗 可选用以下药物：

硫氯酚 每千克体重150~200mg，一次内服，4d后再服一次。

氯硝柳胺（灭绦灵） 每千克体重50~60mg，一次投服。

氢溴酸槟榔素 每千克体重3mg，配成0.1%水溶液灌服。

苯硫咪唑 每千克体重5mg，一次口服，连用2d。

甲苯咪唑（安乐士） 广谱驱虫药。每千克体重3.3mg，每日2次，连服3d。本品为首选驱虫药。

吡喹酮 每千克体重10~20mg，一次投服。

丙硫咪唑 每千克体重15~20mg，与面粉做成丸剂，一次投服。

预防措施

定期驱虫 在流行地区，应进行预防性驱虫。驱虫时应收集排出的虫体和粪便，彻底销毁，防止散布病原。使用驱虫药后可以加喂些麻子（火麻仁）有润肠通便，促进虫体排出的作用。只有在粪便里看到绦虫头节才达到驱虫的目的。

消灭中间宿主 注意环境卫生，搞好灭蝇和杀虫工作。尤其注意消灭作为鸟的动物性蛋白来源的中间宿主。

加强管理 饲养场要保持清洁、干燥，潮湿环境有利于中间宿主的生长。避免鸟接触昆虫和软体动物。

二、戴文绦虫病

戴文绦虫病是由戴文科戴文属的节片戴文绦虫寄生于鸟的十二指肠内引起的疾病。常见于雀形目和鹦形目的多种鸟。

病原体 节片戴文绦虫（*Dawainea proglottina*），虫体乳白色，成虫短小，长仅0.5~3mm，不超过4mm，一般由3~5个节片组成，最多不超过9个节片，节片由前往后逐个增大。头节小，顶突和吸盘上均有小钩，但易脱落。生殖孔规则地交替开口于每个体节的侧缘前部。睾丸12~15个，排成两列，位于体节后部。虫卵单个散在于孕节实质中，虫卵直径为 28~40μm（图 4-19）。

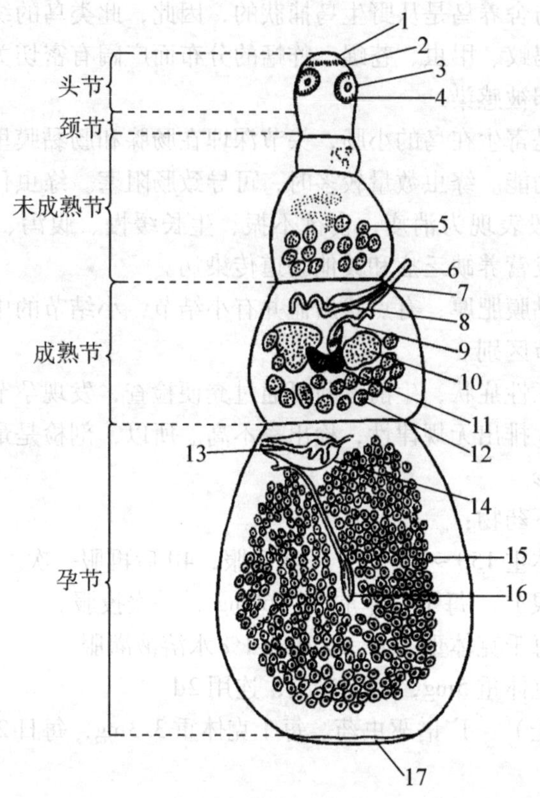

图 4-19　节片戴文绦虫（采自甘孟侯．中国禽病学．中国农业出版社，1999）

1. 顶突　2. 顶突钩　3. 吸盘　4. 吸盘钩　5. 睾丸　6. 雄茎　7. 生殖孔　8. 输精管　9. 阴道　10. 卵巢　11. 卵黄腺　12. 睾丸　13. 雄茎　14. 雄茎囊　15. 六钩蚴　16. 受精囊　17. 脱落节片附着点

生活史

中间宿主　软体动物蛞蝓、陆地螺蛳。

终末宿主　鸡、鸽、鹌鹑等鸟类。

发育过程　孕节随宿主粪便排至体外，能蠕动并释出虫卵。被中间宿主吞食后，于其体内经 3 周的发育，变为似囊尾蚴。鸟啄食含似囊尾蚴的中间宿主而受感染，在其十二指肠内，约经 2 周发育为成虫。

流行病学　各龄鸟均能感染，但以幼鸟最易感，且可引起死亡，管理条件良好的鸟发病较少。虫卵在阴暗潮湿的环境中能存活 5d 左右，干燥与霜冻使之迅速死亡。软体动物也适宜在温暖潮湿的环境孳生，因此本病在南方更易流行。

症状　虫体以头节深入肠壁，刺激肠黏膜和造成血管破裂，呈急性肠炎症状，表现腹泻，粪中含黏液或带血，明显贫血。继而精神委顿，行动迟缓，高度衰弱与消瘦，羽毛蓬乱，呼吸加快。由于虫体分泌毒素，有时发生麻痹，从两腿开始，逐渐波及到全身。

病理变化　可见十二指肠黏膜潮红、肥厚，有散在出血点，并充满黏液。大量白色粒状的虫体固着于黏膜上。

诊断　根据症状、病理变化及粪便检查进行综合性判断。粪便检查发现孕节或尸检时找到虫体可确诊。由于节片戴文绦虫每天仅排出一个孕卵节片，而且很小，又往往在夜间或下午，所以应注意收集全粪检查。

防治　可参见赖利绦虫病。

（王雅华）

第三节　鱼类绦虫病

一、头槽绦虫病

头槽绦虫病是由头槽科头槽属的头槽绦虫寄生于鱼的消化道所引起的疾病。俗称“干口病”。主要危害草鱼、鲢鱼、鳙鱼等。

病原体　九江头槽绦虫（*Bothriocephalus gowkongensis*），虫体扁平带状，由节片组成，体长20～230mm。头节有一明显的顶盘和2个较深的吸槽。精巢呈球形，每节内约有50～90个，分布在节片两侧。阴道和雄茎共同开口在生殖腔内。生殖腔开口在节片背面中线后1/3处。卵巢呈双瓣翼状，横列在节片后端1/4的中央处。子宫弯曲成“S”状，开口于节片中央的腹面，生殖孔之前。卵黄腺比精巢小，散布在节片两侧（图4－20）。

虫卵呈椭圆形，淡褐色，卵壳较厚，卵盖较小不明显。虫卵大小为0.053×0.364mm。

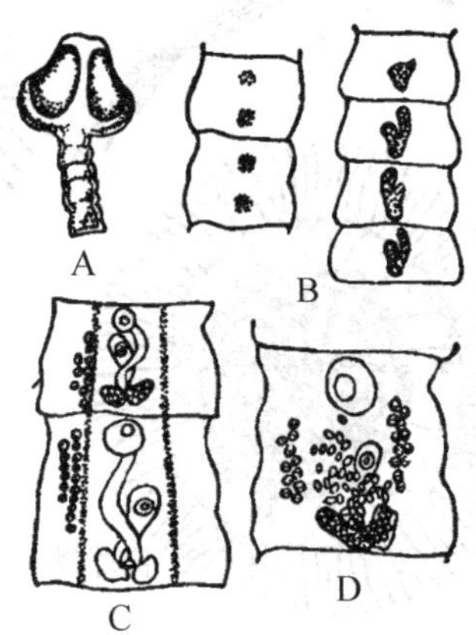

图4－20　头槽绦虫（采自黄琪琰．鱼病学．第1版，1983）

A. 头节　B. 未成熟节片　C. 成熟结片　D. 妊娠结片

生活史

中间宿主　为剑水蚤。

终末宿主　为草鱼、鲢鱼、鳙鱼、青鱼、鲮鱼等。

发育过程　经虫卵、钩球蚴、原尾蚴、裂头蚴、成虫5个阶段。虫卵随宿主粪便落到水中，在水温28～30℃时需3～5d，14～15℃时需10～28d孵化成钩球蚴，钩球蚴呈圆形，后端有3对钩，外被有纤毛。初孵出的钩球蚴不断颤动，孵化后约1d即停止颤动，在水中能生活2d。此期间内被中间宿主剑水蚤吞食后，钩球蚴穿过其消化道到达体腔，大约经 5d 发育为原尾蚴，如不被剑水蚤吞食则很快死亡。剑水蚤被鱼吞食后，经消化使剑水蚤破裂，原尾蚴即在肠内蠕动，发育为裂头蚴。这时期的幼虫身体不分节，在夏天经 11d 虫体开始长出节片，逐渐进入成虫阶段（图 4－21）。

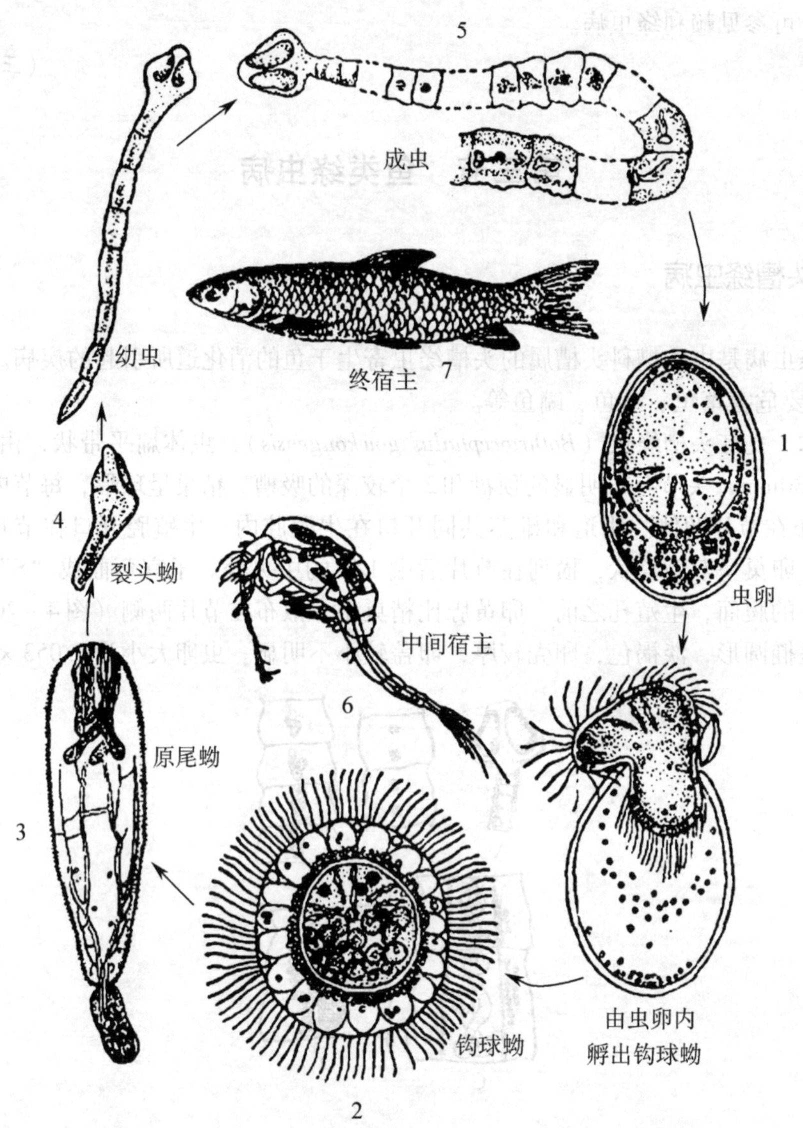

图 4－21　九江头槽绦虫生活史（仿《中国淡水鱼类养殖学》）

1. 虫卵　2. 钩球蚴　3. 原尾蚴　4. 裂头蚴　5. 成虫　6. 剑水蚤　7. 鱼

发育时间　在水温 28～29℃时，裂头蚴在小草鱼肠内经过 21～23d 性成熟并初次产卵。

流行病学　本病是广东、广西的地方性鱼病，现在湖北、福建、贵州、东北及国外东欧也有发现。寄生于终末宿主的肠内，主要危害草鱼种，青鱼、团头鲂、鲢、鳙、鲮也可感染，能引起草鱼种大批死亡，尤其对越冬的草鱼危害最大，死亡率可高达 90%。草鱼在 8cm 以下危害最严重，超 10cm，感染率下降，2 龄以上只偶尔发现少数头节和不成熟的个体。这与草鱼在不同发育阶段摄食对象不同有关。近年七彩神仙鱼等热带鱼感染较普遍。

症状及病理变化　头槽绦虫用吸槽吸附在鱼的肠壁上，吸取宿主的营养。严重感染时，前肠形成胃囊状扩张，直径比正常增大约三倍，肠的皱襞萎缩，表现慢性炎症，并由于肠内虫体密集而造成机械性堵塞。严重感染的小草鱼食量减少或不摄食，体重减轻，非常瘦弱，体表黑色素增加，离群独游，口常张开，食量剧减，俗称“干口病”。严重的病鱼前腹部有膨胀感，触摸时感觉结实，并伴有恶性贫血现象，红细胞下降至96万～248万个/ml（健康鱼为304万～408万个/ml）。

诊断　根据流行病学、临床症状、寄生虫学剖检可确诊。剖开鱼腹，可见前肠形成胃囊状扩张及白色带状虫体聚集。另外，球虫病、许氏绦虫病、侧殖吸虫病也表现肠壁膨大症状；侧腹吸虫病也具有闭口或张口不吃食物的明显症状，应注意鉴别。

防治措施

1. 每公顷用生石灰1 200kg或漂白粉210kg彻底清塘，毒杀虫卵和剑水蚤。

2. 病鱼池中用过的工具，消毒后才能使用。死鱼应远离池塘掩埋。

3. 用90%晶体敌百虫50g与面粉500g混合成药饵，按鱼的数量每天定量投喂1次，连投3～6d。

4. 按每万尾鱼种，用南瓜子粉250g与500g米糠拌匀，连喂3d，能毒杀绦虫。

5. 每千克鱼用48mg吡喹酮拌饲料投喂1次，隔4d用同样剂量再投喂1次。

6. 使君子2.5kg，葫芦金5kg，捣烂煮成5～10kg汁液，将汁液拌入7.5～9kg米糠中，连喂4d，其中第2d至第4d的药量减半，米糠量不变，可制止病鱼死亡。

二、许氏绦虫病

许氏绦虫病是由纽带绦虫科许氏绦虫属的许氏绦虫寄生于鱼的肠道所引起的疾病。主要危害鲫鱼等。

病原体　中华许氏绦虫（*Khawia sinensis*），虫体长约50～60mm。头部明显扩大，前端边缘呈鸡冠状折皱，颈节较长。睾丸近圆形，散布在颈后卵黄腺稍后方，至雄茎囊的前缘，在髓层形成一睾丸带。输精管粗大，卷曲在雄茎囊前方。雄茎弯曲在雄茎囊内，开口在生殖孔前方。卵黄腺圆形，比睾丸小，从睾丸带的前方起，向后延伸至身体末端，在卵巢前方排列在皮层内，而在其后方的则分布在髓层。子宫始于卵膜处，向上盘旋至生殖腔开口，其末端与阴道末端联成短的子宫阴道管。在阴道基部处有略膨大呈椭圆形的受精囊。卵巢“H”形，位于体的后方，两侧翼很长，后翼比前翼短（图4－22）。

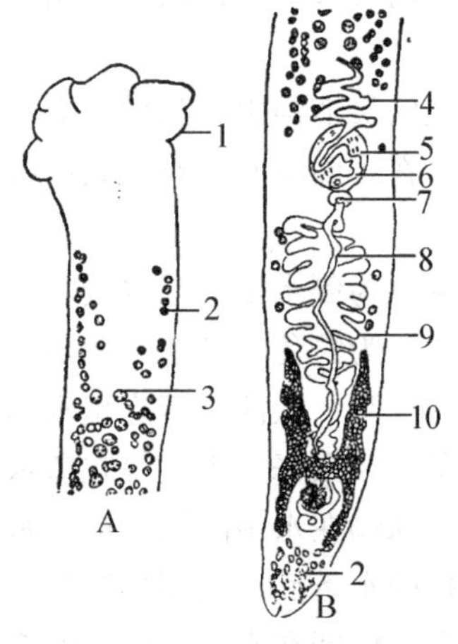

图4－22　中华许氏绦虫

（采自黄琪琰．鱼病学．第1版，1983）

A. 身体前段，示头节及部分生殖器官

B. 身体后段，示生殖系统

1. 头部　2. 卵黄腺　3. 精巢　4. 输精管　5. 阴茎囊　6. 阴茎　7. 生殖孔　8. 阴道　9. 子宫　10. 卵巢

生活史

中间宿主　为环节动物颤蚓。

终末宿主　为鲫鱼等。

发育过程　原尾蚴在颤蚓的体腔内发育，当鱼吞食了感染许氏绦虫原尾蚴的颤蚓即被感染，在其体内发育为成虫。

流行病学　本病在我国分布较广，在黑龙江流域、湖北等地都有报道。主要危害鲤、鲫鱼，尤以2龄以上的鲤鱼感染率较高，但未见大量寄生的报道。

症状及病理变化　许氏绦虫寄生于鱼的肠道，轻度感染时无明显症状。当感染数量多时，鱼体日见消瘦，食欲不振，生长停滞，严重时堵塞肠道，引起肠道发炎，贫血。

诊断　通过剖检发现虫体即可确诊。解剖鱼腹后取出肠道，剪开即可见有绦虫。

防治措施　本病主要做好清塘消毒，杀灭虫卵来进行预防。治疗较为困难。

1. 国外用绵马根茎乙醚抽出物拌饲料投喂，每千克鱼用4g抽出物。有一定副作用，有些鱼有中毒症状。

2. 用加麻拉或棘蕨粉拌饲料投喂，效果较好，且无副作用。每千克鱼用量前者为20g，后者（1份根，3份地下叶芽）为32g。

三、舌状绦虫病

舌状绦虫病是双叶槽科舌形属的舌状绦虫和双线绦虫的幼虫寄生于鱼的体腔内引起的疾病。主要危害鲫鱼、鲢鱼、鳙鱼、鲤鱼等。

病原体　舌状绦虫（*Ligula*）和双线绦虫（*Digramma*）的幼虫裂头蚴，虫体肉质肥厚，呈白色带状，不分节，俗称“面条虫”。虫体长度从数厘米到数米，宽可达1.5cm。

舌状绦虫的头节尖细，略呈三角形，在背腹面中线各有1条凹陷的纵槽，每一节片有1套生殖器官。

双线绦虫的头节钝尖，与体节无明显区分，体分节不明显，背腹面中线各有2条凹陷的平行纵槽，在腹面中间还有1条中线，每一节片有2套生殖器官。

生活史

中间宿主　为剑水蚤、镖水蚤。

补充宿主　为鲫鱼、鲢鱼、鳙鱼、鲤鱼等。

终末宿主　鸥、秋沙鸭等吃鱼水鸟。

发育过程　成虫寄生于鸥等吃鱼水鸟的消化道内，虫卵随寄主的粪便排入水中，孵化出钩球蚴。钩球蚴在水中游泳，被剑水蚤、镖水蚤吞食后，在其体内发育为原尾蚴，鱼吞食带有原尾蚴的水蚤后，原尾蚴穿过肠壁进入体腔，发育为裂头蚴。含有裂头蚴的鱼被水鸟吞食后，裂头蚴即在水鸟的肠道发育为成虫。

流行病学　该病分布极为广泛，流行于大型水域，黑龙江、内蒙古、新疆、青海、西藏以及黄河流域、长江流域等均有发现。池塘、水库、湖泊和江河中都有此病发生。鲫、鲢、鳙、鲤、鳊、鲴、草鱼、青鱼和其他一些野杂鱼类都可受其危害，感染率随宿主年龄的增长而有所增加。一般发生于夏季。

症状及病理变化　裂头蚴寄生于鱼的体腔，由于虫体较大，病鱼腹部膨大，严重时失去平衡，常漂浮水面，侧游或腹部朝上，游动缓慢。虫体的挤压和缠绕，使肠、性腺、肝、脾等器官受到挤压，产生萎缩变形，使正常的生理机能受到抑制或遭到破坏，引起发育受阻，鱼体消瘦，丧失生殖能力，甚至死亡。有时裂头蚴可从鱼腹部钻出，直接造成幼鱼死亡。

病鱼严重贫血，血红蛋白及红细胞数比健康鱼显著降低，由于长期饥饿，导致宿主发生缺铁性贫血。

诊断　通过剖检在病鱼体腔内发现白色虫体即可确诊。

防治措施

1. 对较小的水体，可用清塘的方法杀灭虫卵及剑水蚤，同时驱赶食鱼水鸟，可逐渐减轻病情；并可应用药物防治，按 100kg 鱼用二丁基氧化锡 25g 或硫双二氯酚 20g，拌料一次投喂，每天 1 次，连用 5d。
2. 在大水面对此病尚无有效防治方法，目前只能以切断其生活史的方法进行预防。
3. 及时捞出病鱼和裂头蚴，并深埋或煮熟。

（张学勇）

【复习思考题】

1. 基本概念：六钩蚴，中绦期，梨形器，棘球砂。
2. 圆叶目绦虫的形态特征和生活史。
3. 比较犬复殖孔绦虫、线中绦虫、泡状带绦虫的形态区别。
4. 犬猫绦虫的中间宿主、终末宿主、补充宿主，以及在中间宿主和终末宿主的寄生部位。
5. 犬猫绦虫病的治疗和预防及其意义。
6. 制定当地流行的犬、猫绦虫病的综合防治措施。
7. 简述常见观赏鸟绦虫的种类。
8. 简述观赏鱼常见绦虫病的终末宿主、中间宿主、补充宿主及寄生部位，其主要临床特征。

第五章 线虫及棘头虫病

概 述

一、线虫形态构造

线虫病是由线形动物门线虫纲的各种寄生性线虫寄生于动物体内所引起的疾病，在动物蠕虫病中，线虫病占很大比例，几乎一半以上。线虫病分布十分广泛。由于线虫种类很多，可寄生于动物的胃、肠、肺、肾、脑、脊髓、眼、肌肉、胸腔、腹腔、皮下组织以及其他部位，并且多数是很多种线虫混合感染，寄生的数量也很大，有些种还可通过胎盘感染。

（一）外部形态

线虫一般呈两侧对称的圆柱形或纺锤形，有的呈线状或毛发状。通常前端钝圆，后端较尖细，不分节。活体通常为乳白色，吸血常带红色。线虫大小差别很大，小的仅1mm左右，最长可达1m以上。寄生性线虫均为雌雄异体。一般雄虫较小，雌虫较大。雄虫后端不同程度地弯曲，有交合伞或其他与生殖有关的辅助构造。线虫整个虫体可分为头部（端）、尾部（端）、腹面、背面和两侧。天然孔有口孔、排泄孔、肛门和生殖孔。雄虫的肛门和生殖孔合为泄殖孔。

（二）体壁

线虫体表为透明的角皮（角质层），表面光滑或有横纹、纵纹、斜纹等。角皮还延续为口囊、食道、直肠、排泄孔。有由角皮参与形成的特殊构造，如头泡、颈翼、唇片、叶冠、尾翼、交合伞、乳突等，有附着、感觉和辅助交配等功能。这些构造的位置、形状和排列是线虫分类的主要依据。

角皮下面有皮下层和肌层。皮下层为原生质层，在背面、腹面和两侧中央部的皮下组织增厚，形成四条纵索，分别称为背索、腹索和侧索，通常两侧索内有排泄管，背、腹索内有神经干。皮下层下面为肌层，肌纤维的收缩和舒张使虫体运动。体壁包围的腔（假体腔）内充满液体，其内包藏着内部器官。

（三）消化系统

大多数线虫的消化系统是完整的，即有口孔、口腔、食道、肠、直肠、肛门。口孔位于虫体的前端，通常位于头部顶端。口周围有的有唇片围绕，有的唇片间还有间唇，唇片上有感觉乳突。无唇片的虫体，在该部位发育为叶冠、角质环等。有些线虫的口腔内形成硬质构造，称为口囊，有些线虫在口腔中有齿或切板等构造。口通于口囊，其有无、大小和形状因种而异。各种线虫的食道的大小和形状均不相同，食道为肌质构造，多呈圆柱状、棒状或漏斗状，有些线虫的食道后部膨大成球状称食道球；有些线虫食道分为肌质的前部和腺体的后部，食道的形状在分类上有重要的意义。肠管位于食道后边，一般呈管状，有的线虫在肠的前端有肠盲囊，肠的后端有很短的直肠，以肛门开口于虫体尾部的腹面，雌虫的肛门单独开口，雄虫的肛门则与射精管共同形成泄殖腔。开口处附近常有乳突，其数目、形状和排列随虫体种类而不同。

（四）排泄系统

线虫有简单的排泄系统，分为腺型和管型两类。腺型排泄系统无排泄管由一个大的腺细胞构成，位于体腔内。管型排泄系统一般由左右2条排泄管构成，位于两侧纵索内，形似“H”形；有的呈倒“U”形；也有的为不对称的单侧管。排泄孔通常位于虫体前食道部腹面正中线上。

（五）神经系统

神经中枢是位于食道部的神经环，是由许多神经纤维连接的神经节组成，自该处向前后各发出若干神经干，主要是背、腹神经干。各神经干间有横连合。在虫体的其他部位还有单个的神经节。线虫体表有许多乳突，如头乳突、唇乳突、颈乳突、尾乳突或生殖乳突等，都是神经感觉器官。大多数在尾部还有1对尾感器，为1对小孔或突起上的小孔，内部膨大成一袋状构造，位于肛门之后。尾感器的有无是划分纲的重要特征。

（六）生殖系统

动物寄生性线虫均为雌雄异体，生殖系统为最发达的系统。线虫雌雄生殖器官均为简单的弯曲的管状构造，各个器官彼此相连，形态上无明显的区别（图5－1）。

雄性生殖系统为单管型，由睾丸、输精管、贮精囊和射精管组成，射精管开口于泄殖腔。许多线虫尾端有辅助交配的器官，如交合刺、导刺带、副导刺带、性乳突、交合伞等，在虫体鉴定上有意义。交合刺一般有2根，或有1根，通常包在交合刺鞘内，且能伸缩，在交配时有掀开雌虫阴门的功能。位于泄殖腔背壁上的称导刺带，位于腹壁上称副导刺带，有引导交合刺伸缩的功能。有些雄虫的末端有交合伞，为对称的叶状膜，由肌质的肋支撑。肋一般排列对称，分为三组，即腹肋、侧肋和背肋。腹肋两对，分别称为腹腹肋和侧腹肋；侧肋3对，即前侧肋、中侧肋和后侧肋；背肋包括1对外背肋和一个背肋，背肋的远端有时再分为数枝。尾端常有排列对称或不对称的性乳突，其大小、数目和形状因种而异。交合刺、导刺带、副导刺带和交合伞有多种多样的形态，因而在分类上有重要意义（图5－2）。

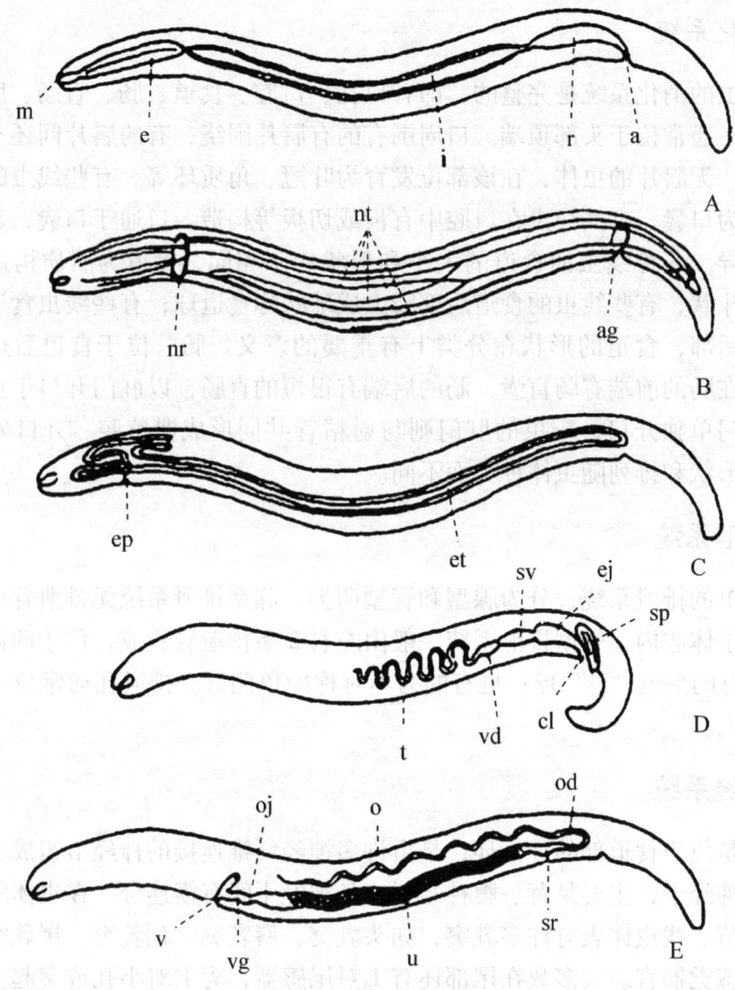

图 5-1　线虫内部器官

（采自孔繁瑶．家畜寄生虫学．第 2 版．中国农业大学出版社，1997）

A 消化系统：m. 口　e. 食道　i. 肠　r. 直肠　a. 肛门

B 神经系统：nr. 神经环　nt. 神经干　ag. 肛神经结

C 排泄系统：ep. 排泄孔　et. 排泄管

D 雄性生殖系统：t. 睾丸　vd. 输精管　sv. 贮精囊　ej. 射精管　sp. 交合刺　el. 泄殖腔

E 雌性生殖系统：v. 阴门　vg. 阴道　oj. 排卵器　u. 子宫　o. 神经干　sr. 受精囊　od. 输卵管

雌虫的生殖器官，由卵巢、输卵管、子宫、受精囊、阴道和阴门组成，有些线虫无受精囊和阴道。通常为双管型（双子宫型），少数为单管型（单子宫型）。双管型是指有两组生殖器，最后由两条子宫汇合成一条阴道。有的线虫在阴道和子宫之间还有肌质的排卵器，阴道以阴门开口于体外，阴门位置有很大的变化，可在虫体腹面的前部、中部或后部，但均位于肛门之前。有些线虫的阴门被有表皮形成的阴门盖。阴门的位置及其形态（包括阴门盖）常具分类意义。

线虫没有呼吸器官和循环系统。

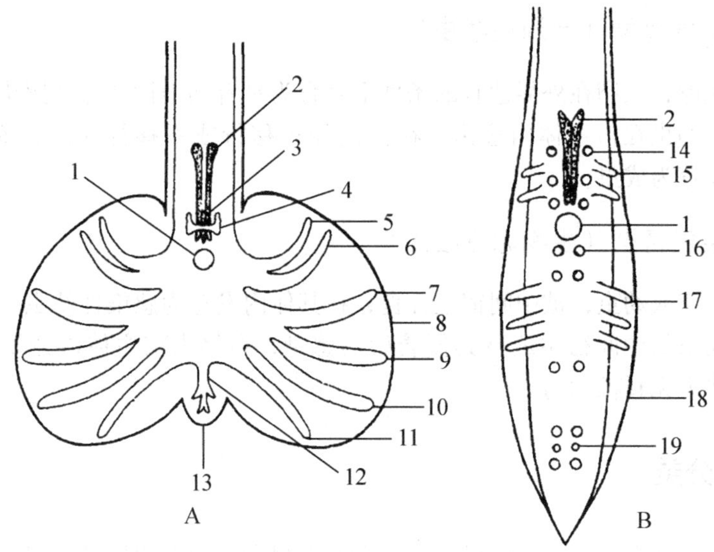

图5－2 雄虫尾端（采自孔繁瑶．家畜寄生虫病学．第2版，1997）

A. 有交合伞线虫 B. 无交合伞线虫

1. 肛门 2. 交合刺 3. 引器 4. 副引器 5. 腹腹肋 6. 侧腹肋 7. 前侧肋 8. 侧叶 9. 中侧肋 10. 后侧肋 11. 外背肋 12. 背肋 13. 背叶 14. 肛前乳突（无柄） 15. 肛前有柄乳突 16. 肛后乳突（无柄） 17. 肛后有柄乳突 18. 尾翼 19. 尾感器开口

二、线虫生活史

线虫雌雄虫体在宿主体内交配受精，雌性卵细胞受精发育，多数线虫为卵生即产生的是虫卵，但虫卵内的胚细胞因虫种的不同而处于不同的发育阶段。有的胚细胞尚未发生分裂，如蛔虫卵；有的胚细胞处于早期分裂阶段，如钩虫卵；也有的胚细胞处于晚期分裂状态，如圆线虫卵。如果排出的虫卵已含有发育好的幼虫则称为卵胎生，寄生于猪的后圆线虫是属于卵胎生线虫。雌虫直接排出幼虫，为胎生线虫，如旋毛形线虫。

线虫的发育一般要经过4次蜕化，形成5个幼虫期，即第一期幼虫经蜕化形成第二期幼虫，经第二次蜕化变成第三期幼虫，如此经第三，第四次蜕化形成第四期及第五期幼虫，只有发育到第五期幼虫才能发育为成虫。蜕化是幼虫新生一层新角皮，蜕去旧角皮的过程。有的蜕化后的旧角皮仍包裹在身体表面，称为披鞘幼虫。披鞘幼虫对生活环境的抵抗力很强，也很活跃，此时鞘的功能相当于感染性虫卵卵壳的保护功能。

一般情况下，第三期幼虫具有感染性。如果感染性幼虫仍留在卵壳内而不孵出，称之为感染性（或侵袭性）虫卵；如果感染性幼虫从卵壳内孵出，即称感染性（或侵袭性）幼虫。

根据线虫在发育过程中是否需要中间宿主，将其分为直接发育型线虫和间接发育型线虫。前者系幼虫在外界环境中，如粪便和土壤中直接发育到感染阶段，故称直接发育型（土源性线虫）；后者的幼虫需在中间宿主如昆虫和软体动物等的体内方能发育到感染阶段，故称间接发育型（生物源性线虫）。

（一）直接发育型（土源性线虫）

雌虫产出虫卵，虫卵在外界适宜的条件下发育为具有感染性的卵或感染性幼虫，被终末宿主吞食后，幼虫在宿主体内逸出，在体内经过移行或不移行（因种而异），并进行2~3次蜕皮，发育为成虫。

（二）间接发育型（生物源性线虫）

雌虫产出虫卵或幼虫，被中间宿主吞食，在其体内发育为感染性幼虫，当终末宿主吞食带有感染性幼虫的中间宿主或遭其侵袭后而感染，在终末宿主体内经蜕皮后发育为成虫。中间宿主多为无脊椎动物。

三、线虫分类

线虫属线形动物门，下分两个纲：无尾感器纲和尾感器纲，与宠物有关的线虫分类为：

（一）尾感器纲（Secernentea）

1. 杆形目（Rhabditata）

类圆科（Strongyloididae）　毛发状小型虫体，食道长约为体长1/3。子宫与肠道互相缠绕成麻花样。粪类圆线虫主要寄生于人、其他灵长类、犬、狐和猫的小肠内。

类圆属（*Strongyloides*）

小杆科（Rhabdiasidae）　雄虫尾翼发达，尾部圆钝或细，雌虫生殖孔开口在体中部，自由生活。类圆小杆线虫可引起牛、猪、犬、啮齿类瘙痒性充血性皮炎。

小杆属［*Rhabditis*（*syn. Pelodera*）］

2. 圆线目（Strongylata）

圆线科（Strongylidae）　多数有叶冠，口囊发达，内有牙齿或切板。雄虫交合伞发达，交合刺细长。雌虫阴门距肛门较近。多寄生于哺乳动物体内。

圆线属（*Strongylus*）

钩口科（Ancylostomatidae）　成虫系小肠内吸血寄生虫。具大的向背侧弯曲的口囊，口边缘具齿或切板。雄虫交合伞发达，常见雌雄处于交配状态，形成“T”形外观。寄生于犬、猫、狐，偶寄生于人。

钩口属（*Ancylostoma*）

弯口属（*Uncinaria*）

板口属（*Necator*）

似丝科（Filaroididae）　交合伞背叶退化只剩下乳突，弓形，阴门在肛门前，表皮膨大形成1个半透明的鞘。卵胎生。寄生于犬、野生肉食兽呼吸系统。

似丝属（*Filaroides*）　寄生于犬、臭鼬呼吸系统。

奥斯勒属（*Oslerus*）　寄生于家犬和野犬的细支气管、气管。

肛似丝属（*Anafilaroides*）　寄生于家猫肺部。

格莱特属（*Gurltia*）　寄生于猫股静脉。

管圆科（Angiostrongylidae）　交合伞有所退化，肋分布清晰可见。阴门近肛门处。

管圆属（*Angiostrongylus*）　寄生于犬、狐、鼠的肺动脉，偶见于右心室。

猫圆属（*Aelurostrongylus*）　寄生于猫肺实质和细支气管。

比翼科（Syngamidae）　口囊发达，口囊前方开口形成1个厚的边缘。交合伞发达，交合刺等长或不等长。雌虫尾端圆锥形，阴门在前部或中部。寄生于鸟类及哺乳动物呼吸道和中耳。

比翼属（*Syngamus*）　寄生于鸟类呼吸道。

鼠比翼属（*Rodentogamus*）　寄生于鼠类呼吸道。

裂口科（Amidostomatidae）　口囊发达，呈亚球型，基部有1～3个齿。有颈乳突。交合伞侧叶较背叶长许多，交合刺2根。阴门位于虫体后1/5处。雌虫尾长指状。寄生于禽类肌胃角质膜下，偶见于腺胃。

裂口属（*Amidostomum*）

3. 蛔目（Ascaridata）

蛔科（Ascaridae）　头端具有三片唇。食道圆柱形。雄虫尾部无尾翼膜，雌虫阴门位于虫体前部，卵生。寄生于哺乳动物肠道。

蛔属（*Ascaris*）

弓首科（Toxocaridae）　体侧有颈膜，头端有3片唇，食道肌后部有球形或亚长圆形腺胃。雄虫尾部有指状突起，交合刺等长或稍不等长。雌虫阴门位于虫体前部，胎生。寄生于肉食动物肠道。

弓首属（*Toxocara*）

禽蛔科（Ascaridiidae）　体侧具有狭长侧翼膜，头端钝，口围有3片唇，无食道球或腺胃。雄虫有发达的尾翼膜，尾端尖，具有角质的肛前吸盘。雌虫尾部圆锥形，阴门位于中部。卵生。寄生于鸟类。

禽蛔属（*Ascaridia*）

4. 尖尾目（Oxyurata）

异刺科（Heterakidae）　头端钝，口周围有3片唇，食道圆柱形，后部有发达的食道球。雄虫尾尖，具有肛前吸盘和多数肛乳突，交合刺不等长，雌虫尾部长而渐尖，阴门位于体中部附近。胎生。寄生于两栖、爬行、鸟类和哺乳类动物肠道。

异刺属（*Heterakis*）

5. 旋尾目（Spirurata）

吸吮科（Thelaziidae）　虫体细长，体表角皮有横纹。口无唇或具2个分为3瓣的唇，食道肌质圆柱形。雄虫尾部无尾翼膜，2根交合刺不等长且形状不同。雌虫阴门位于食道部或近于肛门。胎生。寄生于哺乳类（犬寄生瞬膜下）、鸟类眼部组织。

吸吮属（*Thelazia*）

尖旋尾属（*Oxyspirura*）

后吸吮属（*Metathelaxia*）

尾旋科（Spirocercidae）　口周围有6个柔软组织构成的圆团结构。寄生于肉食动物。

尾旋属（*Spirocerca*）

华首科（锐形科）（Acuariidae） 虫体细长，头端有2个大侧唇，头部具有4条角质的饰带。食道分为短的肌质部和粗长的腺体部。雄虫具有尾翼膜，交合刺不等长且形态不同。雌虫尾部圆锥形，阴门位于体后部。寄生于鸟类消化道、腺胃或肌胃角质膜下。

锐形属（*Acuaria*）

颚口科（Gnathostomatiidae） 口具有3片侧唇，唇后接头球，头球有横纹或钩。雄虫有尾翼膜，交合刺等长或不等长。雌虫阴门位于体后半部。胎生。寄生于鱼类、爬行类和哺乳类的胃、肠，偶见于其他器官。

颚口属（*Gnathostoma*）

泡翼科（Physalopterida） 虫体粗大，头端有2个大的三角形侧唇，无口囊，食道分为肌质部和腺体部。雄虫尾翼膜发达，交合刺等长或稍不等长。雌虫阴门位于体前或后部。卵生。寄生于脊椎动物胃或小肠。

泡翼属（*Physaloptera*）

四棱科（Tetrameridae） 雌雄异形。雄虫纤细呈线状，游离于前胃腔中。雌虫近体部膨大四棱或似球形，深藏在禽类的前胃腺内，尾部尖，阴门近肛门。卵生。寄生于家禽和鸟类腺胃。

四棱属（*Tetrameres*）

筒线科（Gongylonematidae） 虫体细长，口围有4个或6个小唇。雄虫尾部有翼膜，交合刺不等长且形态不同。雌虫尾部钝圆，阴门位于体后半部。胎生。寄生于鸟类和哺乳类的食道和胃壁。

筒线属（*Gongylonema*）

6. 丝虫目（Filariata）

双瓣科（Dipetalonematidae） 虫体细长，角质光滑。食道分肌质部和腺有体部。雄虫尾部具有尾翼膜或缺，2根交合刺等长或不等长。雌虫尾部长而尖或短钝圆，阴门位于体前部。胎生。寄生于脊椎动物心脏（寄生于犬的右心室和肺动脉）或结缔组织中。

恶丝虫属（*Dirofilaria*）

7. 驼形目（Camallanata）

龙线科（Dracunculidae） 虫体细长丝状，雌虫远远大于雄虫。雄虫尾部尖弯向腹面，交合刺等长。雌虫尾部圆锥形，阴门位于体中部，成熟的雌虫无阴门。胎生。寄生于鸟类皮下组织或哺乳类的结缔组织中。甲壳类动物为中间宿主。

龙线属（*Dracunculidac*）

（二）无尾感器纲（AdenoPhorea）

1. 毛尾目（Trichurata）

毛形科（Trichinellidae） 虫体细小，虫体前端较后端细，食道细长。雄虫尾部有1对圆锥形突起，无交合刺。雌虫尾端钝圆，阴门位于食道部。胎生。成虫寄生于哺乳动物肠道，幼虫寄生于肌肉。

毛形属（*Trichinella*）

毛尾科（Trichuridae） 虫体前部细长，后部明显短粗。雄虫有1根细长的交合刺。雌虫尾钝圆，阴门位于粗细交界处。卵生。寄生于哺乳动物肠道。

毛尾属（*Trichuridac*）

毛细科（Capillariidae）　虫体细长呈毛发状，雄虫 1 根交合刺。雌虫阴门位于中部前后。卵生。寄生于脊椎动物消化道或膀胱。

毛细属（*Capillaria*）

2. 膨结目（Dioctophymata）

膨结科（Dioctophymatidae）　大型虫体。角质具粗横纹，食道柱形而长。雄虫尾端有一钟形交合伞，无肋，1 根交合刺。雌虫阴门位于虫体的食道部。寄生于哺乳类的肾脏、腹腔、膀胱和消化道，或寄生于鸟类。

膨结属（*Dioctophyma*）

第一节　犬猫线虫病

一、消化系统线虫及棘头虫病

（一）蛔虫病

蛔虫是由蛔科弓蛔属和弓首属的线虫寄生于犬、猫小肠中引起的疾病。该病分布广泛，是幼年犬、猫常见寄生虫病。常引起幼犬和幼猫发育不良，生长缓慢，严重时可引起死亡，成年犬为带虫犬，为本病感染源。

病原体　主要有以下 3 种，其中犬弓首蛔虫最为常见。

犬弓首蛔虫（*Toxocara canis*），为弓首属，也称犬蛔虫。虫体呈浅黄色。头端有 3 片唇，缺口腔，食道简单。具有狭长的颈翼膜，犬蛔虫的特点是在食管与肠管连接部有一不大的小胃。雄虫长 5～11cm，尾端弯曲，有尾翼膜，尾尖有圆锥状突起物，交合刺不等长。雌虫长 9～18cm，尾端伸直，阴门开口于虫体前半部（图 5－3）。

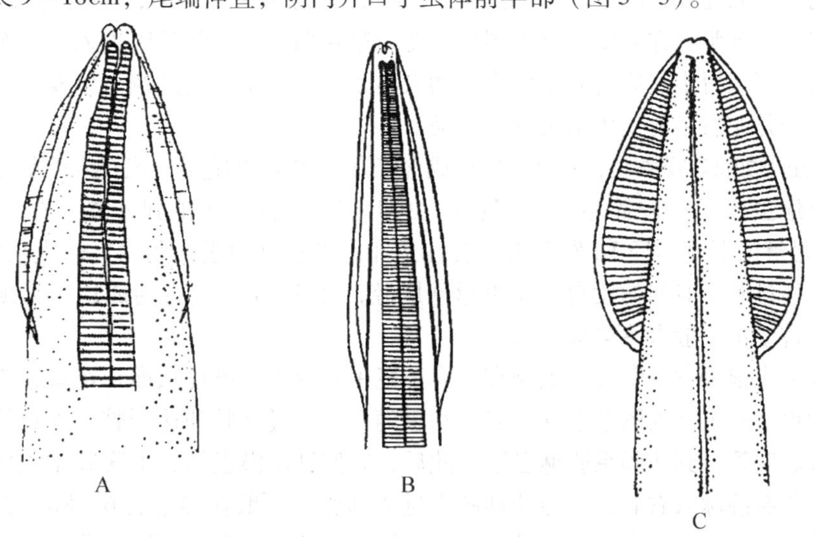

图 5－3　蛔虫头部（采自孔繁瑶．家畜寄生虫病学．第 2 版，1997）

A. 犬弓首蛔虫头部　B. 狮弓首蛔虫头部　C. 猫弓首蛔虫头部

虫卵呈亚球形，卵壳厚，表面有许多点状凹陷。大小为（68～85μm）×（64～74μm）。

狮弓蛔虫（*Toxascaris leonina*），为弓蛔属。颜色、形态与犬蛔虫相似，头端常向背侧弯曲，颈翼中间宽，两端窄，使头端呈矛尖形。无小胃。雄虫长3～7cm，交合刺等长，无尾翼膜，尾端无圆锥状突起，肛后乳突5对，肛门乳突21～28对不等。雌虫长3～10cm，阴门开口于虫体前1/3与中1/3交界处，尾端尖细而长直。

虫卵近似卵圆形，卵壳光滑，大小为（49～61μm）×（74～86μm）。

猫弓首蛔虫（*T. cati*），为弓首科。外形与犬弓首蛔虫近似，颈翼膜前窄后宽，使虫体前端如箭头状。雄虫长3～6cm，尾部有指状突起，交合刺两根，大小略有差异。雌虫长4～10cm，阴门位于体前1/4处。

虫卵呈短椭圆形，大小为65μm×70μm，虫卵表面有点状凹陷，与犬弓首蛔虫卵相似。

生活史

终末宿主　犬弓首蛔虫为犬、狼、美洲赤狐、猫、啮齿类和人（引起人的内脏幼虫移行症）。猫弓首蛔虫主要为猫，也可寄生于野猫、狮、豹，偶尔寄生于人体。狮弓首蛔虫寄生于猫、犬、狮、虎、美洲狮、豹等猫科及犬科的野生动物。

贮藏宿主　犬弓首蛔虫为啮齿类动物；猫弓首蛔虫多为蚯蚓、蟑螂、一些鸟类和啮齿类动物；狮弓首蛔虫多为啮齿类动物、食虫目动物和小的肉食兽。

发育过程　犬弓首蛔虫的虫卵随粪便排出体外，在适当条件下，经过5d发育为内含幼虫的侵袭性虫卵。幼犬吞食后，即在其肠内孵出幼虫，幼虫随血液循环经肝、肺移行，行至肺泡后在肺脏停留发育蜕皮，然后经支气管回到口腔，又被咽下至小肠内发育为成虫。有一部分犬蛔虫的幼虫移行到肺以后，经毛细血管而入大循环，幼虫进入肠壁血管随血循而被带到其他脏器和组织，形成包囊，幼虫保持活力，但不能发育成熟。

妊娠母犬如感染蛔虫，则其幼虫也能经胎盘使胎儿感染。幼虫随血液通过胎盘进入胎儿体内，幼虫在胎儿体内随血液循环到达肝脏时，变为第3期幼虫，当胎儿出生后，第3期幼虫已移行到肺脏，在肺中停留1周后，变为第4期幼虫，随呼吸进入气管至咽部。当幼犬吞咽时被咽入胃中然后进入小肠中。幼犬出生3周后小肠内的蛔虫已发育为成虫。所以幼犬在1个月左右最易发生蛔虫性胃肠炎。

感染性虫卵如被贮藏吞食，在其体内形成含有第3期幼虫的包囊，犬摄入贮藏宿主后感染。

狮弓首蛔虫生活史较简单。狮蛔虫的虫卵随宿主的粪便排到外界，在一定的温度（30℃）和足够的湿度，经3d发育为侵袭性虫卵。犬吞食而进入肠内，幼虫从卵内逸出，钻入肠壁，经过若干时间的发育，幼虫返回肠腔，经3～4周发育为成虫，无须体内移行过程。狮弓首蛔虫一般多感染成年犬。

猫弓首蛔虫很少发生于犬。虫卵在外界环境中发育为感染性虫卵，经口感染后，在小肠内孵出幼虫，幼虫钻入肠壁血管，多数幼虫随血流通过静脉到达肝脏。少数幼虫随肠道淋巴液进入乳糜管，到达肠系膜淋巴结。此后，它们钻出淋巴结，由腹腔钻入肝脏；或者由胸导管经前腔静脉入右心，并经肺动脉而进入肺脏。一般在感染后6～8d，在肺泡内即可发现少数第3期幼虫，在感染后第9d为最多，直至第12d还有幼虫进入肺泡。凡是不能移行到肺脏而误入其他组织器官的幼虫均不能发育。幼虫在肺内进行第三次蜕皮，生长迅速，虫体较初进入时增大 5 ~ 10 倍，变为肉眼可以看到的第四期幼虫。第四期幼虫离开肺泡，进入细支气管和支气管，在感染后 14 ~ 21d 之后，再上行到气管，随黏液一起到达咽，进入口腔，再次被咽下。进入小肠后的幼虫大约在感染后 21 ~ 29d 进行第四次蜕皮，变为成虫。鼠类可以作为其贮藏宿主。亦可经母乳感染，这时幼虫在其体内无移行过程直接在小肠内发育为成虫。

发育时间　幼犬从吞食犬弓首蛔虫的感染性虫卵到幼虫发育为成虫，大约需 4 ~ 5 周的时间。猫弓首蛔虫从感染性虫卵被吞食到在小肠内发育为成虫，需 2 ~ 2.5 个月。

流行病学

感染来源　患病或带虫犬、猫等动物，虫卵存在于粪便中。怀孕母犬器官组织中的幼虫，可抵抗驱虫药物的作用，而成为幼犬的重要感染来源。

感染途径　经口感染，亦可经胎盘或母乳感染。

繁殖力　繁殖力极强。每条犬弓首蛔虫雌虫每天可随每克粪便中排出 700 个虫卵。

抵抗力　虫卵对外界环境的抵抗力非常强，可在土壤中存活数年；在夏季阳光直射下，由于高温和干燥的作用，可使其在数日内死亡。蛔虫对各种化学药物有很强的抵抗力，在 2% 福尔马林溶液中，虫卵不仅可以存活，而且还可以正常地发育。在 60℃ 以上的热碱水、20% ~ 30% 热草木灰水或新鲜石灰可杀死蛔虫卵。

地理分布　这 3 种虫体均为世界性分布，在我国也十分普遍。

年龄动态　犬猫蛔虫病主要发生于 6 月龄以下幼犬，感染率在 5% ~ 80% 之间，成年犬很少感染。

症状和病理变化　随动物年龄、体质及虫体所处的发育阶段和感染强度不同而有所差异。蛔虫幼虫在犬体内移行过程中，损伤肠壁、肺毛细血管及肺泡壁，引起腹膜炎、败血症、肝脏的损害和蛔虫性肺炎；在肺脏移行时出现咳嗽、呼吸频率加快和泡沫状鼻漏，体温升高，重症数天内死亡。狮弓首蛔虫无气管移行，主要表现胃肠道症状。成虫寄生于小肠时，刺激肠道引起卡他性肠炎，肠黏膜损伤、出血，表现胃肠功能紊乱，表现食欲不振，异嗜，呕吐，腹痛，腹泻或与便秘交替进行。可视黏膜发白，贫血。动物生长缓慢，被毛粗乱无光，渐进性消瘦。当宿主发热、饥饿、饲喂食物改变或应激反应时，成虫可窜入胃、胆管或胰管，而致胆管阻塞、黄疸。大量虫体寄生时可引起肠管套叠或肠阻塞，患犬腹痛，不时的叫唤，全身情况恶化、不排便，亦可导致肠破裂、腹膜炎而死亡。虫体释放的毒素可引起患犬兴奋、痉挛、运动麻痹、癫痫等神经症状。

诊断　根据临床症状、病史调查结合粪便检查可确诊。

2 周龄幼犬若出现肺炎症状可考虑为幼虫移行期症状。检查粪便中排出的虫体或吐出的虫体；漂浮法检查粪便中虫卵。

治疗　常用的驱线虫药均可驱除犬猫蛔虫。

左旋咪唑　每千克体重 10mg，一次内服。

丙硫苯咪唑　犬按每千克体重 10 ~ 20mg，每天口服一次，连服 3 ~ 4d。

硫苯咪唑　每千克体重 20mg，一次口服，连服 2 ~ 3d。

枸橼酸哌嗪（驱蛔灵）　每千克体重 100mg，口服，仅对成虫有效，如剂量加倍则对仔犬体内幼虫也有效。

芬苯哒唑　每千克体重 50mg，每天一次，连喂 3d。

上述药物一般宜早晨空腹投服，且在1～2周后再重复使用一次。

防治措施 对犬猫进行定期驱虫。由于犬的先天性感染率很高，幼犬在2周龄首次驱虫，2周后再次驱虫，2月龄时第3次驱虫；哺乳期母犬与幼犬一起驱虫；母犬在怀孕后第40d至产后14d驱虫，以减少围产期感染。

注意环境、食具、食物的清洁卫生，及时清除粪便，并进行生物热处理；搞好卫生工作，犬舍要定期的消毒，犬的食物、饮水要防止被寄生虫卵污染，同时要做好犬体的卫生工作。

避免犬、猫吃到贮藏宿主。

加强饲养管理，注意维生素和微量元素的补充，增强幼犬体质。

（二）钩虫病

钩虫病是由钩口科钩口属和弯口属的线虫寄生于犬、猫小肠内引起的疾病。是犬、猫多发且危害严重的寄生虫病。主要特征为贫血、肠炎，营养不良和低蛋白血症。

病原体 主要有3个种。

犬钩虫病可由多种钩虫引起，病原种类很多，感染犬、猫的钩虫主要有犬钩口线虫、巴西钩口线虫和狭头弯口线虫等，但犬最常见的是犬钩口线虫和狭头弯口线虫。

犬钩口线虫（*Ancylostoma caninum*），为钩口属。寄生于犬、猫、狐狸，偶尔寄生于人小肠内。虫体粗壮、刚硬呈线状，淡红色，头端稍向背侧弯曲，口囊发达，口囊前腹面两侧有3对锐利的钩状齿，且向内弯曲；口囊深部有2对背齿和1对侧腹齿。雄虫长10～16mm，交合伞的各叶及腹肋排列整齐对称；两根交合刺等长。雌虫长14～16mm。阴门开口于虫体后1/3前部，尾端尖细（图5-4）。

虫卵呈钝椭圆形、浅褐色，大小为（56～75μm）×（37～47μm），新排出的卵内含有8个卵细胞。

巴西钩口线虫（*A. braxiliense*）为钩口属。寄生于犬、猫、狐狸。虫体头端腹侧口缘上有1对大齿，1对小齿。

虫卵大小80μm×40μm。

狭首弯口线虫（*Uncinaria stenocephala*），为弯口属。寄生于犬、猫等肉食兽。虫体呈淡黄色，两端稍细，口弯向背面，口囊发达，呈漏斗状，前腹缘两侧各有一片半月状切板。雄虫长6～11mm，雌虫长7～12mm（图5-5）。

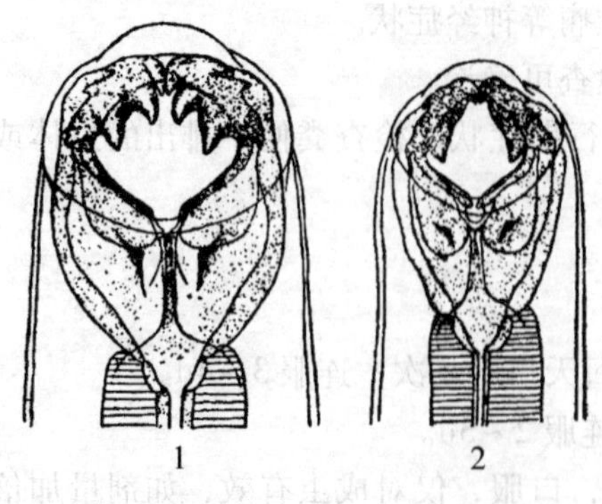

图5-4 犬钩虫头部

（采自赵辉元．家畜寄生虫学．第三版，1957）

1. 犬钩虫前端的背面 2. 巴西犬钩虫前端的背面

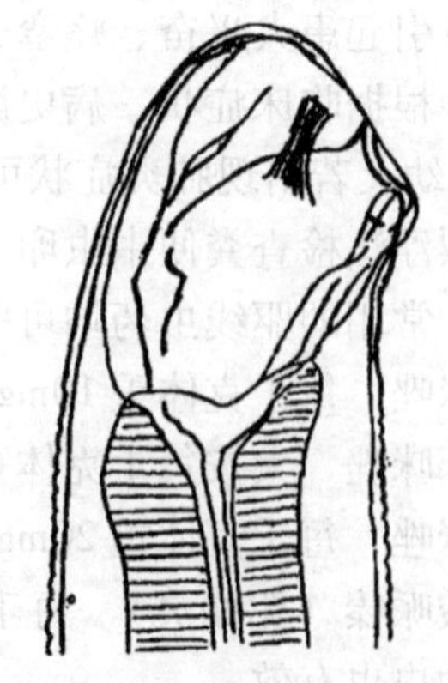

图5-5 狭头钩虫前端的侧面

（采自赵辉元．家畜寄生虫学．第三版，1957）

虫卵形状与犬钩虫相似，大小为（65～80μm）×（40～50μm）。

生活史

终末宿主　为犬、猫、狐狸、浣熊、獾和其他肉食兽的小肠，偶尔寄生于人。

发育过程　虫卵随粪便排出体外，在适宜的条件下（20～30℃）经12～30h孵化出幼虫，幼虫经一周时间发育为感染性幼虫。感染性幼虫被犬吞食后，幼虫钻入食道黏膜，进入血循；另一种感染的途径是感染性幼虫经皮肤侵入毛细血管，随血液进入心脏、肺脏、呼吸道、喉头、咽部、食道和胃，到达小肠发育为成虫；还可经胎盘感染，幼虫移行至怀孕母犬的肺静脉，通过胎盘到达胎儿体内，使胎儿造成感染。幼虫在母犬体内移行过程中，可进入乳汁，当幼犬吸吮乳汁时，也可使幼犬造成感染。

狭首弯口线虫多数经口感染，幼虫移行一般不经肺脏。

流行病学

感染来源　患病或带虫犬、猫，虫卵存在于粪便中。母犬乳汁也是幼犬感染的重要来源。

感染途径　经皮肤和经口感染，经胎盘感染较少见。

年龄动态　多危害1岁以内的幼犬和幼猫，成年犬由于年龄免疫则很少发病。

地理分布　犬钩口线虫呈世界性分布，我国各地普遍流行，但气候温暖地区常见，多发于夏季，特别是犬窝阴暗潮湿狭小更易发生。

繁殖力　犬钩虫成熟的雌虫1天可产1.6万个卵。

症状和病理变化　幼虫钻入皮肤时，引起皮肤瘙痒、发炎即钩虫性皮炎，表现为躯干呈棘皮症和皮肤过度角化，重症犬趾间发红、瘙痒、破溃，被毛脱落或趾部肿胀，趾枕变形，口角糜烂。破溃后可造成皮肤继发细菌感染。大量幼虫移至肺脏时引起肺炎。

成虫寄生阶段，虫体吸附在小肠黏膜吸吮血液，并不断变换吸血位置，造成动物大量失血，同时虫体还分泌抗凝素，延长凝血时间，以致使伤口失血更多，由于慢性失血，宿主体内蛋白和铁不断地消耗。虫体寄生数量多时，使宿主出现严重的缺铁性贫血，红细胞数下降到400万/mm^3以下。病犬、猫表现为食欲减退或不食，异嗜，呕吐，下痢，典型症状排出的粪便带血，色呈黑色、咖啡色或柏油色，并带有腐臭气味。后期患犬黏膜苍白，极度消瘦，脱水，被毛粗乱无光泽，咳嗽，呼吸迫促。严重者四肢和腹下水肿，以至浮肿部破溃，流淡黄色渗出液，口角和口腔黏膜糜烂，最后呈恶病质状态。幼犬可导致死亡。由胎盘感染的仔犬，出生3周左右，食乳量减少或不食，精神沉郁，不时叫唤，严重贫血，昏迷死亡。

剖检可见贫血和稀血症，小肠肿胀，黏膜上有出血点，肠内容物混有血液，可见多量虫体吸附于黏膜上。

诊断　根据流行病学、临床症状和粪便检查进行综合诊断。采用漂浮法检查粪便中虫卵。

治疗　常用的驱线虫药均可用于犬、猫钩虫病的治疗。

丙硫苯咪唑　每千克体重20～25mg，每天一次，连服3d。

甲苯咪唑　每千克体重20mg，每天一次，连服3d。

左旋咪唑　每千克体重10mg，每天一次，连服3d。

碘硝酚　每千克体重0.2～0.23mg，1次皮下注射，效果非常好。

同时进行补液、补碱、强心、止血、消炎等对症治疗。对严重贫血的犬，口服或注射铁制剂或输血。同时增加饲料中的蛋白质含量。

防治措施 对犬、猫进行定期驱虫；保持犬舍清洁干燥、卫生通风，及时清理粪便进行生物热处理；用干燥或加热方法杀死幼虫；保护怀孕和哺乳宠物，使其不接触幼虫。

（三）毛尾线虫病

毛尾线虫病是由毛尾科毛尾属的线虫寄生于犬、狐、猫的盲肠和结肠引起的疾病。本病多发于犬，极少见于猫，主要危害幼小动物，严重感染时，可引起死亡。

病原体 狐毛尾线虫（*Trichuris vulpis*），雄雌虫体体长均为45～75mm。呈乳白色，前部细长如毛发样为头和食道部，内含由一串单细胞围绕的食道，食道占整个虫体的3/4；后部为体部，内有肠管和生殖道，前部与后部之比是3∶1。全虫前细后粗，形状类似鞭状，故称为鞭虫。雄虫后部呈螺旋状弯曲，泄殖腔在尾端，有一根交合刺，交合刺外包有一个可伸缩的圆柱形鞘，鞘的远端外翻呈膨大球形，鞘表面有许多小刺，雌虫尾直，后端钝圆，阴门位于粗细交界处，肛门位于虫体末端。

虫卵为棕黄色，呈腰鼓状，卵壳厚，两端有塞状结构。虫卵大小为（72～90μm）×（32～40μm）（图5－6）。

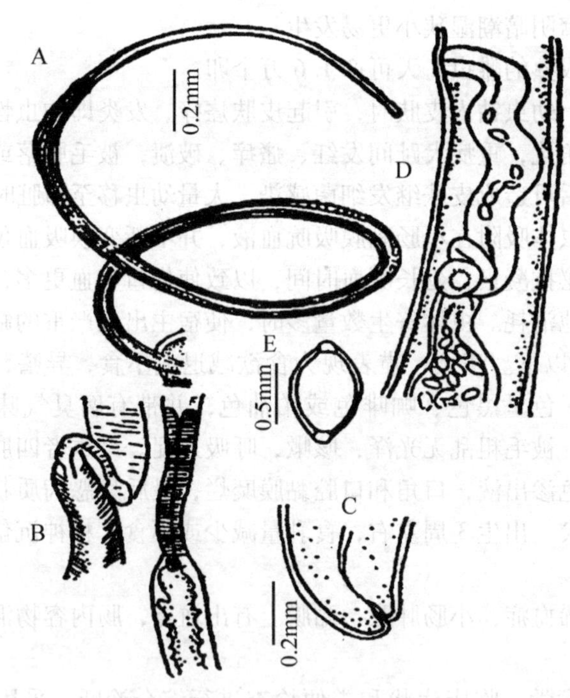

图5－6 狐毛尾线虫（采自高得义．犬猫疾病学．第二版，2001）

A. 雄虫尾端 B. 贮精囊与射精管的接合处 C. 雌虫的后端 D. 阴道 E. 虫卵

生活史 为直接发育，不需要中间宿主。

终末宿主 犬、狐、猫。

发育过程 虫卵随粪便排出体外，在外界适宜的条件下，发育为感染性虫卵。犬吃入感染性虫卵后，在小肠内幼虫自卵壳一端的塞盖处逸出。并多从肠腺隐窝处侵入肠黏膜，经10d左右，幼虫重新回到肠腔，再移行至盲肠，以其纤细的前端钻入肠壁黏膜至黏膜下层组织，发育为成虫。

发育时间　在外界虫卵内胚细胞发育为第1期幼虫需3～4周；进入犬、猫体内的感染性虫卵到发育为成虫需11～12周。

流行病学

感染来源　患病和带虫犬、猫。粪便中毛尾线虫虫卵污染的土壤、地面及生活用品是主要的感染来源。家蝇可作为传播媒介其体表粘附毛尾线虫虫卵。

感染途径　经口感染。

虫卵抵抗力　虫卵抵抗力强，对寒冷和干燥有很强的抵抗力，感染性虫卵在犬舍中存活时间可达3～4年。温度在14℃以下或50℃以上虫卵停止发育。

繁殖力　雌虫每日产卵约1 000～7 000个（平均2 000个）。

地理分布　该病分布广泛，呈世界分布，我国南方地区感染率明显高于北方地区。一年四季均可感染，但夏季感染率高。

症状　虫体的前端钻入肠黏膜，并牢固的固着在肠壁上，造成黏膜损伤，引起急性或慢性出血性肠炎。一般轻度感染时，消化机能紊乱，有时可见间歇性腹泻，轻度贫血，多无明显症状，当严重感染时犬、猫表现消瘦、贫血、营养不良，食欲减少，腹泻，稀便中带有黏液和血液，恶臭呈褐色。幼犬、猫严重感染，造成生长发育停滞，并可引起死亡。

病理变化　肠壁黏膜组织可出现结节。结节有两种，一种是质软有脓，虫体前部埋入其中；另一种是在黏膜下，呈圆形包囊状物，可见结节中有虫体和虫卵，并伴有淋巴细胞、浆细胞和嗜酸性白细胞浸润。

诊断　根据临诊症状和虫卵检查确诊。虫卵检查可采用饱和盐水漂浮法发现大量虫卵即可确诊。死后剖检可见大量虫体。

治疗　可选用下列药物，由于鞭虫头部深入黏膜，因此，用药剂量要加大。

丙硫咪唑　犬按每千克体重22mg，内服，每日一次，连用3d。

左旋咪唑　犬按每千克体重5～11mg，1次内服。

伊维菌素　按每千克体重0.2mg，内服或1次皮下注射。

丁苯咪唑　犬按每千克体重50mg，口服，每日一次，连用2～4d。

防治措施　保持犬舍干燥、清洁，定期消毒；犬粪集中堆积作无害化处理；做好预防性定期驱虫工作。

（四）尾旋线虫病

尾旋线虫病是由尾旋科尾旋属的狼尾旋线虫寄生于犬和犬科动物的食道壁、胃壁及主动脉壁引起的疾病。也称为犬血色食道虫病，可引起食道肿瘤状结节，引起患犬吞咽和呼吸困难，并可继发大出血而死亡。

病原体　狼旋尾线虫（*Spirocerca lupi*），成虫浅红色，一般呈卷曲状，粗壮。口周围有2个分为三叶的唇片。雄虫长30～54mm，尾端有4～5对特殊的小乳突，2根不等长的交合刺。雌虫长54～80mm。只有1对乳突，阴门开口于食道后端（图5－7）。

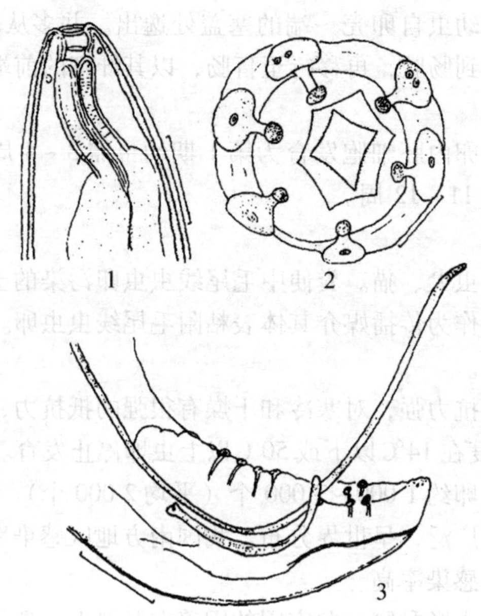

图 5－7　狼旋尾线虫（采自孔繁瑶．家畜寄生虫病学．第二版，1997）

1. 头端　2. 头顶面　3. 雄虫尾部

虫卵长椭圆形，卵壳厚，内含 1 个弯曲的虫胚，随粪便排出时，卵内已有幼虫。大小为（30～37μm）×（11～15μm）。

生活史

终末宿主　犬、狐等肉食兽。

中间宿主　食粪甲虫、蟑螂和蟋蟀及其他昆虫。

贮藏宿主　两栖类、爬虫类、鸟类及小哺乳动物。

发育过程　成虫寄生于食道壁，排出的虫卵随着食道结节破溃进入消化道，随粪便排出被中间宿主吞食后，幼虫从虫卵中孵出，经蜕皮后发育成具有感染力幼虫，并在中间宿主的气管内形成包囊，幼虫在中间宿主体内形成包囊后可直接感染犬。如果此时的食粪甲虫被两栖类、爬虫类、鸟类（也有鸡）和小哺乳类等吞食，幼虫包囊可以在它们体内的肠系膜内继续存活，仍具有感染力。犬食入含有感染性包囊的中间宿主或贮藏宿主后，感染性幼虫逸出，钻入胃壁或肠壁中，经血液循环移到主动脉，再通过结缔组织到达食道壁，在食道壁和主动脉壁中形成结节并发育成熟。

发育时间　从感染到粪便中查到卵需 5 个月。

流行病学

感染来源　患病或带虫犬、狐等肉食兽。

感染途径　经口感染。

地理分布　广泛分布于热带、亚热带和温带地区，多发于我国南方各地。

症状和病理变化　寄生于食道壁：轻度感染，症状不明显，或仅有轻度食道梗阻，当食道病变发展为肉芽肿，压迫食道阻碍食物通过时，才出现吞咽困难，流涎，体重减轻，咳嗽、呕吐等症状，导致病犬食欲减退。形成食道瘤和主动脉瘤。另见肥大性骨关节病。

寄生于胃壁：呕吐，有时吐出虫体，胃蠕动障碍。

寄生于动脉壁：幼虫移行可造成动脉内壁的瘢痕，若结节内有细菌感染则体温升高，个别病犬因动脉壁结节破裂，导致急性死亡。如并发肥大性肺炎性关节炎时，前后肢肿胀，疼痛。伴有贫血，脊椎炎，流鼻血，胸膜炎，腹膜炎，呼吸困难，咳嗽，厌食，唾液分泌增加等临床症状。

诊断

根据临诊症状结合粪便检查虫卵即可确诊。虫卵检查可用漂浮法检查，由于虫卵是周期性排出的，因此需要反复多次检查。

用X射线透视检查胸部、食道部有无肿瘤。

治疗　可选用下列药物进行驱虫治疗：

丙硫咪唑　每千克体重50mg，口服。

六氯对二甲苯（血防846）　每千克体重100～200mg，连续口服1周。

二碘硝基酚　每千克体重7.7mg，皮下注射，1周后重复给药1次。

伊维菌素　每千克体重0.2mg，一次皮下注射，隔7～10d再注射1次。

防治措施　无害化处理患犬的粪便，防止甲虫孳生；避免犬食入中间宿主和媒介动物；搞好环境卫生，防止犬与中间宿主或贮藏宿主接触；在流行地区，将犬放在铁丝网上饲养。

（五）类圆线虫病

类圆线虫病是由类圆科类圆属的粪类圆线虫寄生于犬、猫小肠内引起的疾病。该病可感染人。临床特征主要表现为皮炎、支气管肺炎、腹泻、脱水和衰弱等症状。本病主要侵害幼年犬、猫，对成年犬、猫致病性不强。

病原体　粪类圆线虫（*Strongyloides stercoralis*），为兼性寄生虫，生活史包括自生世代和寄生世代。虫体细小如毛发状，寄生世代雄虫短小，长约0.7mm，宽0.04～0.06mm。雌虫长为2.2mm，宽0.03～0.07mm，比自生世代的雄虫细长，虫体半透明，体表具细横纹，尾尖细，末端略呈锥形，口腔短，咽管细长，约为体长的1/3～2/5。生殖器官为双管型，阴门位于距尾端1/3处的腹面。

虫卵形似钩虫卵，但略小，为（50～58μm）×（30～34μm），部分卵内含胚蚴。杆状蚴头端钝圆，尾部尖细，长约0.2～0.45mm。丝状蚴即感染期幼虫，虫体细长，长约0.6～0.7mm，尾端分叉。

生活史

终末宿主　为犬、猫、狐狸、猴等动物和人，其寄生世代属孤雌繁殖。成虫只有雌虫能寄生于犬、猫体内。

发育过程　粪类圆线虫的生活史比较复杂，包括在土壤中完成的自生世代和在宿主体内完成的寄生世代。

自生世代的类圆线虫，成虫在外界适宜条件下产卵，数小时内虫卵孵出杆状蚴，1～2d内经4次蜕皮后发育为自生世代的成虫。当外界环境不利于虫体发育时，从卵内孵出的杆状蚴蜕皮2次，发育为丝状蚴。此期幼虫对宿主具有感染性，可经皮肤或黏膜侵入宿主体内，开始寄生世代。

寄生世代的类圆线虫，其丝状蚴侵入宿主皮肤后，经静脉系统、右心至肺，穿过肺毛细血管进入肺泡后，大部分幼虫沿支气管、气管逆行至咽部，随宿主的吞咽进入消化道，钻入小肠黏膜，经2次蜕皮，发育为成虫。寄生在小肠的雌虫多埋藏于肠黏膜内，并在此产卵。虫卵数小时后即可孵化出杆状蚴，并自黏膜内逸出，进入肠腔，随粪便排出体外。

流行病学

感染来源　患病或带虫犬、猫。

感染途径　动物除直接接触感染性的丝状蚴而经皮肤或黏膜感染外，还可发生自身重复感染。

季节动态　本病流行有一定地区性和明显的季节性（夏、秋季多发）。

症状　感染初期幼虫移行引起皮炎和呼吸道症状，局部出现瘙痒和红斑。患犬食欲减退、眼分泌物增多、咳嗽。幼虫移行至肠道后，出现腹泻、腹痛或便秘等症状；严重感染可导致腹泻、脱水、贫血和消瘦等恶病质症状。若腹泻是非出血性的，一般很快康复，若为出血性的则愈后不良。偶有幼虫侵入脑、泌尿生殖道，引起相应的临床症状，常见的症状为发热、水肿、贫血、嗜酸性粒细胞增多和某些神经症状。严重感染的犬、猫常因极度的消瘦，衰竭而死亡。

诊断　根据流行病学、临诊症状，结合实验室检查作出综合诊断。粪检检查采用漂浮法检查虫卵或幼虫。

治疗

噻苯咪唑　每千克体重50mg，口服，连用3d，停药2周后，再重复1次，效果较好。

丙硫咪唑　每千克体重10～15mg，口服，间隔48h再服1次，驱虫率达100%。

灭虫丁注射液　每千克体重0.2mg，皮下注射。

肠衣龙胆紫　30～60mg口服，每天2次，连用7～10d，必要时重复1次。

防治措施　经常用石炭酸、热碱水或石灰乳消毒地面、餐饮具，并保持犬舍及周围环境干燥、卫生；定期驱虫，驱虫前禁止使用免疫抑制；发现病犬及时治疗，并注意隔离消毒。

（六）泡翼线虫病

泡翼线虫病是由泡翼科泡翼属的线虫寄生于犬、猫肠道引起的疾病。本病主要特征为呕吐和排柏油状粪便。

病原体　泡翼线虫（*Physaloptera sexalatus*），虫体类似于蛔虫，肌肉发达，雄虫体长13～45mm，雌虫体长15～60mm。

虫卵大小为（42～60μm）×（29～42μm），虫卵在排出时已含有幼虫。

生活史

终末宿主　犬、猫及其他食肉动物。

中间宿主　主要是蟑螂、蟋蟀和甲虫等节肢动物。

发育过程　其生活史目前还不清楚。

症状　成虫寄生于宿主的胃和十二指肠。多数病例为消化系统疾病，患病犬、猫表现呕吐，且呕吐物带血。粪便为暗红色呈柏油状。严重者出现消瘦、贫血和虚弱。病理变化以胃炎、胃出血和十二指肠炎为主。

诊断　根据临床症状，结合粪检发现虫卵可以确诊。

治疗

双烃苯酸嘧噻啶　每千克体重5mg，口服，一次给药。

敌敌畏　每千克体重11mg，内服。

海群生　每千克体重55mg，一次口服。

对贫血、体质过弱、呕吐严重的犬、猫，应先采用对症治疗，补液和止血，增强猫、犬的抵抗力，等病情好转后再进行驱虫。

防治措施　对犬、猫和其他食肉动物定期检查，并及时驱虫。要大力消灭蟑螂。

（七）棘头虫病

棘头虫病是由少棘科巨棘吻棘头属的蛭形巨吻棘头虫寄生于犬、猫小肠内引起的疾病。主要寄生于空肠。本病特征为下痢，粪便带血，腹痛。猪和野猪感染率高，人偶有感染。

病原体　蛭形巨吻棘头虫（*Macracanthorhynchus hirudinaceus*），虫体较大，呈乳白色或淡红色，长圆柱形，前部较粗，后部逐渐变细，体表有明显的横皱纹；头端有可伸缩的吻突，上有5～6列小棘，每列6个。雌雄虫体差异很大，雄虫长度为7～13cm，雌虫长度为30～68cm。虫体无消化器官。

幼虫棘头蚴的前端有4列小棘，第1、2列较大，第3、4列较小。棘头囊白色体扁，吻突常缩入吻囊，长3.6～4.4mm，肉眼可见。

虫卵深褐色，长椭圆形，两端稍尖，卵壳较厚，由4层膜组成，较厚的一层卵膜上有皱纹，虫卵两端有小塞状构造，内含有棘头蚴，大小为（89～100μm）×（42～56μm）。

生活史

中间宿主　金龟子及其他甲壳类昆虫。

终末宿主　犬、猫、野山猫、猪、野猪，偶尔感染人。

发育过程　雌虫所产虫卵随终末宿主粪便排出体外，被中间宿主的幼虫吞食后，虫卵在其体内孵化出棘头蚴，棘头蚴以吻钩穿过肠壁游离于体腔中，发育成棘头体，棘头体长出吻突吻钩，并缩进吻鞘内，进一步发育成扁平白色具有感染力的包囊状棘头囊，并肉眼可见。中间宿主发育为蛹或成虫时，棘头囊仍留在体内。终末宿主吞食了被感染的中间宿主，中间宿主身体在终末宿主的消化道内被消化，棘头蚴移出，用钩固定在小肠壁上发育为成虫。

发育时间　如甲虫幼虫在6月份之前感染，棘头蚴经2.5～4个月发育为成虫；如在7月初以后感染，则需经过12～13个月才能发育到感染期。成虫在终末宿主体内可生存10～24个月。

流行病学

感染来源　患病或带虫犬、猫等动物，虫卵存在于粪便中。

感染途径　经口感染。

地理分布　存在有明显的地区性，其原因与中间宿主分布有关，世界分布，地方性流行，严重流行区感染率达60%～80%。

季节动态　感染季节9～10月份。

在中间宿主体内的生存和发育特性　可进入中间宿主的生殖系统，（1）在中间宿主的各个发育期中进行发育，一个中间宿主体内可有几十个棘头囊。（2）可随中间宿主越冬。（3）可在中间宿主体内生存2～3年。

虫卵的抵抗力　虫卵抵抗力强，在高温、低温、干燥或潮湿的环境下均可长期存活。

繁殖率　1条雌虫每天产25万~68万个卵，产卵期达10个月，使外界环境受虫卵污染相当严重。

感染率　感染强度与地理，气候条件，饲养管理方式有密切关系。

症状　棘头虫感染的犬、猫大多成为无症状的感染者，很少表现出明显的临床症状。严重感染时可见消化紊乱，消瘦，食欲减退，贫血。若肠壁因溃疡穿孔引起腹膜炎时，则体温升高至41℃以上，不食，疼痛，抽搐，患犬死亡。

诊断　根据流行病学，症状，粪便检查及剖检确诊。沉淀法检查粪便中虫卵。

剖检病理变化，尸体消瘦，黏膜苍白。在空肠和回肠的浆膜上有无数浅黄色，黄褐、暗红色豆粒大结节，切开结节周围组织充血（红色充血带）、增生、有脓汁，肠黏膜发炎，肠壁肥厚，水肿，有出血点和溃疡。严重感染，肠壁穿孔，吻突穿过肠壁，吸着在附近的浆膜上，形成粘连。肠腔中有大量虫体。

治疗　目前无特效药，可用丙硫咪唑或左咪唑治疗。

防治措施　定期进行粪检，发现病犬及时驱虫，防止病原扩散；保持犬舍卫生，及时清除粪便发酵处理；消灭犬舍周围的甲壳类昆虫，防止犬、猫吞食带有棘头囊的中间宿主。

二、呼吸系统线虫病

（一）似丝虫病

似丝虫病是由似丝虫科似丝虫属的多种似丝虫寄生于犬的气管、支气管和肺脏引起的疾病，主要特征为顽固性咳嗽。

病原体　主要有3种。

欧氏似丝虫（*Filaroides osleri*），寄生于犬的气管和支气管内，肺实质较少见。雄虫细长，毛发状，体长5.6~7.0mm，尾端钝圆，交合伞退化，只有几个乳突，有2根不等长的交合刺。雌虫粗壮，体长9~15mm，阴门开口于肛门附近，表皮膨大形成一个半透明的鞘。卵胎生（图5-8）。

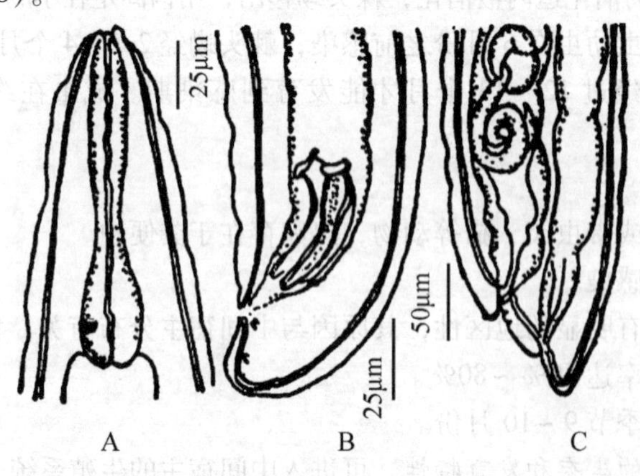

图5-8　欧氏似丝虫（采自高得仪．犬猫疾病学．第2版，2001）

A. 雄虫前端　B. 雄虫后端　C. 雌虫后端

虫卵卵圆形，卵壳薄，内含幼虫，大小为80μm×50μm。幼虫尾部呈“S”状，长232～266μm。

贺氏似丝虫（*F. hirthi*），寄生于犬的肺实质。其形态与欧氏似丝虫基本相似。

米氏似丝虫（*F. milksi*），寄生于犬的肺实质和细支气管。雄虫长3～4mm，雌虫长11mm，卵胎生。

生活史　为直接发育，不需要中间宿主。

终末宿主　犬、臭鼬等野生肉食兽。

似丝虫在犬的呼吸系统内产卵，虫卵在其体内发育为第1期幼虫，随唾液和粪便排出体外后很快成为感染性幼虫。感染方式为母犬舔舐幼犬时使幼犬获得感染，或幼犬通过污染的粪便也可造成感染。犬感染后，幼虫通过淋巴液和门静脉系统移行到心和肺，再移行到支气管，常寄生于气管分叉处。本病易感染6周龄以内的幼犬。

发育时间　感染性幼虫进入犬体内到发育为成虫约需10周。

症状和病理变化　犬似丝虫病以肺部病变为特征。本病主要感染幼犬，多呈慢性经过，有时可引起死亡。虫体寄生在气管或支气管黏膜或黏膜下层，刺激组织形成灰白色或粉红色结节，直径为1cm以下，造成气管或支气管的堵塞。虫体寄生于息肉样结节中，结节发展很慢，实验感染92d后的结节直径为2mm，到252d时仅增加到6mm。严重感染时，气管分叉处有许多出血性病变，覆盖有许多炎性渗出物。症状的严重程度取决于感染的程度和结节数目的多少，主要表现为慢性症状，但有时也可引起死亡。最明显的症状是顽固性咳嗽、呼吸困难、缺乏食欲、消瘦、贫血等，有些感染群死亡率可达75%。

诊断　根据临诊症状和病原学检查可确诊。诊断可用内窥镜检查支气管或化验痰液，发现幼虫即可确诊。检查粪便也可发现幼虫，但幼虫的数量不会太多，检出率不高。另外，雌虫产卵是间断性的，必须进行多次检查。即使粪便检查为阴性，仍不能排除本病。用气管内窥镜有助于确诊。

治疗　丙硫咪唑　每千克体重25mg，口服，每日一次，连用5d为一个疗程，停药2周后，再用药1次。

防治措施　犬饲养场应严格执行卫生消毒措施，保持犬舍干燥卫生；母犬在产前应进行驱虫，对新引进的犬要隔离检查，确认健康后方可并入犬群中饲养。

（二）肺毛细线虫病

肺毛细线虫病是由毛细科毛细属的嗜气毛细线虫寄生于犬、猫的支气管、气管、鼻腔和额窦而引起的疾病。主要特征为鼻炎、气管炎和支气管炎，有时可出现鼻窦炎症状。

病原体　嗜气毛细线虫（*Capillaria aerophila*），成虫细长呈毛发状，黄白色，虫体细长，有横纹。雄虫长1.5～2.5cm，雄虫尾部有两尾翼，有一根纤细的交合刺，交合刺外包有交合刺鞘。雌虫长2～4cm，阴门开口接近食道末端。

虫卵腰鼓形，两端各有一卵塞，卵壳厚带有纹理呈网格状，淡绿色，虫卵大小（59～74μm）×（32～36μm）（图5-9）。

生活史　为直接发育，不需要中间宿主。

终末宿主　为犬、猫、狐，其他动物不易感染。

发育过程　肺毛细线虫在肺中发育成熟后产卵，卵随痰液上行到咽喉部，被咽下后经消化道，随粪便排出宿主体外。在外界适宜条件下，经5~7周发育为感染性虫卵。犬、猫吞食感染性虫卵后，在小肠中孵出幼虫，幼虫钻入肠黏膜，进入肠系膜淋巴结，后经淋巴系统而到心脏，由小循环随血液移行到肺，这段时间约需7~10d。

发育时间　犬、猫吃入感染性虫卵到在肺中发育为成虫约需1个月时间。

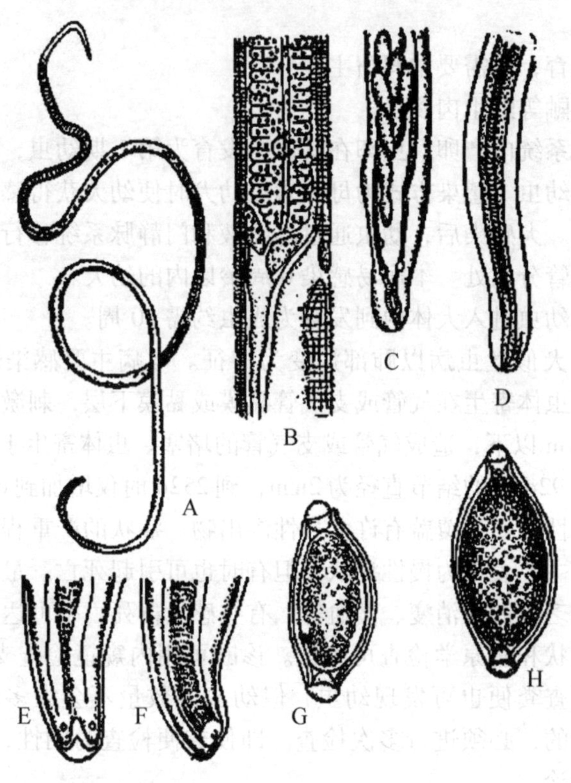

图5-9　肺毛细线虫（采自高得仪．犬猫疾病学．第2版，2001）

A．雌虫　B．雌虫阴门　C．雌虫后部　D、E、F．雄虫后部　G、H．虫卵

流行病学

感染来源　患病和带虫的犬、猫。被感染性虫卵污染的食物和饮水是本病的感染原因。

感染途径　犬、猫经口感染。

虫卵抵抗力　虫卵有较厚的卵壳，对外界不良因素有较强的抵抗力。对低温的抵抗力更强，在-20~-15℃时仍能存活100d以上。夏季感染性虫卵在粪便、土壤表面可存活25d，在被土壤覆盖的粪便中可存活381d，在潮湿的土壤中最多可存活2年。干粪中的虫卵，在17~20℃时25d之内死亡，在1~2℃时可存活38d。冬季温度常在冰点以下，但感染性幼虫仍能生存。

症状　犬、猫轻度感染时不表现明显的临床症状，偶见病犬、猫轻微咳嗽；严重感染时，常引起鼻炎、慢性支气管炎、气管炎，病犬表现为流涕、咳嗽、呼吸困难、被毛粗糙、逐渐消瘦、贫血等。

肺毛细线虫高度侵袭时，可引起支气管炎或支气管肺炎。如鼻黏膜同时患病，可见黏液性或脓性鼻汁。

诊断 根据临床症状，结合鼻液、气管黏液、粪便检查发现虫卵或幼虫即可确诊。粪便检查采用漂浮法检查虫卵。检查虫卵时应注意与狐毛首线虫进行区别，肺毛细线虫虫卵较小，卵壳表面有明显的凹陷点。

治疗 因肺毛细线虫的成虫一般可自然排出，所以轻者不治疗也可能恢复。严重感染，常引起肺炎，应结合对症治疗。可选用下列药物进行驱虫：

丙硫苯咪唑 每千克体重250mg，内服，每日1次，连用5d。

海群生 每千克体重60～70mg，于饲后喂给。

甲苯咪唑 每千克体重6mg，每日2次，连用5d。

左旋咪唑 每千克体重5mg，内服，连用5d，停药9d后，再重复用药1次；或每千克体重4.4mg，皮下注射，连用2d，2周后按每千克体重8.8mg，皮下注射。

氰乙酰碘 每千克体重15mg，皮下注射；或每千克体重17.5m，口服。皮下注射可引起轻度短暂的局部刺激和唾液分泌增加，连续治疗不致产生病理损伤，但超过治疗量的3倍以上时，可引起中毒，如精神沉郁，食欲废绝、全身性痉挛等。痉挛开始时，立即内服或注射维生素B_6，有一定的解毒作用。

对肺炎严重的犬，应在驱虫的同时，注射青霉素和链霉素，有助于改善肺部状况和迅速恢复健康。

防治措施 及时治疗病犬、猫及带虫的猫、犬；饲喂不被粪便污染的食物；管好犬、猫的粪便，经常清洁犬、猫被毛，畜舍要经常消毒，严格保持畜舍内外的环境卫生；对犬、猫一季度检查1次，并及时驱虫。污染比较严重的场地应保持干燥，充分日晒，以杀死虫卵。

（三）猫圆线虫病

猫圆线虫病是由管圆科猫圆属的深奥猫圆线虫寄生于猫的细支气管和肺泡内而引起的疾病。主要特征表现为呼吸道感染。

病原体 深奥猫圆线虫（*Aelurostrongylus abstrusus*），虫体乳白色，呈丝状，纤细较小，不易从组织中完整分离出来，在肺切面可挤出虫体片段。雄虫长4～6mm，交合伞小，分叶不清楚，腹肋完整，背肋有3个强壮的分枝，交合刺两根不等长。雌虫长9～10mm。阴门开口接近虫体末端。

虫卵大小为（60～80μm）×（55～80μm），内含单个胚细胞。

生活史

中间宿主 蜗牛和蛞蝓。

贮藏宿主 啮齿动物、蛙、蜥蜴、蛇和鸟类。

终末宿主 猫是惟一的终末宿主。

发育过程 猫体的雌虫产虫卵于肺泡管，卵进入邻近的肺泡，形成小结节，卵在结节边缘孵出第1期幼虫，幼虫上行到气管，经喉、咽被咽下，进入消化道，随粪便排到体外。幼虫体长360μm，尾部呈波浪状弯曲，其背侧有一小刺。幼虫在外界存活时间仅2周左右，进入中间宿主体内发育为感染性幼虫。猫吃入含有感染性幼虫的中间宿主或贮藏宿主后而被感染。幼虫进入食道、胃或肠管上段黏膜，经血液循环进入肺中发育为成虫。

发育时间 猫吃入含有感染性幼虫的中间宿主到在肺脏发育成熟大约需1个月时间。

成虫寿命　为4~9个月。

流行病学

感染来源　患病或带虫的猫，虫卵随粪便排出体外。

感染途径　经口感染。

感染原因　阴雨连绵时，潮湿的环境适宜蜗牛和蛞蝓活动，本病也易于流行。

地理分布　呈世界性分布。

症状　猫轻度感染时一般只引起呼吸道黏液增多，体弱的小猫易继发感染而导致肺炎。中度感染时，病猫出现咳嗽，打喷嚏，厌食，呼吸急促。严重感染时（少见）剧烈咳嗽，消瘦，腹泻，厌食，呼吸困难，常发生死亡。

病理变化　肺表面有直径1~10mm的灰色结节，结节内含虫卵和幼虫，胸腔充满乳白色液体，其中包含虫卵和幼虫。由于结节的压迫和阻塞，引起周围肺泡萎缩或炎症。

诊断　对可疑病例做贝尔曼氏法检查粪便中的幼虫，发现大量幼虫即可确诊。

治疗

左旋咪唑　每千克体重100mg，口服，隔天1次，5~6次为一疗程。

苯硫咪唑　每千克体重20mg，每天1次，连用5d为一疗程，间隔5d后，再重复一疗程。

伊维菌素　按每千克体重0.2mg，皮下注射。

防治措施　保持猫舍干燥，管好猫的粪便，以防止污染环境；猫不宜放养，防止猫吃入生的蜗牛、蛙、蛇和鸟类等动物；每年春、夏季节对猫进行检查，并及时驱虫，平时用海群生等药物进行预防。

三、其他线虫病

（一）旋毛虫病

旋毛虫病是由毛形科毛形属的旋毛虫寄生于多种动物和人引起的疾病。成虫寄生于动物的肠道，称为肠型旋毛虫；幼虫寄生于同一动物的肌肉，称为肌型旋毛虫。人感染旋毛虫病可引起死亡，此病是一种非常重要的人兽共患寄生虫病，是肉品卫生检验中必检项目之一，在公共卫生上具有重要意义。

病原体　旋毛虫（*Trichinella spiralis*），成虫寄生于小肠黏膜，白色细小，肉眼几乎难以辨认，前部较细，后部较粗，较细的部分为食道部，食道前段由简单的肌质管组成，无食道腺围绕，后段由一列食道腺细胞（大形杆细胞）围绕而成。较粗的部分内有肠管和生殖器官，肛门在虫体的尾端腹面。雌雄异体，雄虫长1.4~1.6mm，雌虫较雄虫大，长为3~4mm。生殖器官均为单管型，雄虫的尾端有泄殖孔，生殖孔的外侧有两枚钟状（耳状悬垂）的交配叶，内有2对小乳突，没有交合刺及刺鞘；雌虫的阴门位于虫体前部（食道部）的腹面中央，胎生。

幼虫寄生于横纹肌内，虫体长1.15mm，蜷曲在由机体炎性反应形成的包囊内，包囊由内、外两层构成，呈椭圆或圆形，连同两端的囊角呈梭形，长约0.5~0.8mm，其长轴与肌纤维平行。其透明的囊壁由肌纤维形成。囊内两端含有合胞体细胞，也是肌原性的，囊的两极外侧通常积有脂肪细胞。囊内一般含有1条幼虫，偶有多条（图5－10）。

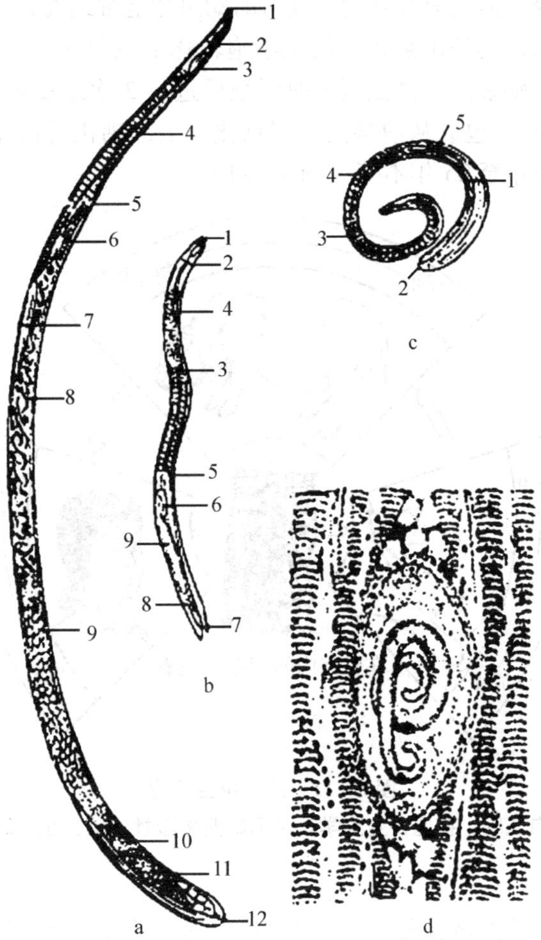

图5－10　旋毛形线虫（旋毛虫）（采自张宏伟．动物寄生虫病．第1版，2005）

a．雌虫　1．口　2．神经环　3．食道　4．单细胞　5．阴门　6．阴道　7．肠　8．子宫　9．卵　10．受精囊　11．卵巢　12．肛门　b．雄虫　1．口　2．神经环　3．食道　4．单细胞　5．肠　6．输精管　7．叶状小片　8．贮精囊　9．睾丸　c．脱囊的幼虫　1．肠　2．肛门　3．食道　4．单细胞　5．颗粒状结构　d．幼虫在肌肉内形成囊胞

生活史

中间宿主与终末宿主　宿主为猪、犬、鼠、猫、熊、狐、狼、貂和黄鼠狼等100多种哺乳动物和人。旋毛虫的发育史属特殊型的发育史，成虫和幼虫寄生于同一宿主体内，宿主感染时，先为终末宿主，后变为中间宿主，虫体不需要在外界发育，但完成其整个生活史则必须更换新的宿主。

发育过程　宿主吞食了含有感染性幼虫包囊的动物肌肉，数小时后，经胃液和肠液的消化作用，包囊被消化溶解，幼虫多在十二指肠及空肠前段逸出，并钻入肠黏膜，经2d发育为成虫。雌雄虫体在黏膜内进行交配，交配不久雄虫死亡。雌虫钻入肠黏膜深部肠腺或黏膜下的淋巴间隙中发育，约在7日以后产出幼虫。幼虫产于黏膜中，有时可以直接将幼虫产于淋巴管和肠绒毛的乳糜管中。雌虫的寿命3～4周。新产出的幼虫除少数附于黏膜表面可由肠腔排出外，绝大多数幼虫在黏膜内侵入淋巴管和小静脉，经小循环入体循环，随血流散布到全身。但是只有到达横纹肌的幼虫才能继续发育。幼虫在感染后第17～20d开始蜷曲盘绕起来，其外由被寄生的肌细胞转化形成包囊，到第7～8周包囊完全形成，此时的幼虫已具有感染性（幼虫侵入肌纤维后进行2次蜕皮成为第4期幼虫）。包囊在6～9个月后开始钙化，包囊从两端向中间钙化，全部钙化后虫体才能死亡，否则幼虫可长期生存，寿命由数年至25年不等（图5－11）。

图5－11　旋毛虫生活史

（采自汪明．兽医寄生虫学．中国农业出版社．第三版，2003）

流行病学

感染来源　患病和带虫猪、犬、鼠、猫、熊、狐、狼等哺乳动物。

感染途径　经口感染。

地理分布　旋毛虫分布于世界各地，宿主广泛。

感染原因　鼠的旋毛虫感染率较高，因鼠为杂食动物，且相互残食，一旦有旋毛虫引入鼠群，则能长期的在鼠群内平行感染。犬旋毛虫病感染原因主要是捕食老鼠、吃生肉或腐肉以及食入粪便，另外，犬的活动范围广，吃到多种动物尸体机会多，则感染率高，有些地区犬旋毛虫的感染率可达50%以上。

人感染旋毛虫主要是嗜食生肉和肉品烹调不当，误食含有活的旋毛虫包囊而致。特别是少数民族地区喜食生肉，内地人涮狗肉等，易造成感染。有时可通过菜板机械性传播。我国云南、西藏发生的病例，主要是吃生肉造成的。

许多昆虫，如蝇蛆和步行虫，可吞食动物尸体内的虫体包囊，在这些昆虫体内幼虫可保存活力6～8d，从而成为易感动物的感染源。

繁殖力　一条雌虫一生可产1 500～2 000条以上幼虫。

抵抗力　包囊幼虫的抵抗力很强，在－20℃时可保持生命力57d，在腐败的肉或尸体内可存活100d以上，而且盐渍或烟熏均不能杀死肌肉深层的幼虫，高温70℃方可杀死包囊内幼虫。

症状和病理变化 旋毛虫成虫在肠黏膜寄生并产幼虫时期，对肠道有强烈的刺激作用，引起肠黏膜出血、发炎、绒毛坏死，出现卡他性肠炎或出血性肠炎症状，动物表现食欲不振、呕吐、腹痛、腹泻，严重时粪便混有黏液或血液。造成肠黏膜增厚、水肿，黏液增多和淤斑性出血，体温正常或轻度升高。

当幼虫侵入横纹肌时，移行期幼虫引起肌炎、血管炎，引起肌细胞萎缩，肌纤维结缔组织增生，表现为肌纤维肿胀，肌纤维的排列明显紊乱。虫体的寄生部位，横纹消失，呈网状结构。患病犬、猫体温明显升高，肌肉疼痛，运动障碍，叫声异常，咀嚼吞咽困难，特别是眼睑水肿、食欲不振，显著消瘦。进而呈现全身中毒症状，并有肝、肾功能损害的表现。

犬和动物感染旋毛虫后致病性较轻，无明显的临床症状。人感染大量虫体时，可出现明显的病状，最初一周内，幼虫钻入肠黏膜发育为成虫的时期，只产生局部损伤引起轻微的肠道症状而不被觉察。严重的是当成虫产出幼虫并分布于全身之时，引起心肌、肺、肝、肾、脑等实质性器官的损害，以及幼虫的排泄物、分泌物（致敏原）被机体吸收引起明显全身症状。此时患者出现高热、寒战、全身肌肉酸痛、吞咽和呼吸困难，严重者出现恶病质、毒血症，并发心肌炎、肺炎、脑炎等合并症而易造成死亡。急性期后，横纹肌中形成的包囊逐渐钙化，全身症状消退，但肌肉疼痛仍可较长时间存在。

诊断 动物生前诊断较困难，可采用酶联免疫吸附试验、间接血凝试验、环蚴沉淀试验或旋毛虫诊断试剂盒进行免疫诊断。

动物旋毛虫病的诊断，主要靠宰后肉品检验，方法有：

肌肉压片法：将动物的膈肌脚割取一小块作肉样，撕去肌膜和脂肪，用弯剪子剪取24个小肉粒（麦粒大小），用旋毛虫检查玻板压片镜检，如果发现有旋毛虫包囊及虫体，即为阳性。

消化法：取肉样用组织捣碎机绞碎，用人工胃液消化（在37℃温箱培养消化0.5～1h后），肌肉消化包囊内幼虫释放出来，分离沉渣中的幼虫镜检。

治疗

甲苯咪唑 犬、猫按每千克体重10mg，口服，每日1次，连用1周。

丙硫咪唑 犬、猫按每千克体重15mg，口服，每日1次，连用15～18d。

噻苯咪唑 犬、猫按每千克体重25～40mg，口服，每日1次，连用5～7d。

防治措施

1. 加强肉品卫生检验，凡检出旋毛虫的肉尸，按肉品检验法规处理。
2. 禁止用未经处理的厨房废弃物喂猪、犬、猫，以免动物感染。
3. 开展宣传教育，普及卫生知识，不食生肉或半生不熟的肉类食品。
4. 搞好灭鼠工作。

（二）犬心丝虫病

犬心丝虫病是由双瓣科恶丝虫属的犬恶丝虫寄生于犬心脏的右心室及肺动脉所引起的疾病。也称犬恶心丝虫病或犬恶丝虫病。以循环障碍、心血管功能下降，呼吸困难及贫血等症状为主要特征的一种血液寄生虫病。

本病除感染犬外，猫以及其他野生肉食动物也可被感染，人偶被感染。

病原体 犬恶丝虫（*Dirofilaria immitis*），虫体呈黄白色，细长粉丝状，多为数条虫体纠缠在一起于右心室及肺动脉内。雄虫长 12～16cm，尾部短而钝圆，有窄的尾翼，有 11 对乳突，两根不等长交合刺，左侧长右侧短。整个尾部呈螺旋形弯曲。雌虫长 25～30cm，尾部直，阴门开口于食道后端，胎生。

幼虫称为微丝蚴，体细长，长约 307～322μm，宽约 6～7μm，无鞘（图 5－12）。微丝蚴在新鲜血液中做蛇形或环形运动。

生活史

中间宿主　为按蚊、伊蚊或库蚊。微丝蚴也可在犬蚤、蜱体内发育。

终末宿主　犬，猫、狐、狼等动物也可感染，偶有寄生于马、海狸、猩猩和人。

发育过程　雌虫在犬的体内产出的微丝蚴，进入血液循环。犬恶丝虫的幼虫微丝蚴随时可在病犬的外周血液中出现，一般以晚间出现较多。蚊、蚤吸血时把微丝蚴摄入消化道内，微丝蚴在蚊、蚤的马氏小管中发育，经 5～10d 发育为感染性幼虫，感染性幼虫穿破马氏小管进入蚊、蚤的口器内，当蚤、蚊再次叮咬其他健康犬吸血时，即被感染。幼虫进入犬的皮下和肌间，再进行两次蜕皮，经皮下淋巴管及血液循环到心脏及大血管内寄生下来，发育为成虫。幼虫寄生于血液循环系统可通过胎盘感染胎儿。

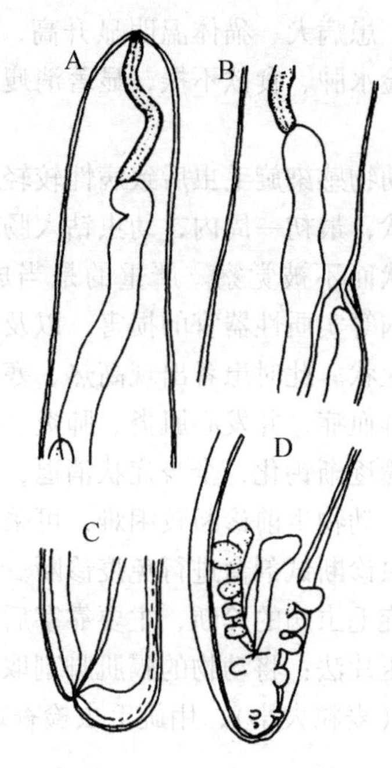

图 5－12　犬恶心丝虫（采自孔繁瑶）

A. 头部　B. 阴门部　C. 雌虫尾部　D. 雄虫尾部

发育时间　感染性幼虫发育为成虫需 8～9 个月时间。

虫体寿命　幼虫可在血液中生存 1～3 年。

流行病学

年龄特点　多发生于 2 岁以上的犬。

地理分布　在我国分布广泛，广东最为普遍。我国犬的感染率较高，可达 50% 左右。

季节分布　由于本病是通过蚊、蚤叮咬吸血传播，因此主要发生在夏、秋蚊虫活跃季节，一般为地方性流行。

症状和病理变化　根据成虫的寄生数量和部位、感染时期以及有无并发症等，表现不同症状。

感染初期症状不明显。典型犬恶丝虫感染的症状是早期慢性咳嗽，但无上呼吸道感染的其他症状，运动时加重，或运动时病犬易疲劳。随着病情发展，病犬出现心悸亢进，脉细弱并有间歇，心内有杂音，肝区触诊疼痛，肝肿大。胸、腹腔积水，全身浮肿，呼吸困难。

后期循环障碍、心脏杂音、心律不齐、贫血加重，由于全身衰弱或运动时虚脱而死亡。有的病犬发生癫痫样神经症状，当丝虫堵塞主要脏器动脉血管时（如脑、心、肾）可发生急性死亡。并发急性腔静脉综合征时，出现血色素尿、贫血、黄疸、虚脱和尿毒症的症状，可引起突然衰竭而死亡。

长期受到感染的病例，肺源性心脏病十分明显。

病犬常伴发结节性皮肤病，以瘙痒和倾向破溃的多发性灶状结节为特征，主要发生于耳廓基底部的皮肤。皮肤结节为以血管为中心的化脓性肉芽肿，在周围的血管内常见有微丝蚴。X 线摄影可见右心室扩张，主动脉、肺动脉扩张。

诊断 根据病史调查和临诊症状作出初步诊断，外周血液内检查微丝蚴即可确诊。一般在晚 10 时至次晨 2 时验血，阳性率较高。检查微丝蚴的方法有：

1. 直接涂片法

取末梢血液一滴置载玻片上，加少量生理盐水稀释后加盖片镜检。若在镜下发现一端纤细、另一端钝圆的线状虫体，即可确诊。

2. 改良 Knott 法

取全血 1ml 加 2% 甲醛 9ml，混合后以 1 000 ~ 1 500r/min，离心 5 ~ 8min，弃去上清液，取 1 滴沉淀物加少许 0.1% 美蓝溶液，混合镜检。

活组织检查 血中微丝蚴检查阴性者可取皮下结节、浅表淋巴结、附睾结节等病变组织活检，在特征性皮肤病变的病灶中心采血检查微丝蚴，发现幼虫即可确诊。

血清学诊断，ELISA 试剂盒已经用于临床诊断。

对疑似病例如查不出微丝蚴，可根据症状结合胸部 X 射线诊断。

治疗 对于早期病犬可应用下述药物治疗，同时对症治疗。犬感染晚期一般愈后不良。

1. 驱杀成虫

1% 硫乙胂胺钠 每千克体重 2.2mg，静脉注射，每天 1 次，连用 2 ~ 3d，注射时药液不可漏出血管外，缓慢注入。

菲拉松（辛） 每千克体重 1.0mg，口服，每日 3 次，连用 10d。

海群生 每千克体重 22mg，口服，每日 3 次，连用 14d。

盐酸二氯苯胂 每千克体重 2.5mg，静脉注射，间隔 4 ~ 5d 一次。

盐酸灭来丝敏 每千克体重 2.2mg，肌肉注射，间隔 3h 再注射 1 次即可，其杀虫率达 99% 以上。用药后 2 ~ 3 周内限制运动。

2. 驱微丝蚴

驱除成虫和微丝蚴之间相隔 6 周时间。

碘化噻唑青胺 每千克体重 5mg，口服，拌饲料喂给，每日 2 次，连用 7 ~ 10d。

伊维菌素 每千克体重 0.2mg，皮下注射。

盐酸左旋咪唑 每千克体重 11mg，口服，连用 6 ~ 12d（第 6d 检查血液，当检不出微丝蚴时停药）。

3. 外科疗法

对虫体寄生多，肺动脉内膜病变严重，肝肾功能不良，大量药物会对犬体产生毒性作用的病例，尤其是并发急性腔静脉综合征的，要及时采取外科疗法。

外科疗法分开胸术及颈静脉摘取术两种。前者自右侧开胸，切开右心室或肺动脉摘除虫体。此法难度大，目前基本不用。颈静脉摘取术是自颈静脉插入心房摘取虫体，自颈静脉插入直至右心房、右心室，但要在 X 光监视下进行。

4. 对症治疗

强心、利尿、镇咳、保肝等。

防治措施 预防本病应采取综合性措施。

1. 首先应消灭周围环境中的蚤、蚊；防止夏季夜晚蚊虫叮咬。可用双甲脒洗澡灭蚤。

2. 杀灭侵入犬体而尚未移行到心脏的第 3 期幼虫。在蚊虫季节结束以后 3~5 个月应驱虫两次，静脉注射 1% 硫乙胂胺。可全部消灭进入心脏的未成熟的虫体。

3. 流行区在蚊虫活动季节，亦可用驱虫药进行预防，应用海群生：每千克体重 2.5mg，每日 1 次，拌入食物中喂 3 个月。

4. 在蚊子繁殖季节（5~10 月份）使用伊维菌素：每千克体重 0.1mg，口服，15 天 1 次，自蚊子出现开始至蚊子消失后 2 个月为止。本品给药前需做微丝蚴检查，已感染犬慎用，苏格兰牧羊犬禁用。

（三）犬肾膨结线虫病

犬肾膨结线虫病是由膨结目膨结科膨结属的肾膨结线虫寄生于犬的肾脏或腹腔引起的疾病。又称肾虫病。亦可寄生于狐狸和水貂，偶尔感染人。主要特征为体重减轻、血尿、尿频、排尿困难，不安、腹痛等。常呈地方性流行。

病原体 肾膨结线虫（*Dioctophyma renale*），为大型线虫，俗称巨肾虫。雌虫是目前已知的最大线虫。成虫粗大，活体呈红白色，固定后为浅灰褐色，圆柱状，两端略细，角质层具细的横纹。口孔位于顶端，无唇，口周围有两圈乳突。

雄虫长 14~45cm，尾部有钟形的交合伞，无肋，1 根交合刺，呈刚毛状。雌虫长20~100cm，雌虫粗壮，单管型生殖器官，阴门开口于虫体前部食道后端处，略突出于体表或稍凹入，呈长椭圆形，肛门位于后侧，呈半月状，虫体后端及其附近有 20 余个细小乳突（图 5-13）。

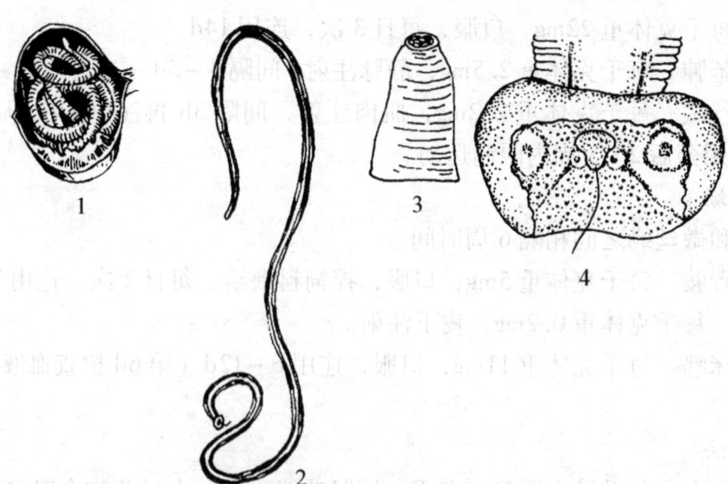

图 5-13 肾膨结线虫（采自孔繁瑶．家畜寄生虫学．第 2 版．中国农业大学出版社，1997）

1. 肾中成虫 2. 雄虫全虫 3. 头端 4. 雄虫尾端

虫卵呈椭圆形，微棕色，卵壳厚，表面有许多小凹陷，两端具塞状物。大小（72～80μm）×（40～48μm）。

生活史

中间宿主　蚯蚓等环节动物。

补充宿主　淡水鱼或蛙类。

终末宿主　犬、水貂、狐狸、猪、马、牛等哺乳动物及人。

发育过程　成虫在终末宿主肾脏产卵并随宿主的尿液排出，在水中卵内形成第1期幼虫，被中间宿主吞食后在其体内发育为第2期幼虫，当补充宿主吞食了含有第2期幼虫的环节动物后，幼虫在其体内发育为第3期感染性幼虫。犬摄食含有感染性幼虫的鱼而感染，幼虫在其消化道内游离出来，穿过十二指肠移行到腹腔或肾脏，主要是在肾盂发育为成虫。

发育时间　感染性幼虫感染终末宿主到开始产卵需要6个月。

流行病学

感染来源　患病或带虫犬及哺乳动物。虫卵存在于尿液中。

感染途径　终末宿主经口感染。

感染原因　用生鱼、蛙或其废弃物作动物饲料。肾膨结线虫病的流行与中间宿主及环境条件有密切关系。人体感染本虫是由于偶然食入了未煮熟的鱼肉所致。

地理分布　本病呈世界性分布，主要分布于欧洲、北美洲和亚洲等地，多呈散发，但亦有呈地方性流行的，我国江苏、浙江、上海、辽宁、吉林、云南、湖北、新疆和黑龙江均有感染。

症状　多数病例不表现临床症状，严重时表现排尿困难，尿尾段带血，尿频，少数病例腰痛。动物体重减轻，迅速消瘦，呕吐，弓腰弯背，不安，跛行，腹股沟淋巴结肿大，甚至有狂叫的神经症状。

病理变化　病变主要在肾脏，肾实质受到破坏，初期肾实质有虫道，后期肾实质萎缩，肾包膜和基质纤维化，可将肾组织完全破坏，留下一个膨大的膀胱状包囊，内含一至数条虫体和带血的液体，往往右肾比左肾受侵害的程度高，而未被侵害的另一侧肾脏往往呈代偿性肥大。有些虫体可能出现于腹腔，引起腹膜炎而致死。

诊断　根据流行病学、临诊症状、尿液检查和剖检进行综合判定。尿液检查发现虫卵可确诊。剖检在肾脏找到虫体及相应病变。

治疗　目前尚无特效药物，必要时施行肾切除术。

防治措施　防止犬吞食生的或未煮熟的鱼及其他水生动物；处理好患病动物的粪尿，防止病原扩散；可用丙硫咪唑、左咪唑等药物对犬进行预防性定期驱虫。

（四）麦地那龙线虫病

麦地那龙线虫病是由驼形目龙线科龙线属的线虫寄生于犬、猫和多种哺乳动物皮下结缔组织内引起的疾病。俗称几内亚线虫。主要特征为局部皮肤出现红斑、水肿、水泡和溃疡。本病可感染人，为人兽共患病。

病原体　麦地那龙线虫（*Dracunculus medinensis*），为最大的线虫。虫体细长，形似一根粗白线，前端钝圆，呈圆柱形。体表光滑，镜下可见较密布的细环纹。口呈三角形。雌虫长100～400cm，成熟雌虫的体腔被前、后两支子宫所充满，子宫内含大量第1期幼虫，属于胎生寄生虫。雄虫长约12～26mm，末端卷曲1至数圈，有2根交合刺。

幼虫大小约为636.0μm×8.9μm，体表具有明显的纤细环纹，细长的尾部约占体长1/3。

生活史

中间宿主　剑水蚤。

终末宿主　犬、猫，还可感染马、牛、狼、灵长类等动物和人。

发育过程　犬吞食带有感染性幼虫的剑水蚤后感染，幼虫在十二指肠处从剑水蚤体内逸出，钻入肠壁，经肠系膜、胸腹肌移行至皮下结缔组织。约3个月后，雌雄虫体穿过皮下结缔组织到达腋窝和腹股沟区，雌虫受精后，雄虫在数月内死亡。成熟的雌虫于感染后第8～10个月移行至终末宿主肢端的皮肤，此时子宫内幼虫已完全成熟。雌虫从皮下组织内把头伸向皮肤，当与水接触时，雌虫的前端伸出体外，释放出大量活跃的第1期幼虫。幼虫从子宫内逸出，进入水中。这些幼虫可引起宿主强烈的免疫反应，使皮肤形成水泡。幼虫间歇性地不断产入水中，雌虫产完幼虫后自然死亡，并被组织吸收，伤口亦即愈合。第1期幼虫在水中较为活跃，若被中间宿主剑水蚤吞食，在适宜温度下约经12～14d，在其体内发育为感染期幼虫。

流行病学

感染来源　患病或带虫的犬等哺乳动物。

感染途径　终末宿主经口感染。

地理分布　为人兽共患病，在世界各地分布较为广泛。

症状　犬一般在感染43d后，虫体移行到皮下组织开始出现症状，主要表现为发热、呕吐、腹泻和荨麻疹，寄生部位的皮肤出现红斑、水泡和溃疡。水泡液为黄色，内含有炎性细胞和幼虫。虫体死亡时，其崩解物被组织吸收而出现中毒症状，表现为呼吸困难、精神委顿和昏迷。如继发细菌感染则症状加重。

病理变化　雌虫移行至皮肤，使皮肤出现条索状硬结和肿块；释放的幼虫可引起丘疹、水泡、脓疱、蜂窝组织炎、溃疡；溃疡如果继发感染可致脓肿，愈合后留下永久性疤痕或肌肉损伤。

诊断　检查皮肤上的典型水泡，水泡溃破后，检查幼虫，方法是用少许水置于伤口上，取少量伤口表面的液体至载玻片上，在低倍镜下检查运动活跃的幼虫；也可用手术方法自肿块内取成虫或抽取肿块内液体涂片，镜检幼虫。自伤口获取伸出的雌虫是最可靠的确诊依据。

免疫学试验，如皮内试验、IFA或ELISA可作为辅助诊断。

治疗

1. 发现有虫体自皮肤暴露时，先用冷水置伤口上，使虫体伸出产幼虫，然后用一根小棒卷上虫体，每日向外拉出数厘米，直至将虫体全部拖出。注意防止虫体被拉断。

2. 也可采用根治方法：局麻后手术摘除虫体。

3. 可选用甲硝唑、硝咪唑、甲苯达唑、灭滴灵或伊维菌素等药物驱虫。配合抗生素治疗，防止继发感染。

防治措施　在流行地区，注意不要让犬到河流、湖水和池塘中洗澡和游戏，发现感染应及早治疗，避免污染环境；本病为人兽共患病，人应避免饮用不洁生水，预防本虫感染。

（五）吸吮线虫病

吸吮线虫病是由吸吮科吸吮属的线虫寄生于犬、猫的瞬膜下引起的疾病。导致犬的结膜炎和角膜炎，主要特征羞明、流泪、视力下降，甚至造成角膜糜烂、溃疡和穿孔。故又称眼虫病。亦可寄生于羊、兔和人。

病原体　丽嫩吸吮线虫（*Thelazia callipaeda*），为乳白色细小线虫。表皮上有细横纹。口囊小，无唇，口缘内外有两圈乳突。雄虫长 7～11.5mm，有 11 个肛前乳突和 4 个肛后乳突，后端钝而弯曲，2 根交合刺长短不等，左交合刺比右交合刺长 12 倍。雌虫长 7～l7mm。雌虫尾钝，阴门位于体前方，卵胎生。

虫卵呈椭圆形，卵壳薄，排出时已含幼虫，并迅速孵化，幼虫带鞘，被囊末端呈特异的降落伞状（图 5－14）。

生活史

中间宿主　多种蝇类（家蝇，厕蝇等）。

终末宿主　犬、猫等动物，偶尔寄生于人、兔、羊等动物的眼部。

发育过程　雌虫直接于结膜囊和瞬膜下产卵，卵迅速孵出第 1 期幼虫，通过降落伞状的被囊，浮游于眼分泌物和泪液中。蝇栖身于犬、猫的眼睑上，舐食犬眼分泌物时食入幼虫。幼虫在蝇的卵滤泡内发育为感染性幼虫，感染性幼虫进入蝇体腔，移行到蝇的口器，当带有感染性幼虫的蝇再次舐食犬眼分泌物时，幼虫进入终末宿主的眼内瞬膜下发育成熟。

发育时间　蝇食入第 1 期幼虫到在其体内发育为感染性幼虫，需 10～14d（室温 21.3～34.9℃）；从在犬体感染到发育为成虫需 35d。

成虫寿命　成虫在宿主眼内可寄生 18 个月。

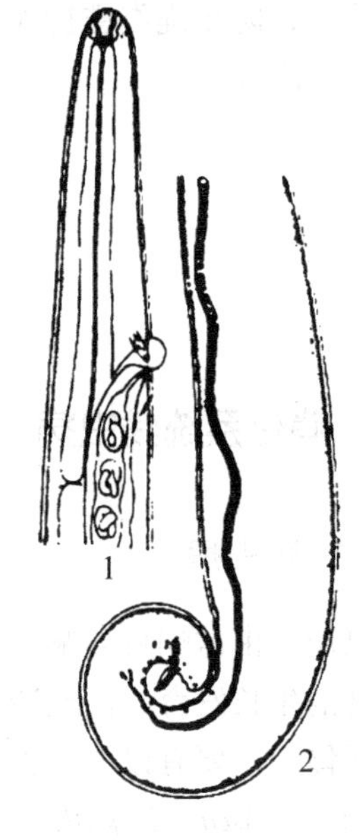

图 5－14　丽嫩吸吮线虫

1. 雌虫前部　2. 雄虫尾部

流行病学

感染来源　患病和带虫犬、猫。

感染途径　蝇类舐食犬眼机械传播。

地理分布　主要分布在亚洲。

感染季节　以夏秋季为主，与蝇类的季节消长相吻合。本病在农村多于城市。

症状病理变化　虫体机械性刺激泪管、结膜和角膜，造成机械性眼球损伤、发炎。犬呈急性结膜炎、角膜炎的症状，眼部奇痒，结膜充血肿胀、眼球湿润、分泌物增多，羞明、流泪。病犬或猫常用前肢挠、摩擦患眼。以后逐渐变为慢性结膜炎，可见眼部有黏液脓性分泌物，结膜有米粒大的滤泡肿，特别密集地发生在瞬膜下，摩擦易出血。严重病例常引起眼睑黏合、眼睑炎和角膜混浊，极个别病例还发生角膜溃疡或穿孔，眼球炎甚至失明。成虫多在瞬膜囊、结膜囊和泪管等部位。偶尔可见虫体在眼前房液中活动。

诊断　根据症状和眼内检查虫体即可确诊。

在患犬的结膜囊特别是瞬膜下，滴加 2～3 滴眼科用赛罗卡因，经 5～10s 的眼睑按摩后，翻开上下眼睑检查是否有半透明乳白色蛇形运动的虫体，用镊子或棉签自眼部取出虫体，虫体因为麻痹而容易用眼科球头镊子取出。置盛有生理盐水的平皿中，可见虫体蠕动，用显微镜检查虫体特征即可确诊。

治疗 用手术方法取出眼内可见的虫体。

保定病犬，用去掉针头的注射器抽取5%盐酸左旋嘧啶注射液1~2ml，由病犬眼角徐徐滴入眼内，用手轻揉1~2min，翻开上下眼睑，用镊子夹灭菌湿纱布或棉球轻轻擦拭黏附其上的虫体，直到全部清除；也可用1%~2%可卡因或地卡因溶液滴眼，虫体受刺激从眼角爬出，用镊子取出。再用生理盐水缓慢地反复冲洗患眼，用药棉拭干，涂布四环素或红霉素眼膏。连用2~3d，同时应用抗菌素滴眼液以预防继发感染。

防治措施 根据地区流行病学特点，每年在冬春季蝇类大量出现之前，用治疗量对全群犬猫进行预防性驱虫；注意环境卫生，流行季节大力灭蝇，减少蝇类孳生；加强犬、猫等动物管理，防止蝇类滋扰犬猫；注意个体卫生，特别注意眼部清洁，用3%硼酸冲洗结膜囊或第三眼睑。

（董晓波）

第二节 鸟类线虫病

一、消化系统线虫病

（一）蛔虫病

蛔虫病是由禽蛔科禽蛔属的蛔虫寄生于鸟的体内引起的疾病。是鸟类较大的寄生虫，常影响鸟的生长发育，甚至造成死亡。

病原体 主要有以下2种。

鸡蛔虫（*Ascaridia galli*），虫体呈白色，头端有三个唇片。雄虫长26~70mm，宽90~120μm。尾端向腹面弯曲，有尾翼和尾乳突，一个圆形或椭圆形的泄殖腔前吸盘，两根交合刺近等长。雌虫长65~110mm，宽900μm。阴门开口于虫体中部，尾端钝直。

虫卵呈深灰色，椭圆形，卵壳厚，表面光滑，新排出虫卵内含一个椭圆形胚细胞。虫卵大小为（7~90）μm×（47~51）μm（图5-15）。

鸽蛔虫（*Ascaridia columbae*），雄虫长50~70mm。交合刺等长。雌虫长20~95mm。

生活史 属直接发育型，无需中间宿主。雌虫在小肠内产卵，卵随粪便排到体外。虫卵在适宜的温度和湿度等条件下，经1~2周发育为含感染性幼虫的虫卵，即感染性虫卵，其在土壤内6个月仍具感染能力。当感染性虫卵进入宿主的体内在十二指肠孵出幼虫，继而入侵肠黏膜的深处。经过7~8d重新返回肠腔，再经1~3个月生长为成虫。有时蚯蚓可作为贮藏宿主。成虫寄生于鸟的小肠。

流行病学 鹦形目鸟、雀形目鸟和鸽最易感染。虫体主要寄生在感染鸟的肠腔内，偶然亦会在嗉囊、食道、胃囊和体腔内找到它们。蛔虫的分布遍及全世界，在东南亚潮湿温热和环境差的地区，蛔虫病更广泛。虫卵对外界环境因素和常用消毒药物的抵抗力很强，

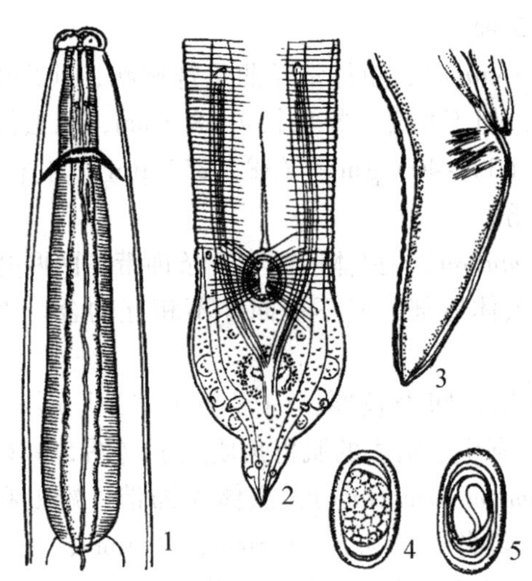

图 5-15　鸡蛔虫（采自甘孟侯．中国禽病学．中国农业出版社，1999）

1. 前面腹面　2. 雄虫尾部腹面　3. 雌虫尾部腹面　4. 未发育的虫卵　5. 发育成熟的卵

在严寒冬季，经 3 个月的冻结仍能存活，但在干燥、高温和粪便堆沤等情况下很快死亡。

症状　一般情况下，幼鸟更敏感。往往几条虫体就会使长尾小鹦鹉的幼鸟产生严重的疾病，因为其小肠末段的直径比十二指肠小，而蛔虫相对较大且常常寄生于十二指肠，所以虫体排出非常困难，因此极易引起肠阻塞。病鸟表现为可视黏膜苍白，初期食欲不振，但后期却会变得贪吃。出现精神萎靡、羽毛松立、体型消瘦和体重下降的迹象。若蛔虫钻出肠管则引起腹痛和严重腹泻，或造成腹膜炎，最终导致鸟儿死亡。

病理变化　严重感染时可见大量虫体聚集，相互缠结，引起肠阻塞，尤其是鹦鹉。

诊断　流行病学资料和症状可作参考，饱和盐水漂浮法检查粪便发现大量虫卵，或驱虫药做诊断性驱虫来确诊。

治疗　可选用下列药物：

枸橼酸哌嗪（驱蛔灵）　每百克体重 1mg，3 周后重复给药 1 次，同时配给润滑剂效果更好。

丙硫苯咪唑　每千克体重 10mg，一次内服。

左旋咪唑　每千克体重 10～20mg，均匀地拌入饲料，一次饲喂。

芬苯达唑　每千克体重 10～20mg，一次内服。

防治措施

切断传播途径　注意日常保持鸟儿环境的卫生，鸟笼和鸟具要定期清洁和用沸水消毒。还要注意别让鸟衔咬野外的草木而吞下蛔虫的虫卵。

控制传染源　及时清除粪便，堆积发酵，杀灭虫卵。发现病鸟，及时隔离治疗。饲料避免潮湿，防止饲料中虫卵转化为感染性虫卵。

（二）胃线虫病

禽胃线虫病是由华首科华首属和四棱科四棱属的线虫寄生于禽鸟类的食道、腺胃、肌胃和小肠内引起的疾病。

病原体　主要有以下3种。

旋锐形线虫（*Acuaria spiralis*），虫体常卷曲呈螺旋状，前部的4条饰带呈波浪形，由前向后，在食道中部折回，但不吻合。雄虫长7～8.3mm，雌虫长9～10.2mm。

虫卵卵壳厚，大小为（33～40）μm×（18～25）μm，内含幼虫。寄生于宿主的前胃和食道，偶尔可寄生于小肠。

小钩锐形线虫（*A. hamulosa*），虫体前部有4条饰带，两两并列，呈不整齐的波浪形，由前向后延伸，几乎达到虫体后部，但不折回亦不相互吻合。雄虫长9～14mm，雌虫长16～19mm。

虫卵呈淡黄色，椭圆形，卵壳较厚，内含一个“U”形幼虫，虫卵大小为（40～45）μm×（24～27）μm。寄生于宿主的肌胃角质膜下（图5－16）。

美洲四棱线虫（*Tetrameres americana*），虫体无饰带，雄虫和雌虫形态各异。雄虫纤细，长5～5.5mm。雌虫血红色，长3.5～4.5mm，宽3mm，呈亚球形，并在纵线部位形成4条纵沟，前、后端自球体部伸出，形似圆锥状附属物（图5－17）。

虫卵大小为（42～50）μm×24μm，内含一幼虫。

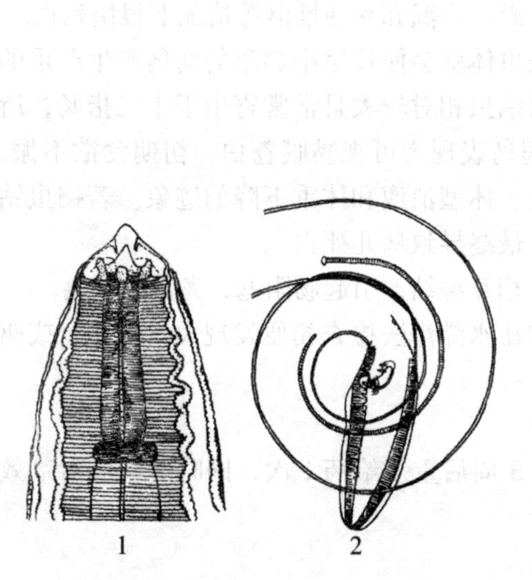

图5－16　小钩锐形线虫

（采自孔繁瑶．家畜寄生虫学．中国农业大学出版社，1997）

1. 头部背面　2. 雄虫尾部

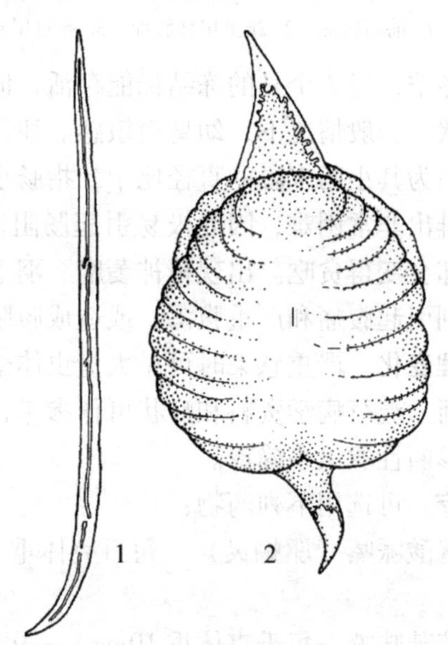

图5－17　美洲四棱线虫

（采自苏静良．高福．索勋主译．美 Y. M. Saif 主编．禽病学．第11版．中国农业大学出版社，2005）

1. 雄虫　2. 雌虫

生活史

中间宿主　旋锐形线虫为鼠妇虫，俗称“潮湿虫”。小钩锐形线虫为蚱蜢、象鼻虫和拟谷盗虫。美洲四棱线虫为蚱蜢和德国小蜚蠊。

终末宿主　鸡、火鸡、鸽、鹌鹑等禽鸟类。

发育过程　成熟雌虫在寄生部位产卵，卵随粪便排到外界，被中间宿主吞食后孵化，在其体内发育成感染性幼虫，禽鸟因吞食带有感染性幼虫的中间宿主而感染。在禽鸟胃内，中间宿主被消化而释放出幼虫，并移行到寄生部位发育为成虫。

发育时间　旋锐形线虫卵发育为感染性幼虫需 26d，由感染性幼虫发育为成虫需 27d；小钩锐形线虫卵发育为感染性幼虫约需 20d，由感染性幼虫发育为成虫需 120d；美洲四棱线虫卵发育为感染性幼虫需 42d，由感染性幼虫发育为成虫需 35d。

症状　虫体寄生数量少时症状不明显，但大量虫体寄生时，患鸟消化不良，食欲不振，精神沉郁，翅膀下垂，羽毛蓬乱，消瘦，贫血，下痢。雏鸟生长发育缓慢，严重者可因胃溃疡或胃穿孔导致死亡。

诊断　检查粪便查到虫卵，或剖检发现胃壁发炎、增厚，有溃疡灶，并在胃腔内或胃角质层下查到虫体可确诊。

治疗　可选用四氯乙烯口服治疗。

防治措施

加强管理　加强饲料和饮水卫生；勤清除粪便，堆积发酵；疫区应定期进行预防性驱虫。

消灭中间宿主　用 0.005% 敌杀死或 0.0067% 杀灭菊酯水悬液喷洒鸟舍笼具、地面和运动场。

(三) 异刺线虫病

异刺线虫病是由异刺科异刺属的鸡异刺线虫寄生于禽鸟类的盲肠内引起的疾病，又称盲肠虫病。鸡异刺线虫多寄生于家禽，但珍珠鸡、孔雀等鸡形目鸟也常受侵袭。

病原体　鸡异刺线虫（*Heterakis gallinus*），虫体细小，呈白色。具有侧翼，体表有横纹。口呈圆锥形，口周围有 3 个不太明显的唇片。咽不发达，食道前部呈圆柱状，后端扩大成球形。雄虫长 7 ~ 13mm，尾直，末端尖细；两根交合刺不等长、不同形；有一个圆形泄殖腔前吸盘。雌虫长 10 ~ 15mm，尾细长，阴门位于虫体中部稍后方（图 5 – 18）。

虫卵呈灰褐色，椭圆形，卵壳厚，内含一个胚细胞，卵的一端较明亮，可区别于鸡蛔虫卵。大小为（65 ~ 75）μm ×（36 ~ 50）μm。

生活史　属直接发育型。成熟雌虫在盲肠内产卵，卵随粪便排于外界，在适宜的温度和湿度条件下，约经 2 周发育至感染期。当感染性虫卵被易感宿主吞食后，幼虫在小肠前部孵出，24h 大部分幼虫移行到盲肠，幼虫在此继续发育，经 4d 后幼虫蜕变为第 2 期幼虫，再经 12d 发育为成虫。从感染性虫卵到发育为成虫需 24 ~ 30d。蚯蚓可以吞食异刺线虫虫卵，作为贮藏宿主，成为感染的一个途径。

症状　鸟多是食入感染性虫卵后发生感染。一般无症状，感染严重时病鸟出现消化机能障碍，食欲不振或废绝，下痢，贫血，雏鸟发育停滞，消瘦甚至死亡。

病理变化　尸体消瘦，盲肠肿大，肠壁发炎和增厚，有时出现溃疡灶。盲肠内可查见虫体，尤以盲肠尖部虫体最多。

诊断　检查粪便发现虫卵，或剖检在盲肠内查到虫体均可确诊，但应注意与蛔虫卵相区别。

防治　参考本章蛔虫病。

(四) 毛细线虫病

毛细线虫病是由毛细科毛细属的多种线虫寄生于鸟类消化道引起的疾病。我国各地均有发生。

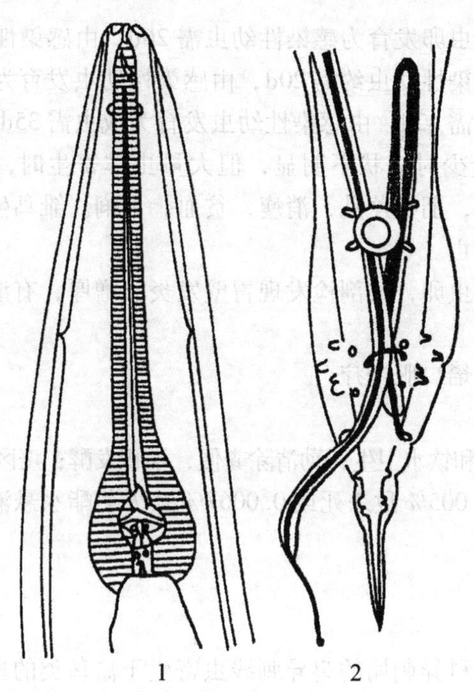

图5－18　鸡异刺线虫

（采自张宏伟．动物疫病．中国农业大学出版社，2001）

1. 头部　2. 雄虫尾部

病原体　主要有以下2种。

鸽毛细线虫（*Capillaria columbae*），虫体细小，呈毛发状。雄虫长6.9～13mm，宽49～53μm。泄殖腔开口于虫体末端，交合刺一根，长1.1～1.5mm，交合刺鞘上带有横的皱襞，没有刺。雌虫长10～18mm，宽约80μm。阴门部稍隆起，位于食道和肠连接处之后（图5－19）。

膨尾毛细线虫（*C. caudinflata*），雄虫长8.8～17.6mm，宽33～51μm，食道约占虫体

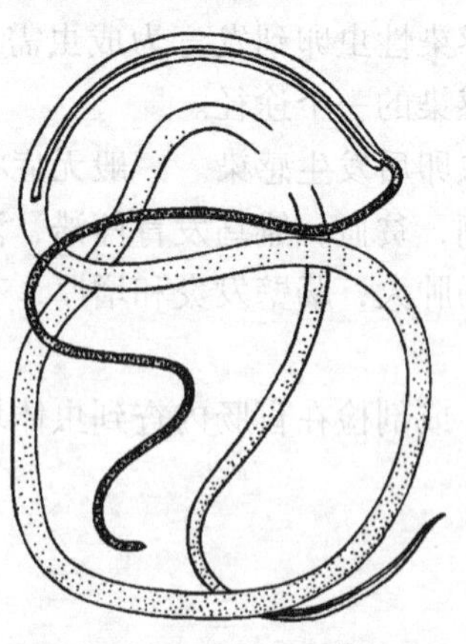

图5－19　鸽毛细线虫

（采自甘孟侯．中国禽病学．中国农业大学出版社，1999）

的一半，尾部侧面各有一个大而明晰的伞膜。交合刺一根，呈圆柱状，长 0.7 ~ 1.2mm，末端形成一个细尖，交合刺鞘的近端有细的小刺。雌虫长 11.9 ~ 25.4mm，宽 38 ~ 62μm，食道约占虫体的 1/3，阴门开口于稍微隆起的突起上，突起长 50 ~ 100μm（图 5 – 20）。

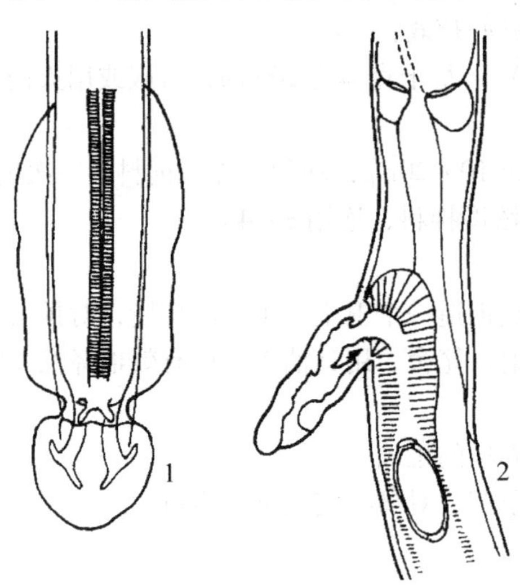

图 5 – 20　膨尾毛细线虫

（采自甘孟侯．中国禽病学．中国农业大学出版社，1999）

1. 雄虫尾部　2. 雌虫阴门部

虫卵呈棕黄色，腰鼓形，卵壳厚，两端有卵塞，卵内含一椭圆形胚细胞。鸽毛细线虫卵大小为（44 ~ 46）μm ×（22 ~ 29）μm，卵壳上有网状纹理。膨尾毛细线虫卵壳上有细的刻纹。

生活史

中间宿主　鸽毛细线虫属直接型发育史，不需中间宿主。膨尾毛细线虫中间宿主为蚯蚓。

终末宿主　鸟类，鹦形目鸟较常见。

发育过程　成熟雌虫在寄生部位产卵，虫卵随粪便排出。鸽毛细线虫卵在外界环境中发育成感染性虫卵，鸟类摄食感染性虫卵后发生感染，幼虫逸出，钻入黏膜发育为成虫。膨尾毛细线虫卵被中间宿主蚯蚓吃入后，在其体内发育为感染性幼虫，鸟类在啄食了含有感染性幼虫的蚯蚓而感染，蚯蚓被消化，释出的幼虫在小肠中钻入黏膜，发育为成虫。有时蚯蚓可作为贮藏宿主。

发育时间　鸽毛细线虫卵在外界环境中发育为含幼虫的感染性虫卵，由感染性虫卵发育为成虫需 20 ~ 26d；膨尾毛细线虫卵在蚯蚓体内发育为感染性幼虫需 9d，由幼虫发育为成虫需 22 ~ 24d。

成虫寿命　鸽毛细线虫的寿命大约 9 个月。膨尾毛细线虫的寿命为 10 个月左右。

流行病学　本病呈世界性分布，野生鸟类和某些地方的鹦形目鸟的感染较为严重。笼养鸟及人工养殖场的鸟较少见。

临床症状　轻度感染的鸟，可表现消化不良，行动迟钝，食欲减退，排稀粪。严重病例，出现黏性黄色或血性下痢，消瘦，精神萎靡。本病很少引起鸟死亡。

病理变化 肠管发炎，肠黏膜严重受损害，甚至黏膜脱落。有的肠壁增厚，肠黏膜上有坏死现象。病变程度的轻重因虫体寄生的多少而不同。

诊断 粪便中检出典型虫卵或解剖发现虫体，皆可作出诊断。

治疗 下列药物均有良好疗效：

甲氧乙吡啶（甲氧啶） 每千克体重200mg，口服或用灭菌蒸馏水配成10%溶液，皮下注射。

左旋咪唑 每千克体重10～20mg，均匀地拌入饲料，一次饲喂。

硫苯咪唑 按0.01%浓度拌料，连用3～4d。

防治措施

搞好环境卫生 给鸟类创造一个卫生、干燥的环境，对预防本病非常重要。

定期消毒 定期对场地、笼舍、用具消毒，可有效地降低本病的发生。勤清除粪便并做发酵处理。

消灭传染源 消灭饲养场的蚯蚓。

预防性驱虫 在流行季节，对鸟类定期进行驱虫。

二、其他线虫病

（一）比翼线虫病

比翼线虫病是由比翼科比翼属的气管比翼线虫寄生于呼吸道而引的疾病。又称交合虫病、开嘴虫病、张口线虫病，见于雀形目、鸡形目和鸽形目等多种鸟类。

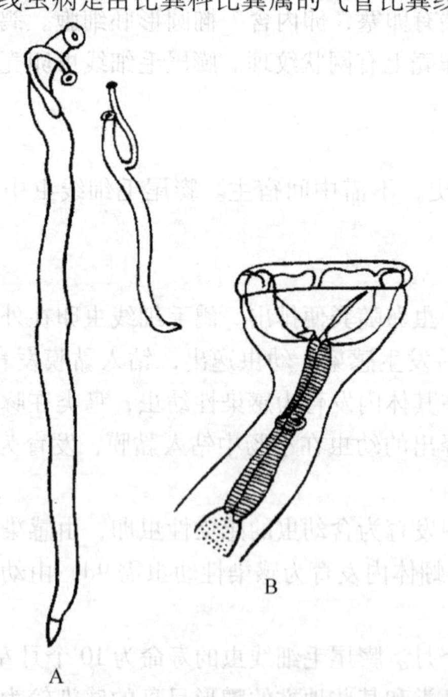

图5－21 气管比翼线虫（采自甘孟侯．中国禽病学．中国农业大学出版社，1999）

A. 两对雌雄虫的外形，大的已经孕卵，小的雌虫尚未成熟 B. 头部

病原体 气管比翼线虫（*Syngamus trachea*），雄虫以其交合伞附着在雌虫的阴门处，永远呈交配状态，外观似“Y”字形，故称“杈子虫”。新鲜虫体呈红色，故又称“红虫”。雄虫长2～4mm，雌虫长7～20mm（图5－21）。

虫卵大小为（78～110）μm×（43～46）μm，两端有厚的卵盖，卵内含16个胚细胞。

生活史 属直接发育型。卵随鸟的粪便排出。在适宜的温度和湿度下，卵孵化为幼虫，幼虫在卵壳内经两次蜕皮发育形成第3期感染性幼虫。含幼虫的卵在土壤中可生存8～9个月。

感染途径有三种方式：一是感染性虫卵被宿主啄食；二是幼虫从虫卵孵出被宿主食入；三是感染性虫卵或幼虫被贮藏宿主摄食，在其体内形成包囊，鸟食入贮藏宿主后感染。鸟遭受感染后，幼虫钻入肠壁，经血流移行至肺泡蜕变为第 4 期幼虫，之后上行到细支气管和支气管内蜕变为第 5 期幼虫，雌雄虫开始交合，在气管内发育为成虫。

发育时间　感染性虫卵孵化为第 4 期幼虫需 3d，第 4 期幼虫蜕变成第 5 期幼虫需 2d，第 5 期幼虫发育为成虫需 13～15d。

成虫寿命　成虫的寿命随终末宿主的种类而不同，鸡和火鸡为 147d。

流行病学　感染性幼虫在外界的抵抗力较弱，但在蚯蚓体内经 4 年 4 个月仍具感染性；在蛞蝓和蜗牛体内，可存活 1 年以上。野鸟和火鸡在任何年龄都有易感性，但不影响健康，可能是天然宿主，在流行病学上有重要意义。

症状　幼鸟受感染后危害最大，有时因大量虫体堵塞气管造成窒息。受感染的鸟常常表现为伸颈，张嘴呼吸，头部左右摇甩，以排出黏性分泌物，有时可见虫体。食欲减退甚至废绝，精神不振，消瘦。最后因呼吸困难，窒息死亡。张开口腔在强光下观察喉头，有时可见到扩张气管中的虫体。成年鸟症状轻微或不显症状，极少死亡。

病理变化　幼虫移经肺脏，可见肺淤血、水肿和肺炎病变。成虫期可见气管黏膜上有虫体附着及出血性卡他性炎症，气管黏膜潮红，表面有带血黏液覆盖。

诊断　根据症状、结合口水镜检发现虫卵，或打开病鸟口腔在喉头附近发现虫体可确诊。

治疗　可选用以下药物：

噻苯唑　每千克体重 40～50mg，口服，连用 3d。

甲苯咪唑　对 10～12 周龄发病的孔雀，每千克饲料加入 120mg，连服 3d。

左咪唑　每千克体重 10～20mg，一次口服。

二硝硝基酚　每千克体重 7～8mg，口服，连用 5d。

伊维菌素　每千克体重 0.3mg，一次口服。

芬达咪唑　每千克体重 10～20mg，一次口服。

另外还可用蒜油 1/3 与亚麻仁油 2/3 混合口服；或用碘溶液进行气管注射。

防治措施　尽量避免鸟类和贮藏宿主接触；防止野鸟和家禽粪便污染鸟的活动场地；发现病鸟及时隔离治疗。

（二）眼线虫病

眼线虫病是由吸吮科尖旋尾属的线虫寄生于鸟的眼瞬膜、结膜囊和泪管内引起的疾病，可发生严重的眼炎。此虫多见于热带地区。

病原体　孟氏尖旋尾线虫（*Oxyspirura mansoni*），虫体两端变细，前圆后尖。表皮光滑，没有膜状的附属物。口呈环形，口腔前部短而宽，后部狭而长。雄虫长 8.2～16mm，宽 35μm。尾部向腹侧弯曲，没有尾翼。交合刺不等长。雌虫长 12～20mm，宽 270～430μm（图 5－22）。

虫卵大小为（50～65）μm×45μm，产出时已含有第 1 期幼虫。

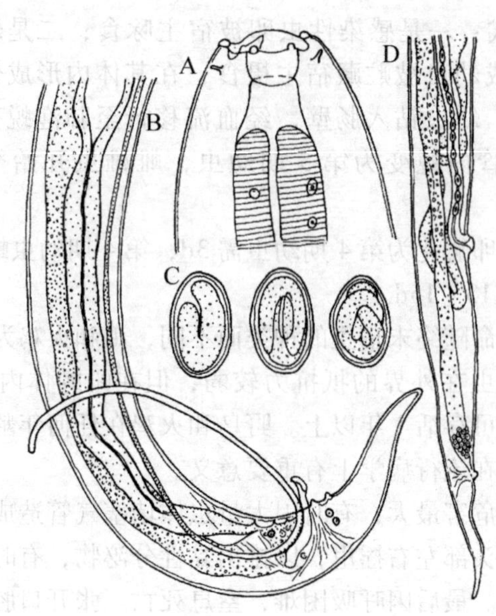

图 5－22　孟氏尖旋尾线虫（采自苏静良．高福．索勋主译．美 Y. M. Saif 主编．禽病学．第 11 版．中国农业大学出版社，2005）

A. 头部　B 雄虫尾部　C. 虫卵　D. 雌虫尾部

生活史

中间宿主　苏里南粗斑蟑螂。

终末宿主　家禽、火鸡、孔雀、八哥、家雀、中国鸽、日本鹌鹑等鸟类。

发育过程　成熟雌虫在瞬膜下产卵，虫卵经鼻泪管到鼻腔，被咽入消化道，随宿主粪便排至外界。中间宿主吞食粪便中的线虫卵，大约经 50d，即在其体腔内发育为感染性幼虫。当易感宿主吞食受感染的蟑螂，感染性幼虫即从嗉囊内游离出来，由食道逆行至咽，经过鼻泪管到达瞬膜下，大约在感染 30d 后发育为成虫。

流行病学　眼线虫病多见于热带地区。多见于家禽、火鸡、鸭和孔雀。八哥、家雀、中国鸽、日本鹌鹑和雉鸡可自然感染。雀形目和鸽子可人工感染。

症状　患鸟出现结膜炎、瞬膜肿胀。有时眼睑粘连，在眼睑下积聚白色乳酪样物质。患鸟表现不安、不停地抓搔患眼、瞬膜也在不断地转动，试图从眼中移出异物。严重感染可导致眼球损坏。

诊断　根据症状和在眼内发现虫体即可确诊。

治疗　用 1%～3% 噻苯唑滴眼，或用手术方法取出虫体，并结合抗生素和可的松类药进行对症治疗。如发生结膜炎或角膜炎可用金霉素眼膏治疗。

防治措施　消灭和控制中间宿主蟑螂。注意环境卫生，保持笼舍和笼具洁净，定期消毒。

（王雅华）

第三节　鱼类线虫及棘头虫病

一、毛细线虫病

毛细线虫病是由毛细科毛细属的多种毛细线虫寄生于鱼的消化道所引起的疾病。主要危害草鱼、鲢鱼、鲮鱼、黄鳝、金鱼、锦鲤等。热带鱼中斑马鱼、虎波鱼等均有发病。

病原体　毛细线虫在我国已有数十种的记录，主要为福建毛细线虫（*Capillaria fuzhouensis*），麦穗鱼毛细线虫（*C. pseudorasborae*），福鼎毛细线虫（*C. fudingensis*），鳜毛细线虫（*C. sinipercae*），洪湖毛细线虫（*C. hunghuenis*）等。毛细线虫（*Capillaria sp*），虫体细如线状，无色。头端尖细，逐渐向后变粗，尾端呈钝圆形。口端无唇和其他构造。显著特征为食道细长，由许多单行排列的食道细胞组成。肠的前端稍膨大。肛门和泄殖腔位于尾端的腹侧。雄虫体长4～6mm，生殖器官为一条长管，射精管与泄殖腔相连；末端有一条细长的交合刺，交合刺具鞘。雌虫长6.2～7.6mm，子宫较粗大，成熟后充满虫卵；阴门显著，位于食道和肠连接处的腹面。卵生卵为柠檬状，两端各具有一瓶塞状的卵盖（图5－23）。

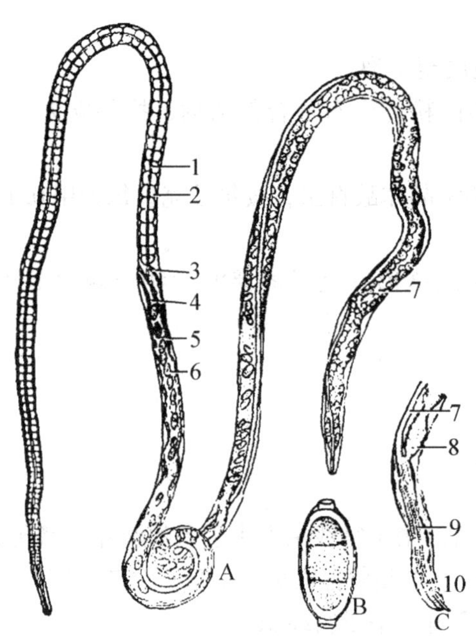

图5－23　毛细线虫（仿《中国淡水鱼类养殖学》）

A. 成熟的雌虫，身体中段，为侧面观，尾部为腹面观　B. 卵

C. 成熟的雄虫，尾端为侧面观

1. 食道　2. 食道细胞　3. 前肠　4. 阴道　5. 子宫　6. 卵　7. 后肠

8. 射精管　9. 交合刺鞘　10. 交合刺

生活史

终末宿主　为草鱼、鲢鱼、鲮鱼、黄鳝等。

发育过程　虫卵随宿主粪便排至水中，当水温在28～32℃时，经6～7d卵壳内发育为感染性含胚卵，幼虫通常不钻出卵壳，可存活30d，而脱出卵壳的幼虫不能存活。鱼吞食了含有幼虫的虫卵而感染。

流行病学　主要危害草鱼、鲢鱼、鲮鱼、黄鳝、金鱼、锦鲤等。热带鱼中斑马鱼、虎波鱼等均有发病。寄生于鱼的肠道中，能引起草鱼、青鱼、夏花鱼种大量死亡。草鱼患病时，常与九江头槽绦虫病、烂鳃病、肠炎病、车轮虫病并发。此病广泛流行于广东、江苏、浙江、湖北、湖南等省。

症状及病理变化　毛细线虫寄生在鱼的消化道，以其头部钻入宿主肠壁黏膜层，破坏组织，使肠内其他致病微生物侵入肠壁引起炎症，临床出现肠炎症状，严重时可致鱼死亡。单纯患毛细线虫病，因虫体吸收营养，使鱼体瘦弱，体色偏黑，失去光泽。病鱼离群独游。1.7～6.6cm的鱼种，体内如有4条以上的成虫寄生，就足以使其死亡。1龄以上的大鱼，往往不显病状，成为带虫者，但生长发育受到影响。热带鱼中斑马鱼、虎波鱼患此病易造成死亡。

诊断　通过剖检发现虫体可确诊。剖开病鱼腹腔，取出整个肠道，剪开肠壁，用解剖刀刮取肠内含物和黏液，放在载玻片上，加少量生理盐水，压片置解剖镜下检查，仔细寻找毛细线虫并计数。

防治措施

1. 彻底干塘，曝晒池底至干裂。

2. 水族箱和鱼池用漂白粉与生石灰合剂清塘，按每立方米水体用漂白粉10g、生石灰120g。

3. 发病初期，可用90%晶体敌百虫，按每千克鱼每天用0.1～0.15g拌入豆饼粉30g，做成药饵投喂，连喂6d。

4. 加强饲养管理，保证草鱼有充足的浮游生物或瓢沙等可口饲料，免其吞食水底杂屑。

5. 稀养加快鱼种生长。

二、嗜子宫线虫病

嗜子宫线虫病是龙线科的嗜子宫线虫寄生于鱼的鳞片及鳍所引起的疾病。虫体一般呈红色，故俗称“红线虫病”。主要危害鲤鱼、鲫鱼、金鱼、锦鲤等。

病原体　常见有以下2种似嗜子宫线虫：

1. 鲤嗜子宫线虫（*Philometroides cyprini*）

雌虫寄生于鲤鱼、锦鲤的鳞片下，雄虫寄生于鳔和腹腔内。虫体呈线状，两端圆形，活体时肉红色。雄虫体小如丝，透明无色，体表光滑，长3.5～4.1mm，尾端膨大，有两个半圆形的尾叶；两根交合刺等长，细长呈针状，引带长度仅是交合刺的1/4至1/3。雌虫呈血红色，体长100～135mm，两端稍细，似粗棉线状；体表乳突透明；食道较长由肌肉和腺体两部分构成，肠管呈棕红色；两个卵巢位于虫体两端；子宫发达，体腔大部分被其所占，内充满发育的卵和幼虫，没有阴道和阴门。胎生（图5-24）。

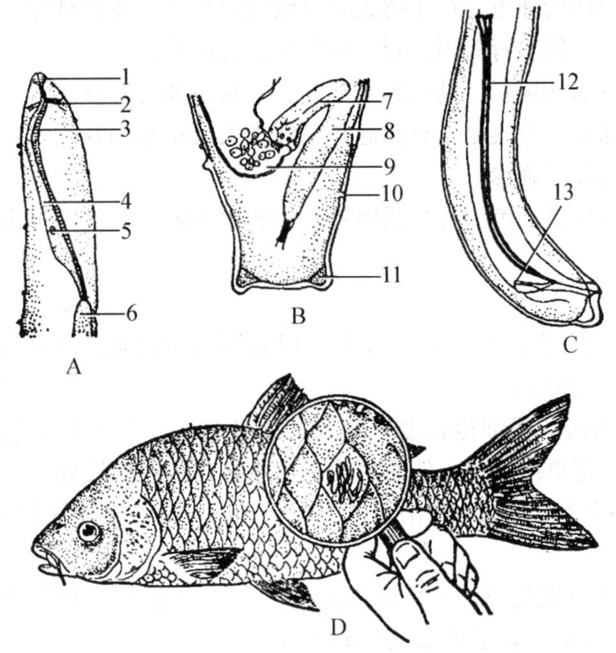

图 5-24 鲤似嗜子宫线虫（仿《中国淡水鱼类养殖学》）

A. 雌虫的头部 B. 雌虫的尾部 C. 雄虫的尾部 D. 寄生情况
1. 肌肉球 2. 神经环 3. 食道 4. 食管腺 5 腺体核 6. 肠 7. 卵巢 8. 后肠
9. 子宫 10. 乳突 11. 尾叶 12. 交合刺 13. 引突

2. 鲫嗜子宫线虫（*P. carassii*）

寄生于鲫鱼、金鱼等的鳍及其他器官。雌虫寄生在鲫鱼的尾鳍上，有时也寄生在背鳍和臀鳍。虫体细小如发丝状，透明无色。

生活史

中间宿主 为剑水蚤。

终末宿主 为鲤鱼、鲫鱼、锦鲤、金鱼等。

发育过程 成熟的雌虫钻破宿主皮肤，伸出部分泡在水中，由于渗透压的作用，虫体体壁不久破裂，子宫也随之破裂，子宫中的幼虫散入水中。幼虫在水中一般可存活 13d，当被剑水蚤吞食后，在其体腔中发育。鱼吞食含幼虫的剑水蚤而感染，幼虫从肠道钻到腹腔中发育为成虫，雌、雄虫体在鱼鳔上交配，雌虫于秋末迁移到鳍条或鳞片下发育成熟。

流行病学 本病流行比较普遍，全国各地均有发生。主要危害 2 龄以上的鲤鱼。亲鲤因患此病影响性腺发育，往往不能成熟产卵，并可死亡。长江流域一般于冬季鱼体鳞片下有虫体出现，但因虫体较小活动性差，所以不易被发现，到了春季水温转暖之后，虫体迅速生长，从而使鱼致病，易引起细菌和真菌的感染。

症状及病理变化 雌虫寄生于鱼的皮下，吸取鱼体营养，并破坏皮下组织，造成鳞囊胀大，鳞片松散竖起，引起皮肤和肌肉发炎、充血、溃烂及鳞片脱落。锦鲤鳞片隆起，鳞下盘曲红色线虫。金鱼在鳍条有红色线虫寄生。由于虫体寄生造成鳍条、鳞片充血发炎，鳍条破裂。虫体寄生处的鳞片呈现红紫色不规则的花纹。在皮肤发炎处，往往易继发细菌和水霉菌感染，而使病情加重，严重感染时可致病鱼死亡。雌虫迁移误钻入金鱼、红鲤的围心腔中便很快死亡；钻入肾脏引起肾充血发炎，腹部水肿。

诊断　根据流行病学资料，结合临床症状、发现虫体可确诊。

检查病鱼鳞片部位，观察是否有凸起和发红现象及特殊的花纹。掀开鳞片，可见盘曲在鳞囊中的红色线虫即可确诊。

冬季时虫体细小呈淡红色，有半透明感，鳞囊也不肿大发红，可刮取鳞下黏液镜检可发现虫体。

防治措施

1. 用生石灰彻底清塘，杀灭中间宿主（切忌用茶饼清塘，茶饼不仅不能杀灭幼虫，还可延长水中幼虫的寿命）。

2. 用放大镜或用肉眼仔细检查金鱼鳍条、锦鲤鳞下，发现有红色虫体时，可用细针挑破鳍条或挑起鳞片将虫体挑出，然后用消毒剂涂抹伤口或病灶处，每天1次，连续3d。

3. 治疗用2%～2.5%食盐水浸浴鱼体10～20min，或用70%医用酒精、1%高锰酸钾涂擦病鱼患处。

4. 在养殖鱼体上发现此病，可在虫体的繁殖季节全池泼洒90%的晶体敌百虫，使池水浓度为0.3～0.5mg/kg，以消灭幼虫及中间宿主。

5. 对于体腔内寄生的虫体目前尚无良方治疗。

6. 发现病鱼及时隔离，不与健康鱼混群饲养。

三、鳗居线虫病

鳗居线虫病是由鳗居科鳗居属的鳗居线虫寄生于鳗鱼的鳔腔内引起的疾病。主要危害鳗鲡、欧洲鳗和日本鳗。

病原体　主要有2个种。

球状鳗居线虫（*Anguillicola globiceps*），成虫呈圆筒形，透明无色。头部呈圆球状，无乳突。口孔简单，没有唇片。食道由肌质和腺体两部分组成，其前1/3处膨大呈葱球状，而后2/3处呈圆筒形。肠管较粗大，有尾腺，但无直肠和肛门。雄虫没有交合刺，贮精囊甚大，生殖孔位于尾端腹面其附近有尾突6对。雌虫体长44mm，在子宫的前后各有1个卵巢，前面的卵巢在食道附近开始，后面的卵巢在体后部2/5处开始，向后伸展接近尾腺，然后再折回，阴门位于体后1/4处，开口于一圆锥体上。胎生。

幼虫身体包有一层透明而呈微粒状的表膜，大小0.20～0.36mm，尾部细长。

粗厚鳗居线虫（*A. crassa*），形态与球状鳗居线虫相似。

生活史

中间宿主　锯缘真剑水蚤、台湾温剑水蚤。

终末宿主　鳗鲡，主要为欧洲鳗和日本鳗。

发育过程　虫卵在子宫的后段已发育为含幼虫的卵，并且在卵内进行1次蜕皮，形成第1期幼虫。在鱼鳔中孵化出幼虫。幼虫通过鳔管进入消化道，随粪便排出落入水中。在水中经蜕皮发育为2期幼虫，此幼虫通常在水底以尾尖附着在固体物上，不断摆动，以引诱中间宿主吞食，2期幼虫寿命只有7d。当其被剑水蚤吞食后，便穿过肠壁进入血腔，发育为第3期幼虫。含有3期幼虫的剑水蚤被鳗鱼吞食后，幼虫穿过肠壁进入体腔，附着于鳔的表面，随后侵入鳔管到鳔腔中寄生，经第4期幼虫发育为成虫。

流行病学　各种鳗鲡均可感染，对幼鳗危害较大，可造成死亡。美洲鳗鲡发病率较低。该病在湖北、福建、浙江、上海、江苏等地均有流行。主要发生于土池或砂石底的养鳗池，在水泥养殖池中较少发生。全年均可发病，高温季节（6～10月）易引起死亡。

症状及病理变化　鳗居线虫寄生于鳔腔内，吸食鳗鲡的血液，引起鳔发炎和鳔壁增厚纤维化，病鱼活动受到很大影响。大量寄生时，虫体充满鳔腔，使鳔扩大，压迫其他器官及血管，鱼后腹部肿大，腹部皮下淤血，肛门扩大，并呈深红色。病鱼表现食欲下降，体色加深，生长受阻，严重时鳔破裂，线虫进入腹腔引起腹膜炎，甚至有虫体从肛门或尿道口爬出体外。

诊断　根据症状及流行情况进行初步诊断。

剪开病鱼的腹部及鳔壁，如看到有大量鳗居线虫寄生即可确诊。如只有少量虫体寄生在鳗鳔内，则不会引起鳗鲡死亡，应另找病因。

防治措施

1. 彻底清塘，杀死中间宿主。

2. 不从疫区购进鳗种。

3. 用90%的晶体敌百虫全池泼洒，使池水成0.3～0.5mg/kg，每周1次，可预防该病。

4. 盐酸左旋咪唑，按每千克饲料添加0.5～1.0g，维生素C加0.5g，连喂7～10d。

5. 鱼虫清，按每千克饲料中加鱼虫清2～2.5g，拌匀后投喂，连喂3～5d。

四、似棘头吻虫病

似棘头吻虫病是由四环科似棘头吻虫属的似棘头吻虫寄生于鱼的肠道内引起的疾病。本病对鱼种危害较大。

病原体　乌苏里似棘头吻虫（*Acanthocephalorhynchoides ussuriense*），小型虫体，雄虫较短小，略呈香蕉形，前部向腹面弯曲，体长0.7～1.27mm。体表披有环列体棘，前端腹面特别密集，同时又向背面不规则地稀疏，背部有时无体棘。吻短小，吻鞘单层；吻钩18个，排成4圈，前3圈每圈4个，第四圈为6个。吻腺等长，长为吻鞘的2倍以上，可达体中部。体壁有巨核，背面5～6个，腹面2个。精巢2个，圆球形，位于体后半部，前后排列。雌虫0.9～2.3mm，体细长，呈黄瓜形。生殖孔位于末端腹面。子宫钟开口于腹面中下部。

虫卵小，呈长椭圆形。

生活史

中间宿主　介形虫。

终末宿主　草鱼、鳙鱼、鲤鱼、鲢鱼等。

发育过程　草鱼等吃入阳性介形虫即可感染。

流行病学　该病分布广泛，我国南北地区均有发生。对鱼种危害严重，大量寄生时造成病鱼在较短的时间内大批死亡。

症状及病理变化 成虫寄生于鱼的肠道内。病鱼瘦弱，体色发黑，食欲不振，严重的拒食。病鱼离群靠近岸边缓游，或漂浮水面，游动无力，严重的病鱼在水中打转，头部连续窜出水面，鱼体翻转，鱼尾出现痉挛性颤动，随即下沉而死。

腹鳍基部充血，前腹部膨大呈球状，肠道轻度充血，严重感染的肠壁薄而脆，易破裂。

诊断 解剖病鱼，刮取肠黏液于载片上，压片镜检，发现虫体即可确诊。

防治措施

1. 彻底清塘，杀死虫卵和中间宿主。

2. 投喂敌百虫药饵。每千克鱼每天用90%的晶体敌百虫0.3～0.4g，拌饵投喂，连喂5～6d。

3. 用17.5kg麸皮混合500g敌百虫投喂，第3d即见效。

五、长棘吻虫病

长棘吻虫病是由长棘吻科长棘吻虫属的长棘吻虫寄生于鱼的肠道内引起的疾病。本病可感染多种海水鱼和淡水鱼类。

病原体 长棘吻虫（*Rhadinorhynchus*），虫体呈圆柱形，体棘通常分成两组，其中前端体棘环布于整个体表，而后端的仅限于腹面。吻一般很长，棒状，吻钩8～26行，每行8～37个。腹面钩通常大于背面钩。吻鞘长，壁双层，近中部有一神经节。吻腺细长，黏液腺4个，细长管状。雄性生殖孔在末端，雌性生殖孔在亚末端，其周围均无棘。常见的种类有：

细小长棘吻虫（*R. exilis*），寄生于鲫鱼；鲤长棘吻虫（*R. cyprini*），寄生于鲤、草鱼；崇明长棘吻虫（*R. Chongmingensis*），寄生于鲤鱼；海鲇长棘吻虫（*R. arii*），寄生于海鲇、黄颡鱼；长江长棘吻虫（*R. yangtzenensis*），寄生于长吻鱼危、粗长鱼危、钝吻鱼危、黄颡鱼、中华鲟和白鲟等。

卵细长，中膜两端延长。

生活史 生活史尚不清楚，但发病鱼池通常有较高的感染率，逐日死亡，持续时间可达数月。

流行病学 长棘吻虫寄生于多种海水鱼和淡水鱼类，幼鱼、成鱼均可被寄生。夏花被3～5条虫体寄生即可引起死亡，大量寄生时也可引起2kg以上的成鱼死亡。发病时感染率为70%，严重时可达100%，一般呈慢性死亡，可持续数月之久，累计死亡率达60%。

症状及病理变化 长棘吻虫寄生于鱼的肠道内。崇明长棘吻虫寄生于鲤、锦鲤肠的第一、第二弯的前面，以其吻部钻入肠壁，躯干部游离于肠腔内。

由于大量虫体寄生造成肠管膨大，肠壁胀得很薄，出现慢性卡他性炎，肠腔内充满黄色黏液和坏死脱落的肠壁细胞及血细胞。严重时病鱼肠道被虫体堵塞，内脏器官粘连而无法剥离。有时虫的吻部钻透肠壁，进入体腔，并钻入周围器官或体壁，引起体壁溃烂，甚至穿孔。

诊断 根据症状及流行情况可作出初步诊断，肠道检出虫体确诊。

防治措施

1. 用0.25kg/m^{2}生石灰或20mg/kg漂白粉带水清塘，可杀死虫卵、幼虫。

2. 发病水体用0.3mg/kg浓度的90%晶体敌百虫全池遍洒，杀灭中间宿主。同时按每50kg鱼用晶体敌百虫15~20g，拌饵料投喂，每天1次，连续3~6d。

（鲁兆宁）

【复习思考题】

1. 简述线虫的形态构造特征。
2. 线虫的生活史及其类型。
3. 当地犬、猫主要线虫的鉴别要点、寄生部位、发育特征。
4. 当地主要观赏鸟线虫的鉴别要点、寄生部位、寄生宿主及疾病的防治措施。
5. 当地主要观赏鱼线虫鉴别要点、寄生部位及临床表现。
6. 简述犬旋毛虫的发育特点及犬旋毛虫病的综合防治措施。
7. 所讲授的线虫哪些隶属于土源性线虫和生物源性线虫，宿主和寄生部位。
8. 拟定当地主要犬、猫线虫病的治疗方案，并制定综合的防治措施。

第六章 蜱螨和昆虫病

概 述

蜱螨和昆虫是指能够致病或传播疾病的一类节肢动物。节肢动物是动物界中种类最多的一门，占已知120多万种动物的87%左右，大多数营自由生活，只有少数危害动物而营寄生生活，或作为生物媒介传播疾病。节肢动物与动物疾病关系密切的主要是蛛形纲蜱螨目和昆虫纲。

一、节肢动物的形态特征

节肢动物种类繁多，形态复杂，主要形态特征如下：

1. 身体左右对称，身体及对称的附肢均分节。
2. 体表骨骼化，由几丁质及醌单宁蛋白组成的表皮称为外骨骼。
3. 循环系统开放式，整个循环系统的主体称为血腔，内含血淋巴。
4. 发育史大多经历蜕皮和变态。

（一）蛛形纲

虫体圆形或椭圆形，分为头胸部和腹部两部分，或头、胸、腹完全融合。假头突出在躯体前或位于前端腹面，由口器和假头基组成，口器由1对螯肢、1对须肢和1个口下板组成。成虫有足4对。有的有单眼。在体表一定部位有几丁质硬化而形成的板或颗粒样结节。以气门或书肺呼吸。

（二）昆虫纲

身体明显分头、胸、腹三部分。头部有触角1对，胸部有足3对，腹部无附肢。

头部 有眼、触角和口器。复眼1对，有的亦为单眼。触角在头部前面两侧。口器是采集器官，由于采集方式不同，形态构造亦不相同，主要有咀嚼式、刺吸式、刮舐式、舐吸式及刮吸式5种。

胸部 分前胸、中胸和后胸，各胸节的腹面均有分节的足1对，称前足、中足和后足。多数昆虫的中胸和后胸的背侧各有翅1对，称为前翅和后翅。有些昆虫翅则完全退化，如虱、蚤等。

腹部　由8节组成，但有些昆虫由于腹节互相愈合，只有5～6节，如蝇类。腹部最后几节变为外生殖器。

内部　体腔内充满血液，称为血腔，循环系统为开放式。多数用鳃、气门或书肺呼吸。具有触、味、嗅、听觉及平衡器官。具有消化和排泄系统。雌雄异体，有的为雌雄异形。

二、节肢动物生活史

大多数节肢动物在发育过程中都有变态和蜕皮现象。

由于节肢动物体表覆盖外骨骼，不能随着虫体的生长而不断长大，因此在节肢动物生长时，由下皮层细胞分泌一种酶，使几丁质膜溶解，并使非几丁质也变得软而薄，最后终于破裂而脱离虫体，新的几丁质膜也很快重新形成。这种在节肢动物发育过程中，脱去原来的外骨骼再长出新的外骨骼的过程就叫作蜕皮。蜕皮是节肢动物生长中普遍存在的一种现象。

节肢动物在发育过程中所发生的形态的变化叫作变态。其变态可分为完全变态和不完全变态。蜱螨及少数昆虫，如虱、羽虱等的发育属于不完全变态，虫体成熟后产卵，从卵孵出的幼虫，经若干次蜕皮变为若虫，再经过蜕皮变为成虫，其间在形态和生活习性上基本相似，只是幼虫和若虫体形小，性器官尚未成熟。这一类称为不完全变态。昆虫纲的多数昆虫为卵生，极少数为卵胎生。发育具有卵、幼虫、蛹、成虫四个阶段，这四个阶段形态与生活习性都不同，这一类称为完全变态。

三、节肢动物分类

节肢动物隶属于节肢动物门（Arthropoda），分类如下：

（一）蛛形纲 Arachnida

蜱螨目 Acarina

1. 后气门亚目 Metastigmata（蜱亚目 Ixodides）

（1）硬蜱科（Ixodidae）

硬蜱属（*Ixodes*），璃眼蜱属（*Hyalomma*），血蜱属（*Haemaphysalis*），扇头蜱属（*Rhipicephalus*），革蜱属（*Dermacentor*），牛蜱属（*Boophilus*），花蜱属（*Amblyomma*）

（2）软蜱科（Argasidae）

锐缘蜱属（*Argas*），钝缘蜱属（*Ornithodoros*）

2. 无气门亚目 Astigmata（疥螨亚目 Sarcoptiformes）

（1）疥螨科（Sarcoptidae）

疥螨属（*Sarcoptes*），背肛螨属（*Notoedres*），膝螨属（*Knemidocoptes*）

（2）痒螨科（Psoroptidae）

痒螨属（*Psoroptes*），足螨属（*Chorioptes*），耳痒螨属（*Otodectes*）

（3）肉食螨科（Cheletidae）

羽管螨属（*Syringophilus*）

3. 中（气）门亚目 Mesostigmata

（1）皮刺螨科（Dermanyssidae）

皮刺螨属（*Dermanyssus*），禽刺螨属（*Ornithonyssus*）

（2）鼻刺螨科（Rhinonyssidae）

新刺螨属（*Neonyssus*），鼻刺螨属（*Rhinonyssus*）

4. 前气门亚目 Prostigmata（恙螨亚目 Trombiculidae）

（1）蠕形螨科（Demodidae）

蠕形螨属（*Demodex*）

（2）恙螨科（Trombiculidae）

恙螨属（*Trombicula*），真棒属（*Euschongastia*），新棒螨属（*Neoschongastia*）

（3）跗线螨科（Tarsonemidae）

（二）昆虫纲 Insecta

1. 双翅目 Diptera

（1）蚊科（Culicidae）

按蚊属（*Anophele*），库蚊属（*Culex*），阿蚊属（*Armigeres*），伊蚊属（*Aedes*）

（2）蠓科（Ceratopogonidae）

拉蠓属（*Lasiohelea*），库蠓属（*Culicoides*），勒蠓属（*Leptoconops*）

（3）蚋科（Simuliidae）

原蚋属（*Prosimulium*），蚋属（*Simulium*），真蚋属（*Eusimulium*），维蚋属（*Withelmia*）

（4）虻科（Tabanidae）

斑虻属（*Chrysops*），麻虻属（*Chrysozona*），虻属（*Tabanus*）

（5）狂蝇科（Oestridae）

狂蝇属（*Oestrus*），鼻狂蝇属（*Rhinoestrus*），喉蝇属（*Cephalopina*）

（6）胃蝇科（Gasterophilidae）

胃蝇属（*Gasterophilus*）

（7）皮蝇科（Hypodermatidae）

皮蝇属（*Hypoderma*）

（8）虱蝇科（Hippoboscidae）

虱蝇属（*Hippobosca*），蜱蝇属（*Melophagus*）

2. 虱目 Anoplura

血虱亚目 Anoplura

（1）颚虱科（Linognathidae）

颚虱属（*Linognathus*），管蝇属（*Solenopotes*）

（2）血虱科（Haematopinidae）

血虱属（*Haematopinus*）

（3）虱科（Pediculidae）

食毛亚目 Mallophaga

(4) 毛虱科 (Trichodectidae)

毛虱属 (*Trichodectes*), 猫毛虱属 (*Felicola*), 牛毛虱属 (*Bovicola*)

(5) 短角羽虱科 (Menoponedae)

鸭虱属 (*Trinoton*), 体虱属 (*Menacanthus*), 鸡虱属 (*Menopon*)

(6) 长角羽虱科 (Philopteridae)

啮羽虱属 (*Esthiopterum*), 鹅鸭虱属 (*Anatoecus*), 长羽虱属 (*Lipeurus*), 圆羽虱属 (*Goniocotes*), 角羽虱属 (*Goniodes*)

3. 蚤目 Siphonaptera

(1) 蠕形蚤科 (Vermipsyllidae)

蠕形蚤属 (*Vermipsylla*), 羚蚤属 (*Dorcadia*)

(2) 蚤科 (Pulicidae)

蚤属 (*Pulex*), 栉首蚤属 (*Ctenocephalides*)

第一节　犬猫蜱螨及昆虫病

一、硬蜱

硬蜱指硬蜱科的各属蜱，俗称草爬子、狗豆子、壁虱、扁虱等。硬蜱分布广泛，种类繁多，犬体寄生的蜱主要属于扇头蜱属 (*Rhipicephalus*)、血蜱属 (*Haemaphysalis*)、革蜱属 (*Dermacentor*)、牛蜱属 (*Boophilus*) 等。

病原体　寄生于犬体的硬蜱主要有扇头蜱属的血红扇头蜱 (*R. sanguineus*)、血蜱属的二棘血蜱 (*H. bispinosa*) 和长角血蜱 (*H. longicornis*)、革蜱属的草原革蜱 (*D. nuttalli*) 和牛蜱属的微小牛蜱 (*B. microplus*) 等。其中血红扇头蜱较为常见。

血红扇头蜱，雄虫长约 2.7 ~ 3.3mm，宽约 1.6 ~ 1.9mm。雌虫长宽约 2.8mm × 1.6mm。呈长椭圆形，背腹扁平，由假头与躯体两部分组成。形态特征是：假头基呈三角形，盾板无花斑，有眼，有缘垛，气门板呈逗点状，有肛后沟 (图 6 - 1)。

二棘血蜱，雄虫体长约 1.96mm (包括假头)，宽约 1.26mm；雌虫未吸血时体长约 2.38mm (包括假头)，宽约 1.40mm；长角血蜱，雄虫体长约 2.10 ~ 2.38mm (包括假头)，宽约 1.29 ~ 1.57mm；雌虫未吸血时体长 2.52 ~ 3.00mm (包括假头)，宽约 1.57 ~ 1.75mm (图 6 - 2)。二棘血蜱和长角血蜱均属于血蜱属，其形态特征是有肛后沟，盾板无花斑，无眼，须很短，第二节外展，超出假头基之外。假头呈矩形，雄虫腹面无几丁质板。二者区别是二棘血蜱体型较小，盾板刻点细而较少，基节Ⅱ - Ⅳ内距较短。

草原革蜱，雄虫体长约 6.2mm (包括假头)，宽约 4.4mm；雌虫饱食后体长约 17mm (包括假头)，宽约 11mm。其形态特征是有肛后沟，盾板上有银灰色花斑，有眼，须肢粗短，假头基呈方形，气门板呈卵圆形或逗点形。雄蜱腹面无几丁质板。

微小牛蜱，雄虫虫体长约 1.9 ~ 2.4mm (包括假头)，宽约 1.1 ~ 1.4mm，体中部最宽；雌虫未吸血时体长约 2.1 ~ 2.7mm (包括假头)，宽约 1.1 ~ 1.5mm，饱食后虫体达 12.5mm × 7.8mm。此虫无肛沟，盾板无花斑，有眼，假头基呈六角形，气门板卵圆形 (图 6 - 3)。

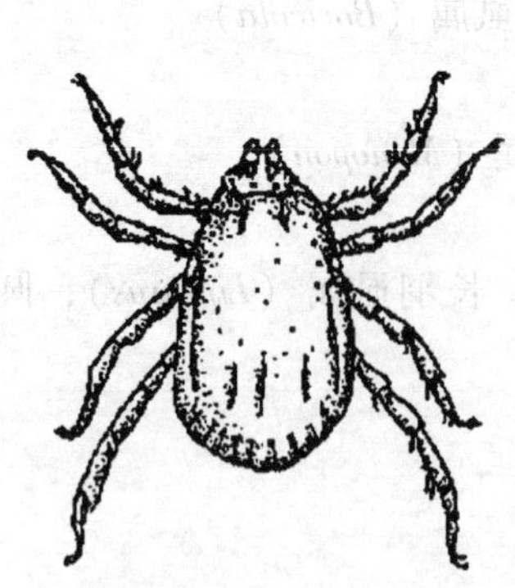

图 6-1　血红扇头蜱雄蜱背面（采自张西臣．动物寄生虫病．第 1 版．吉林人民出版社，2001）

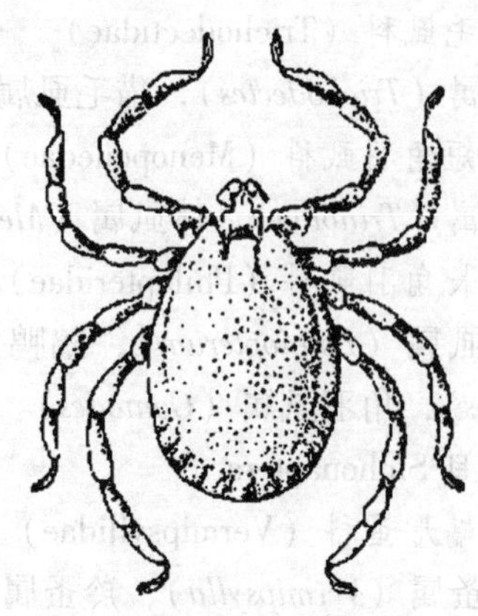

图 6-2　长角血蜱雄蜱背面（采自汪明．兽医寄生虫学．第 3 版．中国农业出版社，2003）

生活史　硬蜱的发育经过不完全变态，分为卵、幼虫、若虫和成虫四个阶段。幼虫、若虫和成虫三个活跃期在动物身上吸血，幼虫变为若虫、若虫变为成虫的过程中要经过蜕皮。

图 6-3　微小牛蜱雄蜱背面（采自汪明．兽医寄生虫学．第 3 版．中国农业出版社，2003）

大多数硬蜱在动物体上交配，雌蜱吸饱血后离开宿主落地，爬到缝隙或土块下产卵。蜱的产卵量与蜱的种类和吸血量有关，可产卵数十个、千余个甚至万个以上。虫卵小，0.5～1mm，卵圆形，黄褐色，常堆集成团，在适宜的条件下，经 2～4 周孵化出幼蜱。幼蜱形似若蜱，但体小，有 3 对足。幼蜱爬到宿主体上吸血，经过 2～7d 吸饱血后蜕皮变为若虫，若虫再侵袭动物，经 3～9d 吸饱血后，蛰伏数十天，蜕化变为成蜱（图 6-4）。

硬蜱生活史的长短因种类不同而异。温度是影响硬蜱发育的重要因素，环境湿度对硬蜱的发育也有明显影响。血红扇头蜱整个生活周期约需 50d，一年可发生三代。硬蜱发育中出于对不良环境条件的适应，还存在滞育现象。

硬蜱的寿命在不同种类或同一种类的不同时期或不同生理状态有明显差别。在饥饿状态下硬蜱寿命最长，一般可生活一年。幼蜱和若蜱寿命较短，通常只能生活 2～4 个月。饱血后的成蜱寿命较短，雄蜱一般可存活 1 个月左右，而雌蜱在产完卵后 1～2 周死亡。

根据吸血时是否更换宿主，硬蜱的发育可分为以下 3 种类型：

一宿主蜱的生活史各期均在 1 个宿主体上完成，如微小牛蜱。

二宿主蜱指整个发育在 2 个宿主体上完成的蜱，即幼蜱在宿主体上吸血并蜕皮变为若蜱，若蜱吸饱血后落地，蜕皮变为成蜱后，再侵袭第 2 个宿主吸血，如某些璃眼蜱。

三宿主蜱种类最多，2 次蜕皮在地面上完成，而 3 个吸血期更换 3 个宿主，即幼蜱在第 1 宿主体上饱血后，落地蜕皮变为若蜱，若蜱再侵袭第 2 宿主，饱血后落地蜕皮变为成蜱，成蜱再侵袭第 3 宿主吸血，如血红扇头蜱、二棘血蜱、长角血蜱、草原革蜱等。

流行病学　蜱的分布与气候、地势、土壤、植被和宿主等有关，各种蜱均有一定的地

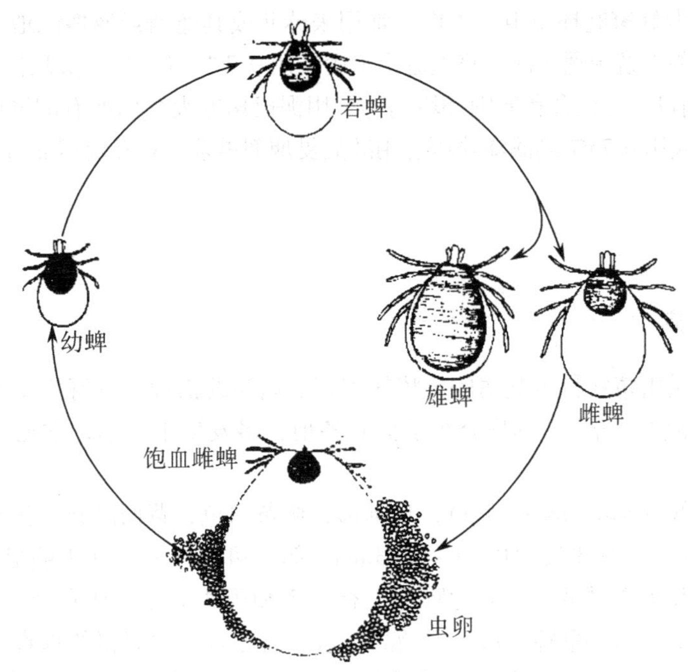

图 6 -4 硬蜱的生活史
（采自汪明．兽医寄生虫学．第 3 版．中国农业出版社，2003）

理分布区。血红扇头蜱主要生活在农区和野地，在我国多数省份均有分布。

硬蜱活动有明显的季节性，在四季变化明显的地区，多数在温暖季节活动。血红扇头蜱活动季节为每年的 4 ~ 9 月，饥饿成虫可越冬。

危害 硬蜱对肉犬养殖业危害较大，家庭养犬中较少见。

硬蜱的直接危害是吸食血液。蜱的吸血量很大，雌虫饱食后体重可增加 50 ~ 250 倍，大量寄生，犬出现贫血，造成犬生长发育缓慢，甚至引起幼犬死亡。

硬蜱主要寄生在犬体的内耳、外耳、耳沟、眼四周及四肢的脚趾分叉处。犬被叮咬时皮肤损伤，痛痒不安，经常摩擦、抓挠或啃咬皮肤，导致寄生部位出血、水肿、发炎和角质增生，或继发伤口蛆病。由于大量吸食血液，引起贫血、消瘦、发育不良等。硬蜱的毒素注入犬体内可引起肌肉麻痹，导致瘫痪，大量的硬蜱寄生于犬后肢时，可引起后肢麻痹；寄生在趾间，可引起跛行。

蜱还能传播多种病毒、细菌、螺旋体和某些原虫病等，很多为人畜共患病的病原体，如血孢子虫病、出血热、布氏杆菌病、巴贝斯虫病、埃利希氏病等。

防治 硬蜱的繁殖能力和传播能力很强，犬舍和繁殖场所一旦感染很难净除。所以在宠物店购买的犬很有可能感染硬蜱。畜主购犬后要仔细梳理检查犬的被毛，发现蜱后可用手捉或用煤油、凡士林等油类涂于寄生部位，使蜱窒息后用镊子拔除。拔出时应使蜱体与犬的皮肤成垂直状，以避免蜱的口器断落在犬体内，引起局部炎症。捉到的蜱应立即杀死。如有大量蜱寄生，应进行药浴，或清洗被毛后撒药粉进行治疗。常用 0.025% 二甲脒、0.1% 辛硫磷、0.05% 蝇毒磷、1% 敌百虫、0.5% 毒杀芬、0.5% 马拉硫磷等药液对犬的体表进行喷洒、药浴或洗刷，注意防止犬舔食。

家庭养犬要做好家庭环境卫生工作，常用来苏儿或其他消毒液擦洗地面。犬场要锄净周围杂草，将排粪系统疏通干净，将犬赶出犬舍，用0.2%～0.4%的敌敌畏溶液，按每立方米20～40mg的用量，对栏舍和周围环境消毒。用泥巴堵塞犬舍内所有的缝隙和裂口，然后用石灰乳粉刷，或用0.75%滴滴涕喷洒、用敌敌畏烟剂熏杀。对发现感染的犬隔离治疗。

二、螨病

（一）疥螨病

犬猫疥螨病是由疥螨科疥螨属的犬疥螨和背肛螨属的猫背肛螨寄生于犬、猫皮肤内所引起的疾病，又称为“癞”。本病分布于世界各地，多发生于冬季，常见于卫生条件差的犬、猫。

病原体　疥螨（*Sarcoptec scabiei*），呈圆形，微黄白色，背面隆起，腹面扁平。雌螨体长0.30～0.40mm，雄螨体长约0.19～0.23mm。躯体可分为两部（无明显界限），前为背胸部，有第1对和第2对足，后为背腹部，有第3和第4对足，体背面有细横纹、锥突、圆锥形鳞片和刚毛。口器呈蹄铁形，咀嚼式；假头后方有一对短粗的垂直刚毛，背胸上有一块长方形的胸甲。肛门位于背腹部后端的边缘上。躯体腹面有4对短粗的足，第3、4对不突出体缘。在雄螨的第1、2、4对足上，雌螨在第1、2对足上各有一个盂状吸盘，长在一根中等长短的盘柄的末端。在雄螨的第3对足和雌螨的第3、4对足的末端，各有一根长刚毛（图6－5）。

猫背肛螨（*Notoedres cati*），比疥螨小，雄虫为0.122～0.147mm，雌虫为0.170～0.247mm，圆形，背面的锥突、鳞片和刚毛等均比疥螨细小，数目亦较少，肛门位于背面。虫体寄生于猫的面部、鼻、耳及颈部，也叫做“耳疥螨”（图6－6）。

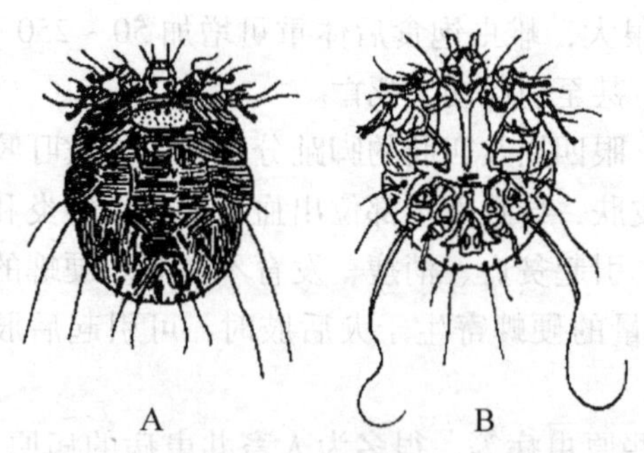

图6－5　疥螨（采自张宏伟．动物寄生虫病．第1版．中国农业出版社，2006）

A. 疥螨雌虫背面　B. 疥螨雄虫腹面

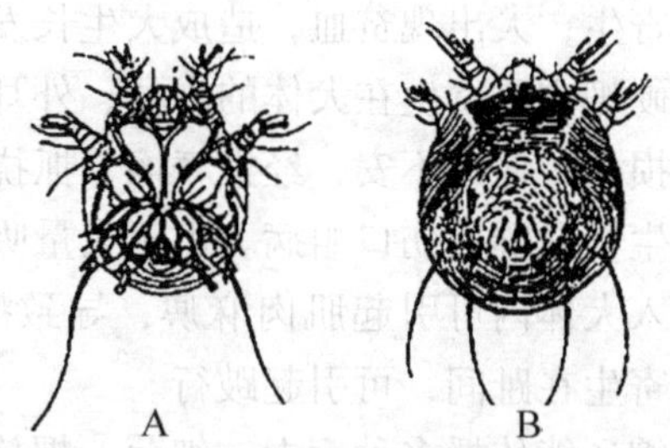

图6－6　背肛螨（采自张西臣．动物寄生虫病．第1版．吉林人民出版社，2001）

A. 背肛螨雄虫腹面　B. 背肛螨雌虫背面

生活史　疥螨属于不完全变态，发育过程包括卵、幼虫、若虫和成虫四个阶段，其中雄螨有一个若虫期，雌螨有两个若虫期。

雌虫和雄虫在皮肤表面交配后，雄虫死亡，雌虫在宿主表皮内挖凿与体表平行的蜿蜒隧道，在此产出虫卵（图6－7）。雌虫每天产卵1～2粒，持续4～5周，可产卵40～50粒，留在雌螨挖进途中的隧道中。卵一般经3～4d孵化为幼虫，离开隧道，沿毛囊和毛孔钻入皮肤，经3～4d蜕皮发育为若虫。若虫有大小两型，小型若虫为雄性若虫，在皮肤浅穴道中蜕皮成为雄螨；大型若虫为雌性第一期若虫，有4对足，经蜕皮发育为雌性第二期若虫，再蜕皮成为雌螨。雌螨的寿命为4～5周。疥螨整个发育过程8～22d，平均15d。

猫背肛螨的生活史与疥螨相似。

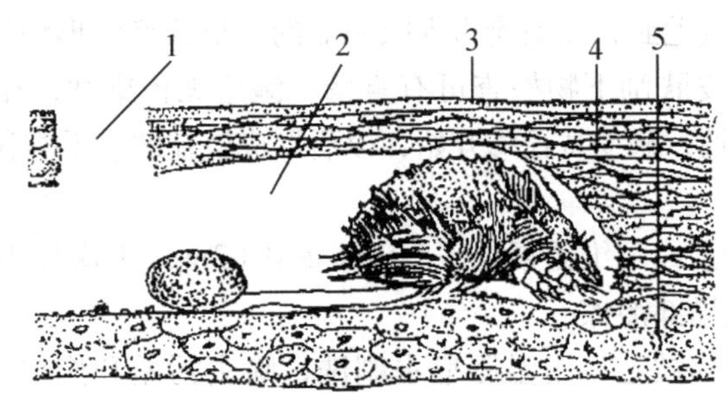

图6-7　疥螨在皮肤内挖凿隧道

（采自汪明．兽医寄生虫学．第3版．中国农业出版社，2003）

1. 隧道口　2. 隧道　3. 皮肤表面　4. 角质层　5. 细胞层

流行病学

健犬与病犬直接接触或通过被疥螨及其虫卵污染的犬舍、用具等间接接触引起感染。另外，饲养人员或兽医人员的衣服和手等也可机械传播病原。

犬疥螨可以暂时地侵袭人，引起皮肤瘙痒以及丘疹性皮炎，但虫体不能在人身上繁殖，因此很快便可自愈。

雌虫产卵数量虽然较少，但发育速度很快，在适宜的条件下1～3周即可完成1个世代。条件不利时停止繁殖，但长期不死，常为疾病复发的原因。螨在宿主体上遇到不利条件时可进入休眠状态，休眠期长达5～6个月，此时对各种理化因素的抵抗力强。离开宿主后可生存2～3周，并保持侵袭力。虫卵离开宿主后10～30d，仍保持发育能力。

疥螨病主要发生在冬季、秋末和夏初。因此时，日光照射不足，动物毛长而密，特别在犬舍潮湿、犬猫体卫生状况不良时，最适合疥螨的发育繁殖。夏季虫体大部分死亡，仅有少数潜伏在耳壳、系凹、蹄踵、腹股沟部以及被毛深处，成为最危险的感染来源。幼龄犬猫易患螨病且病情较重，成年后有一定的抵抗力，但往往成为感染来源。

症状　犬疥螨病潜伏期的长短依疥螨的数目以及条件而定，通常波动于几天至数月之间。本病主要发生在鼻梁、眼眶、耳廓的基底部等，有时也可能起始于前胸、腹下、腋窝、大腿内侧和尾根，然后蔓延至全身。病初在皮肤上出现红斑，接着发生小结节，特别是在皮肤较薄处，还可见到小水疱甚至脓疱。此外，有大量麸皮状脱屑或湿疹，使皮肤肥厚，被毛脱落。病变皮肤表面覆有痂皮，除掉痂皮时皮肤呈鲜红色且湿润，往往伴有出血。增厚的皮肤特别是面部、颈部和胸部的皮肤常形成皱褶。剧痒贯穿于整个疾病过程中，当气温上升或运动后引起体温升高时则痒觉更为剧烈。由于皮肤发痒，病犬终日啃咬、摩擦，烦躁不安，影响正常的采食和休息，并使胃肠消化、吸收机能降低，病犬日见消瘦，继之陷于恶病质，重者则死亡。

猫背肛螨主要寄生在猫的面部、鼻、耳以及颈部等处。感染严重时，使皮肤增厚、龟裂，出现棕色痂皮，常引起死亡。

诊断 对有明显症状的螨病，根据发病季节、剧痒、患病皮肤的变化等可确诊。症状不明显时，需采皮肤刮取物检查，发现螨虫即可确诊。

除疥螨病外，钱癣（秃毛癣）、湿疹、过敏性皮炎等皮肤病及虱与毛虱寄生时也有皮炎、脱毛、落屑、发痒等症状，应注意鉴别。虱和毛虱寄生时，皮肤病变不如疥螨病严重，眼观检查体表可发现虱或毛虱；秃毛癣为界限明显的圆形或椭圆形病灶，覆盖易剥落的浅灰色干痂，痒觉不明显，皮肤刮下物检查可有真菌；湿疹无传染性，在温暖环境中痒觉不加剧；过敏性皮炎无传染性，病变从丘疹开始，以后形成散在的小干痂和圆形秃毛斑。

治疗

注射治疗 伊维菌素或阿维菌素，每千克体重0.02mg，1次皮下注射，间隔10d再注射1次。或用其浇泼剂局部涂擦。

局部治疗 剪去患部被毛，用温肥皂水刷洗，除去污垢和痂皮，用抗皮脂香波清洗，去掉一些碎屑，用杀螨剂涂擦。常用药物：

5%溴氰菊酯，配成0.005%~0.008%溶液，局部涂擦，间隔7~l0d，再用1次。

10%硫磺软膏，涂于患部，每日1次，连用多次。

如瘙痒症状严重，可使用皮质激素类药物或抗组胺类药物；如有皮肤开裂，应用抗生素以防细菌感染。

局部治疗时如果遗漏一个小的患部都可造成疾病继续蔓延，因此在用药前应仔细检查，避免遗漏。

治疗螨病的药物，大多数对螨卵没有杀灭作用，因此涂药需进行2~3次，每次间隔5~7d，以便杀死新孵出的幼虫。

药浴疗法 用杀螨剂药浴，如0.25%氯丹悬浮液，0.05%双甲脒溶液、0.005%溴氢菊酯溶液、0.025%螨净溶液等。一周后重复用药一次。

预防 犬舍要宽敞、干燥、通风、采光良好，并应经常打扫，至少每两周用杀螨药物对犬舍和用具消毒一次。

感染的犬猫隔离治疗，与其接触的饲养管理人员和兽医要做好个人防护，经常消毒。治愈病畜应继续隔离观察20d，对未复发者再进行一次杀螨处理，方可混群。

（二）犬、猫耳痒螨病

耳痒螨病是由痒螨科耳痒螨属的犬耳痒螨寄生于犬、猫外耳道中所引起的疾病。此病世界分布，犬、猫感染较为普遍，还可感染雪貂和红狐。

病原体 犬耳痒螨（*Otodectes cynotis*），呈椭圆形，雄虫体长0.35~0.38mm，雌虫体长是0.46~0.53mm，口器短圆锥形，刺吸式，4对肢较长。雄螨每对肢末端和雌螨第1、2对肢末端均有带柄的吸盘，柄短，不分节。雌螨第4对肢不发达，不突出于体缘。雄螨尾突不发达，上具有长毛（图6-8）。

生活史 痒螨以患部渗出物和淋巴液为营养。发育过程与疥螨相似。雌螨采食1~2d后开始产卵，一生约产卵40个。条件适宜时，整个发育需10~12d，条件不利时可转入5~6个月的休眠期，以增加对外界的抵抗力。寿命约42d。

流行病学

与疥螨相似。

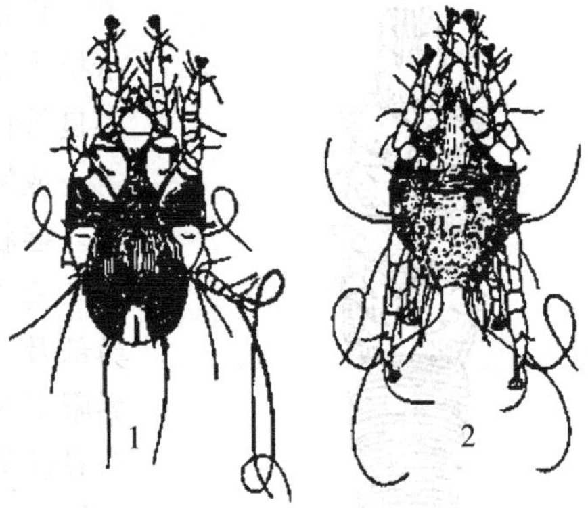

痒螨具有坚韧角质表皮，对不利因素的抵抗力超过疥螨，在 6 ~ 8℃ 和 85% ~100% 湿度条件下，畜舍中的痒螨能存活 2 个月，−12 ~ −2℃ 经 4d 死亡。在 −25℃ 时约 6h 死亡。

症状　剧烈瘙痒，犬、猫甩头，常以前爪挠耳，造成耳部淋巴外渗或出血，常见耳部血肿和淋巴液积聚于耳部皮肤下，外耳道内有厚的棕黑色痂皮样渗出物堵塞。有时由于细菌的继发感染，病变可深入中耳、内耳及脑膜等。中耳炎蔓延至脑部时，可引起脑炎，病犬癫狂。后期可能蔓延到额部及耳壳背面。

图 6 −8　犬耳痒螨（采自张西臣．动物寄生虫病．第 1 版．吉林人民出版社，2001）

1. 雌虫　2. 雄虫

诊断　根据病史、同群动物有无发病及临床症状，做耳内皮屑和渗出物检查，发现螨或螨卵可确诊。

病原体检查方法：用耳镜检查耳道可发现细小的白色或肉色的耳痒螨在暗褐色的渗出物上运动，用放大镜或在低倍显微镜下检查渗出物可见犬耳痒螨。

治疗　在麻醉状态下，向耳内滴入石蜡油，溶解并清除耳道内渗出物。在耳内滴注或涂擦杀螨药物，同时配以抗生素滴耳液辅助治疗。也可以用伊维菌素或阿维菌素注射液，每千克体重 0.2mg，皮下注射。较严重病犬，全身用杀螨剂处理。

预防　隔离患病的犬、猫，并对同群的所有动物进行药物预防。

（三）蠕形螨病

犬蠕形螨病是由蠕形螨科蠕形螨属的犬蠕形螨和猫蠕形螨分别寄生于犬、猫的毛囊和皮脂腺里引起的皮肤病，均为世界性分布。

病原体　犬蠕形螨（*Demodex canis*），虫体细长，呈蠕虫状，半透明乳白色，雄螨体长为 0.22 ~ 0.25mm，宽约 0.04mm，雌螨长 0.25 ~ 0.3mm，宽 0.14mm。虫体分为前、中、后三部分，口器位于前部，呈蹄铁状突出，其中含 1 对三节组成的须肢，1 对刺状螯肢和 1 个口下板，中部有 4 对很短的足。后部细长，上有横纹密布。雄虫的生殖孔开口于背面，雌虫的生殖孔在腹面（图 6 −9）。

生活史　蠕形螨全部发育过程都在宿主体上进行，属不完全变态，包括卵、幼虫、若虫和成虫阶段。雌虫在毛囊或皮脂腺内产卵，卵约经 2 ~ 3d 孵出有 3 对足的幼虫，幼虫约经 1 ~ 2d 蜕皮变为有 4 对足的第一期若虫，再经 3 ~ 4d 变成第二期若虫，约经 2 ~ 3d 蜕皮变为成螨。整个生活史约需 14 ~ 15d。成螨多先寄生发病皮肤毛囊的上部，而后在毛囊底部，很少寄生于皮脂腺内。犬蠕形螨除寄生于毛囊内外，还能生活在犬的组织和淋巴结内，并部分在那里繁殖。

流行病学

本病多发生于 5 ~ 6 月龄的幼犬。直接接触病犬、猫或通过媒介物的间接接触而引起本病传播。

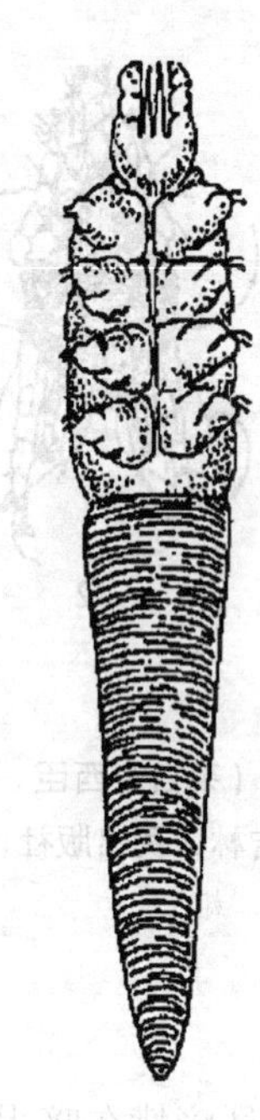

图6－9　犬蠕形螨腹面
（采自张西臣．动物寄生虫病．吉林人民出版社，2001）

正常犬、猫体表有少量蠕形螨存在，当机体应激、抵抗力低下时，或者在皮肤卫生差，环境潮湿，通风不良等情况下，蠕形螨大量繁殖，引起疾病。

成螨在外界抵抗力较强，在盯聍内可存活4个月。

症状　犬蠕形螨病可为分鳞屑型和脓疱型两型。

鳞屑型　多发生于眼睑及其周围、口角、额部、鼻部及颈下部，肘部、趾间等处。患部脱毛，秃斑，界限极为明显，并伴以皮肤轻度潮红和发生银白色具有黏性的皮屑，皮肤显得略微粗糙而龟裂，或者带有小结节。随病情发展，患部色素沉积，皮肤增厚、发红，覆有糠皮样鳞屑，随后，皮肤呈蓝灰白色或红铜色。患部几乎不痒，有的长时间保持不变，有的转为脓疱型。

脓疱型　有的是从鳞屑型转变而来，有的病初就是脓疱型。多发于颈、胸、股内侧及其他部位，后期蔓延全身。体表大片脱毛，大片红斑，皮肤肥厚形成皱褶。患部充血肿胀，产生麻子大的硬结节，逐渐变成脓肿，有弥漫性小米至麦粒大的脓疱疹，脓疱呈蓝红色，压挤时排出脓汁，内含大量蠕形螨和虫卵。脓疱破溃后形成溃疡，结痂，有难闻的恶臭。脓疱型几乎也没有瘙痒。若有剧痒，则可能是混合感染。病犬身体消瘦，最终死于衰竭、中毒或脓毒症。

猫蠕形螨病主要表现为在眼睑、眼的周围、头部、耳及颈部等的一处或数处出现局限性红斑性脱毛症状，有的与健康部位界限明显，而有的则不清楚。此外，根据发病情况不同，出现落屑、结痂、继发感染引起脓皮病和色素沉着等。蔓延到全身的情况极其罕见。有的学者将猫耳垢性外耳炎的病因归结于毛囊蠕形螨。

诊断　根据病史和临床症状建立初步诊断。切破皮肤上的结节或脓疱，取其内容物做涂片镜检，发现病原体可确诊。

治疗　局部病变的，可在局部应用杀螨剂，如鱼藤酮、苯甲酸酯或过氧化苯甲酰凝胶进行涂擦，一直用到长出新毛为止。全身病变有深部化脓的，可用抗生素；剪去患处被毛，移去硬痂，用消毒药进行药浴，并用洗发香波清洗。

常用药物：

双甲脒　只用于犬，9%的剂型以每千克体重500～1 000mg饲喂，每周用药1次，共用8～16周。此药有短时的镇静作用，用药后至少24h内不要惊吓动物。4月龄的犬用药后，不能做交配、繁殖。

5%碘酊外用，每天6～8次。

苯甲酸苄酯33ml，软肥皂16g，95%酒精51ml，混合，每天涂擦1次，连用3d。

2%硫酸石灰水溶液　用于猫药浴，间隔5～7d进行一次。

伊维菌素　每千克体重0.05mg，皮下注射，每周1次，连续使用。

预防　注意犬、猫舍内的卫生，保持干燥、通风；全价饲养，增强机体的抵抗力；病犬和猫隔离治疗；有全身蠕形螨病的犬和猫，禁用于繁殖后代。患病期间禁喂鱼类、火腿肠、罐头制品等含有不饱和脂肪酸的食物。

三、昆虫病

（一）虱病

犬、猫的虱病是由虱目血虱亚目和食毛亚目的虱寄生于犬、猫体表所引起的外寄生虫病。

病原体 国内寄生于犬的虱主要有两种，即犬棘颚虱和犬啮毛虱。

犬棘颚虱（*Linognathus setosus*）属于血虱亚目颚虱科颚虱属，呈淡黄色，刺吸式口器，头圆锥形，较胸部狭窄，腹大于胸，触角短，通常由5节组成，眼退化，足3对较粗短，其末端有一强大的爪，腹部有11节，第1、2节多消失。雄虱长1.75mm，末端圆形，雌虱长2.02mm，末端分叉。虫体以血液、淋巴为食。

犬啮毛虱（*Trichodecs canis*）属于食毛亚目毛虱科毛虱属，呈淡黄褐色，具褐色斑纹，咀嚼式口器，头扁圆宽于胸部，腹大于胸，腹部明显可见由8或9节组成，每一腹节的背面后缘均有成列的鬃毛。触角1对，足3对较细小，足末端有一爪。雄虱长1.74mm，雌虱长1.92mm。不吸血，以毛、皮屑等为食。

寄生于猫的虱主要是近状猫毛虱（*Felicola subrostatus*），属于毛虱科毛虱属，虫体呈淡黄色，腹部白色，并具明显的黄褐色带纹，咀嚼式口器，头呈五角形，较犬啮毛虱稍尖些，胸较宽，有触角1对，足3对。以皮肤碎屑为食。

生活史 各种虱发育过程基本相同，为不完全变态，其发育过程包括卵、若虫和成虫三个阶段，终生不离开宿主。雌雄交配后雄虱即死亡，雌虱于2~3d后开始产卵，每只虱一昼夜产卵1~4枚。卵黄白色，（0.8~1.0）mm×0.3mm，长椭圆形，有卵盖，黏附于被毛上。雌虱产卵期2~3周，共产卵50~80枚，卵产完后即死亡。卵经9~20d孵化出若虫。若虫分3龄，每隔4~6d蜕化1次，3次蜕化后变为成虫。

流行病学

虱具有严格的宿主特异性，一般不会混合感染。每种虱在体表又有特定的寄生部位。

犬、猫通过直接接触患病动物或接触被虱污染的房舍、用具、垫草等物体而被感染。圈舍拥挤，卫生条件差，营养不良及身体衰弱的犬、猫易患虱病。

冬春季节，犬、猫的绒毛增厚，体表湿度增加，造成有利于虱生存繁殖的条件，易于本病流行。

犬啮毛虱是犬复殖孔绦虫的中间宿主，可以传播此病。

症状 虱栖身活动于体表被毛之间，刺激皮肤神经末梢，犬颚虱吸血时还分泌含毒素的唾液，从而使犬剧烈瘙痒，引起不安，常啃咬搔抓痒处而出现脱毛或创伤。病变可继发湿疹、丘疹、水泡及化脓性皮炎等。严重时食欲不振，睡眠不安，消瘦衰竭，影响幼犬的发育。

猫毛虱一般只引起老猫、病猫和野猫发病，症状与犬虱相似。

诊断 虱多见于犬、猫的颈部、耳翼及胸部等避光部位，仔细检查，易于发现虱和虱卵，即可作出诊断。

治疗

1%敌百虫　药浴或局部涂布，但虫卵不易杀死，应于10~14d后重复用药1次。

伊维菌素　每千克体重0.2mg，皮下注射。

0.5%西维丹　涂擦患部。

0.1%林丹　涂擦患部。

如湿疹或继发感染时，可用氨苄青霉素5~10mg/kg肌肉注射。剧烈瘙痒者，用泼尼松0.5~1.0mg/kg肌肉注射或酮替芬0.02~0.04mg/kg肌肉注射。

预防　保持犬舍、猫舍干燥及清洁卫生，并搞好定期消毒工作，常给犬、猫梳刷洗澡；发现有虱者，及时隔离治疗；做好检疫工作，无虱者方可混群。

（二）蚤病

犬、猫蚤病是由蚤科栉首蚤属的蚤类寄生于犬、猫等体表所引起的皮肤病。猫栉首蚤（*Ctenoephalides feli*）主要寄生于猫和犬，而犬栉首蚤（*C.* canis）只限于家犬和野生犬科动物，两种蚤均可寄生于人体。

病原体　蚤目昆虫一般称为跳蚤。栉首蚤的个体大小变化较大，雌蚤长，有时可超过2.5mm，雄蚤则不足1.0mm，两性之间大小可相差一倍。雌蚤吸血后腹部不膨大，跳跃能力极强。蚤为深褐色，体表有较厚的几丁质外皮，刺吸式口器。头小，与胸紧密相连。触角短而粗，分三节，平卧于触角沟内。胸部小，有能活动的三个胸节。足大而粗，基节甚大，有五个跗节，上有粗爪。腹部由十节组成，通常只见前七节，后三节变为外生殖器（图6-10）。卵为白色，呈小球形。

生活史　蚤的发育属于完全变态，包括卵、幼虫、蛹、成虫四个阶段。雌蚤在宿主被毛上产卵，卵很快从毛上掉下，在适宜的条件下经2~4d孵化为幼虫。幼虫有3龄，1龄幼虫和2龄幼虫以植物性物质和动物性物质（包括成蚤的排泄物）为食，3龄幼虫不食，吐丝做茧。茧为卵圆形，肉眼不易发现，常附着于犬、猫垫料上，数天后化蛹。幼虫期大约需2周。蛹期一般1~2周，蛹羽化，成蚤破茧而出。成蚤羽化后立即交配，然后开始吸血，并在1~2d后产卵（图6-11）。雌蚤一生可产卵数百个。在适宜的温度和湿度下，从卵发育到成虫需18~21d。蚤的寿命约为1~2年。

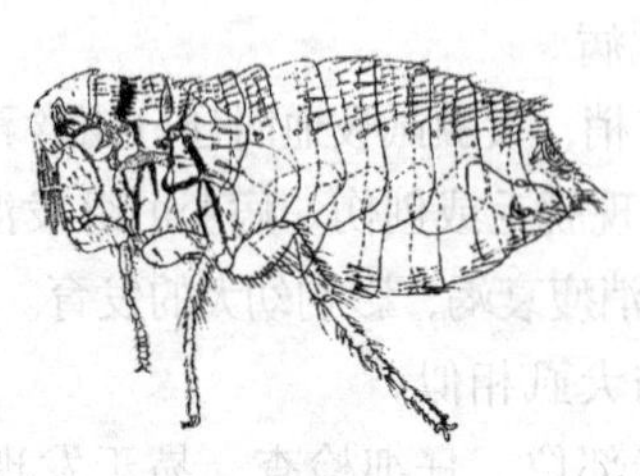
图6-10　雌蚤侧面

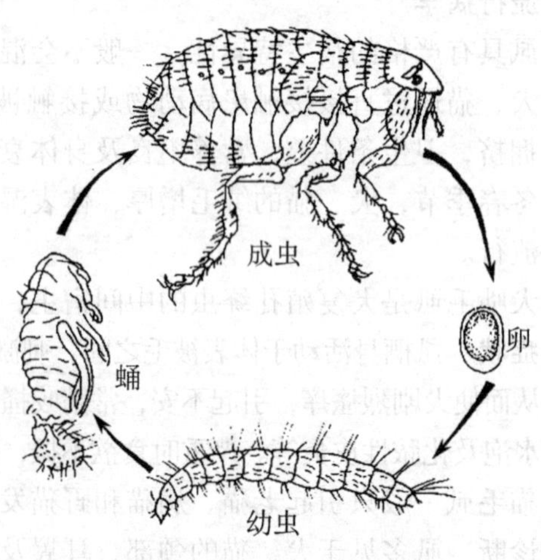

图6-11　蚤的生活史

流行病学

犬、猫通过直接接触或进入有成蚤的地方而发生感染。

成蚤的抵抗力较强，在低温、高湿度的条件下，不吃食也能存活一年或更长时间，但在高温低湿度的条件下，几天后死亡。

栉首蚤是犬复殖孔绦虫、人缩小膜壳绦虫的中间宿主，可以传播这些绦虫病。

栉首蚤可以感染人，在人的皮肤叮咬、吸血。

症状　蚤多寄生于犬、猫的尾根、腰荐背部、腹后部等，主要症状为瘙痒。蚤刺螯吸血初期引起皮炎，可见丘疹、红斑和瘙痒，动物不安、啃咬、摩擦皮肤，引起脱毛、断毛和擦伤，重症的皮肤磨损处有液体渗出，甚至形成化脓创。

蚤的唾液可成为变应原，使寄生部位皮肤发生直接迟发型变态反应，形成过敏性皮炎，时间较长时，则脱毛、落屑，形成痂皮，皮肤增厚，有色素沉着。在犬背中线的皮肤及被毛根部，附着黑色、煤焦样颗粒，为通过蚤体而排泄的血凝块。皮肤破溃，下背部和脊柱部位有粟粒大小的结痂。

蚤寄生严重时，可引起贫血。

诊断　根据临诊症状可初步确诊。

病原检查时应仔细检查颈部、尾根部被毛。检查方法：逆毛生长方向梳起被毛，观察毛根部及皮肤，发现蚤和蚤的黑色排泄物即可确诊。也可用一张湿润白纸，放在被检犬、猫身下，用梳子梳理被毛，蚤的黑色排泄物即不断落在白纸上，由此可确诊。

体内感染犬复殖孔绦虫，粪便检查时检出绦虫节片或虫卵的犬，体表一般有蚤寄生，应仔细检查被毛和皮肤。

治疗　许多杀虫剂都可杀死犬、猫的跳蚤，但杀虫剂都有一定的毒性，猫对杀虫剂比犬敏感，用时需加以注意。

有机磷酸盐　此类化合物中，有些是非常有效的杀虫剂，但毒性较大。现已发现对此类药物产生耐药性的蚤群。

氨基甲酸酯　对蚤非常有效，比有机磷杀虫剂毒性略小。

除虫菊酯类　毒性较小，但接触毒性表现得快而强烈，可用于幼犬和幼猫。

伊维菌素类　每千克体重0.2mg，皮下注射。毒性较小，是目前较好的杀蚤药物。

一般杀虫剂只可以杀灭蚤的成虫，卵具有很强的抗药性，难以杀死，因此必须连续喷洒药物，一般每周1次，连续1个月。

对过敏性皮炎和剧烈瘙痒的病犬，投以泼尼松、扑尔敏及抗生素。脱屑或慢性病例，可用洗发液全身清洗，涂布肾上腺皮质激素软膏及抗生素软膏，以促进痊愈。

预防

（1）对同群犬、猫进行驱虫。

（2）对周围环境进行药物喷雾或应用杀虫剂，清扫地毯和犬、猫的垫料。

（3）注意环境卫生，保持环境干燥、通风。

（4）平时注意搞好犬、猫的卫生，常洗澡、勤梳理，多晒太阳。

（5）佩戴含有有机磷或甲萘威的“杀蚤药物项圈”，以预防蚤病。

（邹洪波）

第二节　鸟类蜱螨与昆虫病

一、软蜱

蜱为外寄生虫，以吸血为食。软蜱科的蜱通常称为软蜱。软蜱白天隐匿于动物的窝巢、房舍及其附近的砖石下或树木的缝隙内，夜间活动和侵袭动物吸血，大量寄生时可使动物消瘦、生长缓慢、贫血甚至造成死亡。

形态特征　虫体扁平，卵圆形或长卵圆形，体前端较窄。未吸血前为黄灰色，饱血后为灰黑色。饥饿时期大小、形态略似臭虫，饱血后体积增大不如硬蜱明显。雌雄虫体的形态极相似，雄蜱较雌蜱小，雄性生殖孔为半月形，雌性为横沟状。虫体基本结构可分为假头与躯体两部分（图 6 – 12、图 6 – 13）。

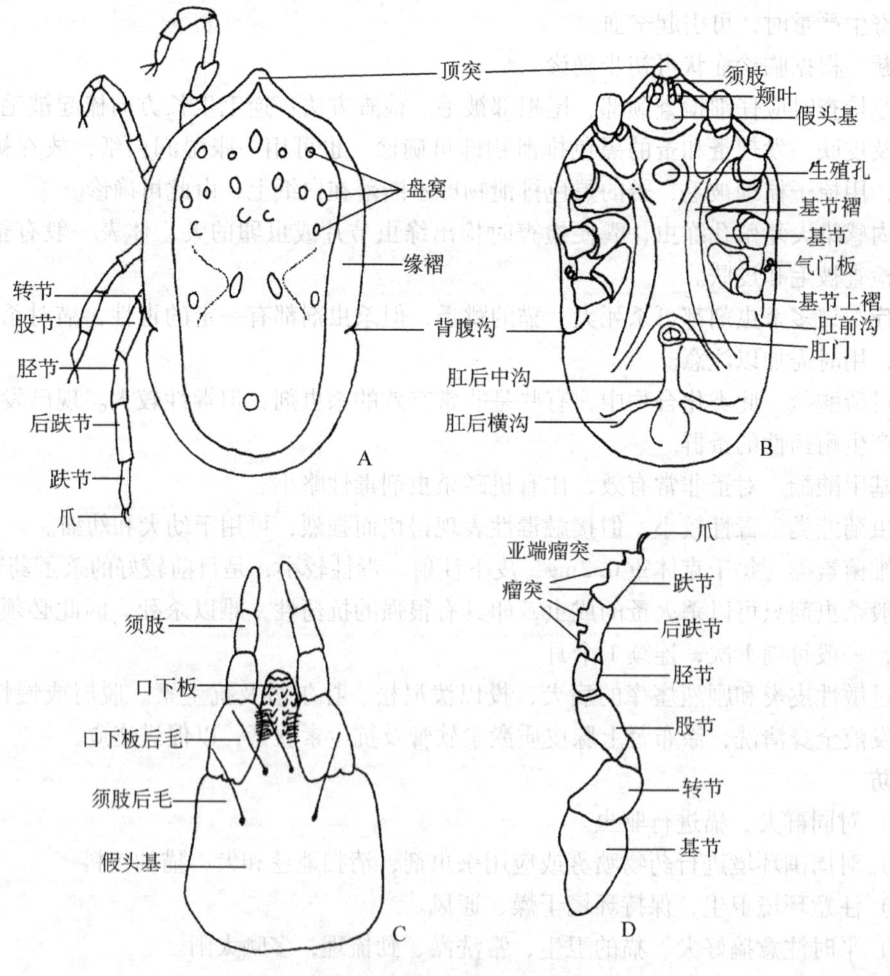

图 6 – 12　软蜱形态

（采自孔繁瑶．家畜寄生虫学．第 2 版．中国农业大学出版社，1997）

A. 背面　B. 腹面　C. 假头　D. 足

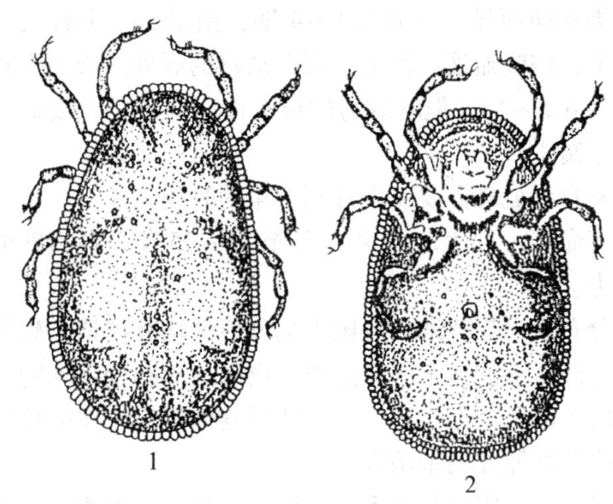

图 6－13 软蜱（采自张宏伟．动物疫病．中国农业大学出版社，2001）

1. 背面 2. 腹面

假头（capitulum），在虫体腹面，隐于前端的头窝内，从背面看不见。头窝两侧各有1对叶片称为颊叶。假头基小，近方形，无孔区。须肢为圆柱状，游离而不紧贴于螯肢和口下板两侧，共分4节，可自由转动。口下板不发达，其上的齿较小，螯肢结构与硬蜱相同。

躯体（idiosoma），躯体背面无几丁质板，故称软蜱。表皮为革状，结构因属或种不同，或具颗粒状小疣，或具皱纹、或具乳状突、或具盘状凹陷。大多无眼，如有眼也极小，位于第2，3对足基节外侧。气门板小，位于第4对足基节的前外侧。生殖孔位于腹面的前部，两性特征不显著。肛门位于体中部或稍后，有些软蜱尚有肛前沟和肛后中沟及肛后横沟，分别位于肛门的前后方。足的结构与硬蜱相似。但各基节都无距，跗节和后跗节背缘或具有几个瘤节，其数目、大小为分类依据。跗节虽有爪，但无爪垫。成虫及若虫足基节Ⅰ～Ⅱ之间有基节腺的开口。基节腺液的分泌，有调节水分和电解质及血淋巴成分的作用。在吸血时，病原体也随基节腺液的分泌污染宿主伤口而造成感染，例如钝缘蜱属的一些种类。

分类 与鸟类关系密切的有两个属，即锐缘蜱属和钝缘蜱属。

锐缘蜱属（*Argast*）体缘薄锐，饱血后仍较明显。虫体背腹面之间，以缝线为界，缝线由许多小的方块或平行的条纹构成，其形状在分类上具有重要意义。鸟类常见的种类：

波斯锐缘蜱（*A. persicus*），又称鸡蜱。可侵袭多种家禽、鸽、金丝雀和多种野生鸟及人。

翘缘锐缘蜱（*A. reflexus*），主要寄生于家鸽和野鸽，家鸡和其他家禽以及麻雀、燕子等鸟类也有寄生，也侵袭人。

钝缘蜱属（*Ornithodoros*），体缘圆钝，饱血后背面常明显隆起。虫体背腹面之间体缘无缝线。鸟类常见的种类有钝缘蜱（*Ornithodorus*），主要侵袭野鸟。

生活史

发育过程 软蜱的发育经虫卵、幼虫、若虫和成虫四个阶段。软蜱一生多次产卵，每次产卵数个至数十个，一生产卵不超过1 000个。由虫卵孵出幼虫，经吸血后蜕变为若虫，若虫蜕皮的次数随种类不同而异，一般为1~4期，由最后一个若虫期变为成虫。软蜱只在吸血时才到宿主身上，饱吸血液后落下，藏在动物的居处。吸血多在夜间，软蜱在宿主身上吸血的时间一般为0.5~1h，但软蜱的幼虫吸血时间较长。成蜱一生可吸血多次，每次饱吸血液后落下藏于窝中。

发育时间　从卵发育到成蜱需要4个月到1年的时间。

虫体寿命　软蜱寿命长，可达5~7年，甚至15~25年。各活跃期均能长期耐饿，对干燥有较强的适应能力。

流行病学　本病分布于世界各地。我国大部分地区均有报道。软蜱白天隐匿于鸟类的窝巢、房舍及其附近的砖石下或树木的缝隙内，夜间活动和侵袭动物吸血，但幼虫的活动不受昼夜限制。软蜱的各活跃期都是鸡、鸭、鹅螺旋体病病原体的传播者，并可作为布氏杆菌病、炭疽和麻风病等病原体的带菌者。

危害　软蜱吸血量大，危害十分严重，可使鸟类贫血，消瘦，衰弱，生长缓慢，并能引起蜱性麻痹，甚至造成死亡。

治疗　可选用以下方法：

药液喷洒　20%杀灭菊酯乳油按3 000~4 000倍用水稀释，或2.5%敌杀死乳油（溴氰菊酯）按400~500倍用水稀释，或10%二氯苯醚菊酯乳油按4 000~5 000倍用水稀释，直接向患鸟体上喷洒，均有良好效果。一般间隔7~10d再用药一次，效果更好。

粉剂涂撒　3%马拉硫磷、2%害敌虫、5%西维因粉剂，在寒冷季节可向动物体涂洒，小动物每头10~20g，间隔10d涂撒一次。

防治措施

灭蜱　主要是用药物杀灭易感宿主体上及其栖居、活动场所中的软蜱。

加强管理　定期检查鸟群是否有蜱，一旦发现用药物治疗。在蜱大量活动季节，把鸟养在室内，有条件的可用防蚊帐纱。平时要搞好环境卫生，某些喜欢砂浴的鸟，砂要加热消毒后再用，经常水浴的鸟，水要清洁卫生，在砂中或水中定期地放少许硫磺石灰粉可起到一定的作用。

二、螨病

（一）皮刺螨病

皮刺螨病是由蛛形纲蜱螨目刺皮螨科的螨寄生于多种鸟类的羽毛间引起的疾病，以吸血为食，也可侵袭人吸血，危害颇大。

病原体　主要有以下3种。

鸡皮刺螨（*Dermanyssus gallinae*），又称鸡螨、红螨。虫体呈长椭圆形，后部稍宽，体表布满短绒毛，饱血后虫体由灰白色转为红色。体长0.6~0.75mm，饱血后体长可达1.5mm。刺吸式口器，一对螯肢呈细长针状，以此穿刺皮肤吸血。腹面有四对长的肢，肢端有吸盘（图6-14）。

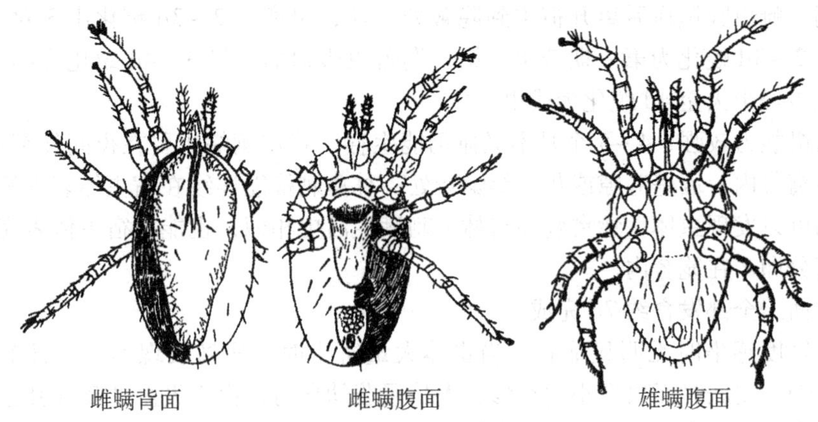

图 6-14　鸡皮刺螨的外形

（采自李国清主编．兽医寄生虫学．中国农业大学出版社，2006）

林禽刺螨（*Ornithonyssus sylwiarum*），盾板后端突然变细，呈舌状。盾板后端有 1 对发达的刚毛。螯肢呈剪状（图 6-15）。

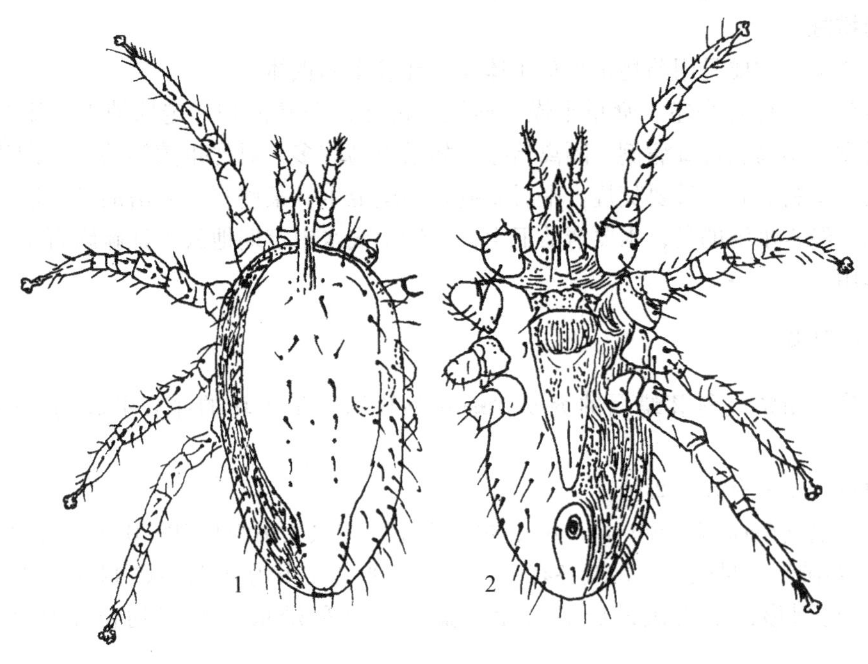

图 6-15　林禽刺螨

（采自孔繁瑶．家畜寄生虫学．第 2 版．中国农业大学出版社，1997）

1. 雌虫背面　2. 雌虫腹面

囊禽刺螨（*O. bursa*），盾板两侧自第 2 足节基节水平后逐渐变窄，盾板后端有 2 对发达的刚毛。螯肢呈剪状。

生活史

发育过程　属不完全变态。鸡皮刺螨发育包括卵、幼虫、若虫、成虫四个阶段，其中若虫为2期。雌虫吸饱血后离开宿主到隐蔽处产卵，虫卵经2~3d孵化出3对足的幼虫，不吸血，经2~3d蜕化为第一期若虫；第一期若虫吸血后，经3~4d蜕化为第二期若虫，第二期若虫再经半天至4d蜕化为成虫。

成虫耐饥能力较强，4~5个月不吸血仍能生存。鸡皮刺螨主要在夜间侵袭宿主吸血，白天隐匿在窝巢内、墙壁缝隙或灰尘等隐蔽处。林禽刺螨能连续在宿主体表繁殖，因此白天和夜间都可以发现虫体。囊禽刺螨与林禽刺螨生活史相似，也能在宿主体表完成其生活史，但大部分卵产在笼舍内。

发育时间　全部发育约7d完成。

症状　轻度感染时无明显症状，当虫体大量寄生时，病鸟表现不安，日渐消瘦，贫血，生长缓慢，皮肤时而出现小的红疹，大量侵袭幼鸟时，由于失血过多可引起死亡。

诊断　在鸟体表或窝巢等处发现虫体即可确诊，但虫体较小且爬动很快，若不注意则不易发现。

治疗　可选用下列药物：

溴氰菊酯　每百克体重5mg，喷洒患鸟体表、窝巢、栖架等。

氰戊菊酯　每百克体重6mg，喷洒患鸟体表、窝巢、栖架等。

防治措施

药物杀螨　主要是用药物杀灭宿主体表和环境中的虫体。

加强管理　保持舍室、窝巢干燥、通风、透光，经常清扫，定期消毒。注意观察鸟群，及时发现病鸟和可疑病例，隔离治疗。如果养鸟较多，对严重感染的鸟要淘汰，其羽毛、粪便、垫料、剩食等要焚烧。平时要搞好环境卫生，某些喜欢砂浴的鸟，砂要加热消毒后再用，经常水浴的鸟，水要清洁卫生，在砂中或水中定期地放少许硫磺石灰粉可起到一定的作用。

（二）膝螨病

膝螨病是由疥螨科膝螨属的突变膝螨和鸡膝螨寄生于鸟的体表引起的一种外寄生虫病。

病原体　主要有以下2种。

突变膝螨（*Cnemidocoptes mutans*），虫体很小。雄虫大小为0.19~0.2 mm，宽0.12~0.13mm，卵圆形，足较长，足端各有一个吸盘。雌虫大小为0.41~0.44mm，宽0.33~0.38mm，近圆形，足极短，足端均无吸盘。雌虫和雄虫的肛门均位于体末端（图6-16）。

鸡膝螨（*C. gallinae*），比突变螨更小，体型较圆，体长仅0.3mm（图6-17）。

生活史　二者生活史相似，全部在宿主皮肤内完成，属永久性寄生虫。成虫能咬破皮肤，钻到皮下挖掘隧道，吞食细胞和体液。雌、雄交配后在隧道中产卵，经过3~7d孵出幼虫，又经过3~4d再蜕化后发育为成虫。全部发育时间为14~21d。

流行病学　突变膝螨通常寄生于鸟的口角、眼睑、脚和泄殖腔孔周围等羽毛稀少部位。鸡膝螨寄生于鸟羽毛根部皮肤上，膝螨病的全部生活过程都在宿主体表完成，通过相互接触以及和污染环境接触而传播。

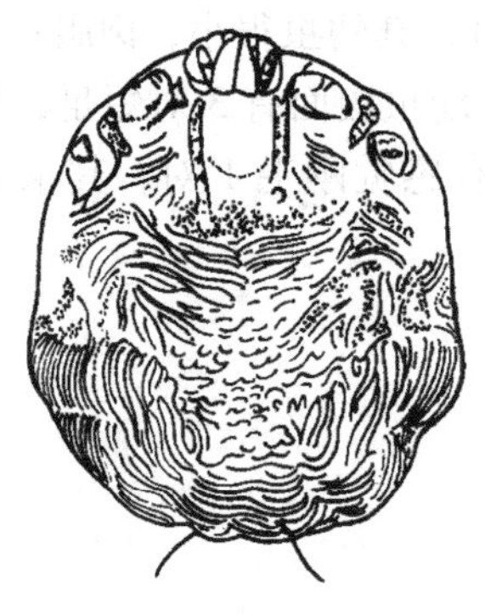

图 6－16 突变膝螨

（采自甘孟侯．中国禽病学．中国农业大学出版社，1999）

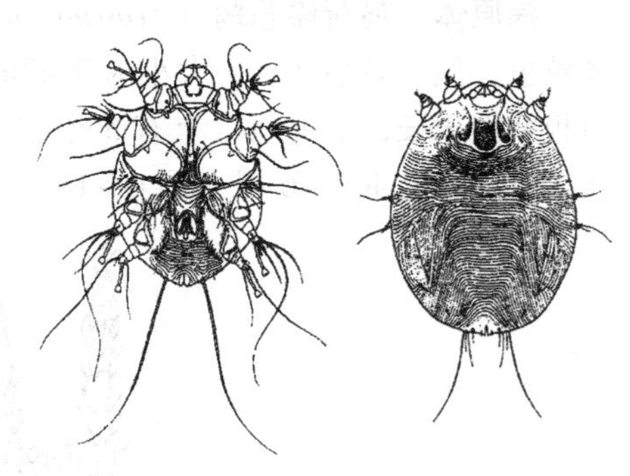

图 6－17 鸡膝螨

A. 雄虫背面 B. 雌虫背面

症状 突变膝螨侵袭后，虫体寄生部位皮肤发炎增厚，并形成鳞片和痂皮，使患部皮肤外观粗糙皲裂；当侵袭脚部时，患肢增粗，外观似涂有一层石灰，故又称为石灰脚。随着病情发展，可见关节发炎，严重时坏死，行走困难。

鸡膝螨沿羽轴穿入皮肤，使局部皮肤发炎，奇痒，当侵袭羽毛基部时，寄生部位的皮肤发炎，羽毛变脆脱落或被宿主自啄而拔出，严重时羽毛完全脱光，造成生长发育受阻。

诊断 在病变部位刮取病变组织进行镜检具有诊断意义，发现虫体即确诊。

治疗 治疗前先将病鸟的脚浸入温热的肥皂水中，使痂皮变软，除去痂皮，然后用药。可选用以下药物：

20%硫磺软膏 涂抹患处。

2%石炭酸软膏 涂抹患处。

20%杀灭菊酯乳油 用水稀释 1 000～2 500 倍，或浸浴患腿或患部涂擦均可，间隔数天再用药一次。

2.5%敌杀死乳油 用水稀释 250～500 倍，或浸浴患腿或患部涂擦均可，间隔数天再用药一次。

敌百虫 5%溶液患部涂擦。

阿维菌素 每千克体重 0.3mg 有效成分，拌料喂服。

治疗鸡膝螨病 可用上述杀灭菊酯或敌杀死水悬液喷洒患体或药浴。

松焦油擦剂 松焦油 1 份，硫磺 1 份，肥皂 2 份，95%的酒精 2 份，混合后调匀，在背、颈和翅膀等部涂擦，治疗鸡膝螨。

滴滴涕乳剂 纯滴滴涕 1 份，煤油 9 份为第一液；水 9 份，来苏儿 1 份为第二液，两液混合振荡成乳白色，涂擦患部，治疗鸡膝螨。

防治措施 可参考皮刺螨病。

（三）恙螨病

恙螨病是由恙螨科新棒属的新棒恙螨幼虫寄生于鸡及其他鸟类的翅膀内侧、胸肌两侧和腿内侧皮肤上所引起的疾病，只幼虫可以寄生于鸟类，且无宿主特异性，见于人和各种动物。本病分布于我国各地。

病原体　鸡新棒恙螨（*Neoschongastia gallinarum*），其幼虫很小，肉眼难见，饱食后呈橘黄色，似一微小红点，大小为0.42mm×0.32mm。幼虫腹面有3对短足，椭圆形。背面盾板宽大于长，呈梯状，上有5根刚毛。盾板中央有感觉刚毛1对，其末端膨大呈球拍状。有背刚毛40~46根（图6-18）。

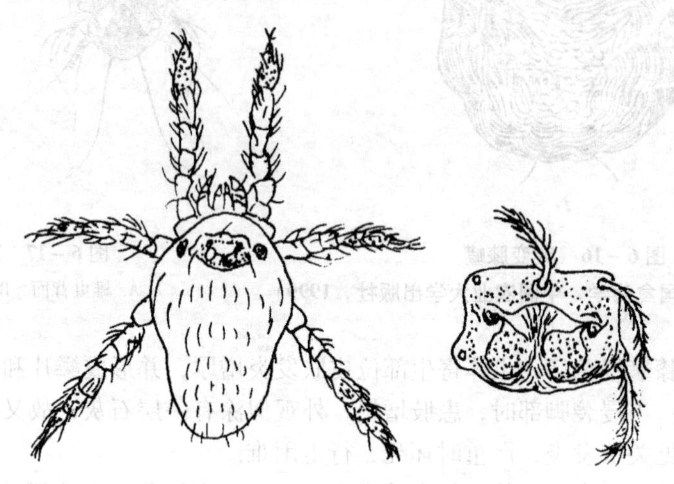

图6-18　鸡新棒恙螨

（采自孔繁瑶．家畜寄生虫学．第2版．中国农业大学出版社，1997）

生活史　鸡新棒恙螨发育属不完全变态，包括卵、幼虫、若虫和成虫四个阶段。仅幼虫营寄生生活；卵、若虫和成虫阶段均生活在潮湿的草地上，以植物液汁和其他有机物为食。雌虫受精后，产卵于泥土上，约2周时间孵出幼虫；幼虫遇到鸡或其他鸟类时，便爬至其体上，刺吸体液和血液；饱食时间，快者一天，慢者可达30多天。幼虫饱食后落地，数日后发育为若虫，再过一定时间发育为成虫。由卵发育为成虫，约需1~3个月。

症状　幼虫以口器刺破宿主皮肤，分泌唾液，溶解组织，然后以液化的组织为食。其唾液内有毒素，可使鸟皮肤出现水疱，其周围水肿。

由于幼虫的叮咬，患部奇痒，出现痘疹状病灶，周围隆起，中间凹陷，中央可见一小红点，即恙螨幼虫。大量虫体寄生时，腹部和翼下布满此种痘疹状病灶。病鸟贫血、消瘦、拒食、喜卧，如不及时治疗，可造成死亡。

诊断　用镊子夹取病灶中央小红点镜检，见有虫体可确诊。

治疗　患部涂擦70%酒精、5%碘酊或5%硫磺软膏，一次即可杀死虫体。亦可用每千克体重0.2mg的伊维菌素一次皮下注射。

防治措施

药物杀螨　用0.1%~0.5%敌百虫或灭虫菊酯进行大环境全面杀螨。需持续喷洒3~5d，间隔10d，再持续喷洒3~5d。

加强管理　注意不让笼养鸟和家禽、野鸟直接或间接接触。运动场应以种植树木为主，不得有较多低矮的杂草。运动场保持干燥、透光。应定期检查鸟的体表，发现本病后及时处理。

（四）气囊螨病

气囊螨病是由鸡螨科的寡毛鸡螨寄生于鸟类的支气管、肺、气囊及与呼吸道相通的骨腔内所引起的疾病。在世界许多地方，气囊螨发现于鸡、火鸡、雉鸡、鸽、金丝雀和翎颌松鸡。

病原体　寡毛鸡螨（*Cytadites nudus*），又称气囊胞螨，虫体呈黄白色小点状，卵圆形，大小约0.6mm×0.4mm。颚体呈拇指形，镶嵌于第1对足的支条间，背腹面均可看到。须肢和螯肢均不发达融为一体，仅在末端有小刺。虫体表皮无皱纹、棘突、刚毛，仅有细小的网纹或斜纹。4对细长的足均伸出虫体边缘。雌雄螨的肛孔均开口于虫体末端中央，为一纵向裂隙。虫卵大小为（0.146～0.197）μm×（0.114～0.125）μm（图6－19）。

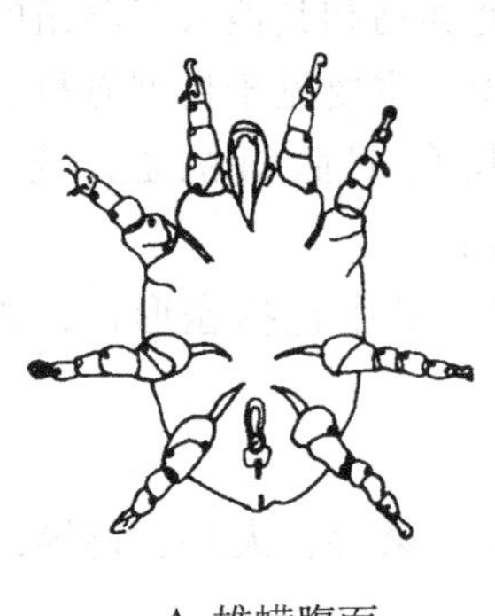

A. 雄螨腹面

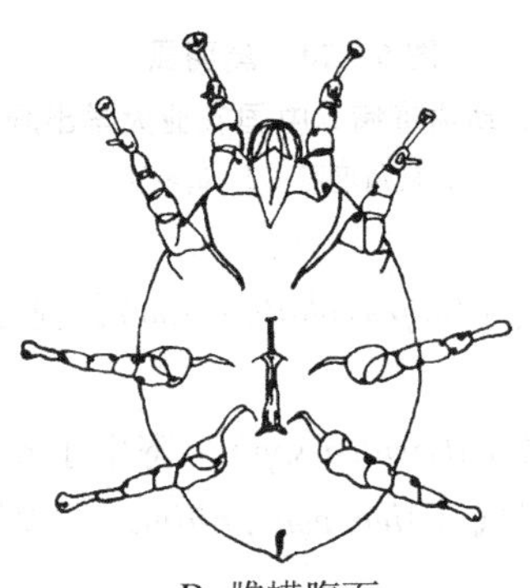

B. 雌螨腹面

图6－19　气囊胞螨

A. 雄虫腹面　B. 雌虫腹面

生活史　其生活史的详细情况不清楚，通常的推测是：螨将卵产于呼吸道的下部，卵被咳出或被吞咽后随排泄物到地面。其感染方式不清楚。

症状　气囊螨寄生于鸟类的呼吸系统中。严重感染时，致气管及支气管发生炎症，渗出物增多，打喷嚏，咳嗽，呼吸困难，消瘦，呆立。剖检死后不久的病鸟仔细检查，可见有白色小点缓慢地在透明的气囊表面移动。

诊断　剖检时采集病料，用显微镜观察到气囊表面移动的虫体即可确诊。

治疗　马拉硫磷粉，喷入鸟的气管中，持续5min。一个月后，再重复用药一次。

防治措施　目前没有更好的控制气囊螨的办法，建议销毁患鸟的尸体，随之消毒并清扫鸟舍；平时注意环境卫生，鸟舍应保持干燥、透光、通风，定期消毒。

三、羽虱病

羽虱多寄生于鸟类羽毛上，营终生寄生生活，以啄食羽毛和皮屑为生。羽虱刺激皮肤，引起鸟不安。

形态特征　羽虱是无翅的昆虫，个体较小，体长0.5～1.0mm，呈淡黄色或淡灰色。体扁平，多扁而宽，少数细长，由头、胸、腹三部组成。咀嚼式口器，头部钝圆，一般比胸部宽，头部侧面有一对触角。胸部分前中后三节，每节腹面两侧各有一对足，足粗短，爪不甚发达。多数羽虱中胸与后胸不同程度融合，表现为二节组成（图6-20）。

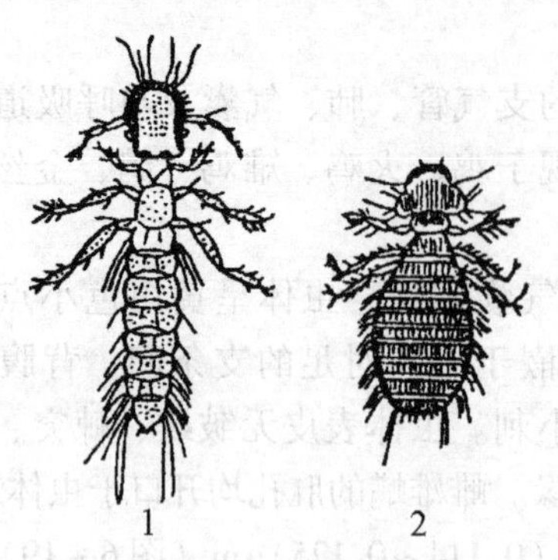

图6-20　禽羽虱

（采自张宏伟．动物疫病．中国农业大学出版社，2001）

1. 长角羽虱　2. 鸡羽虱

生活史　羽虱的发育呈不完全变态，由卵经若虫发育为成虫，其全部生活史离不开宿主的体表。所产虫卵常簇结成块，粘附于羽毛上，经5~8d孵化为若虫，外形与成虫相似。若虫在2~4周内经3~5次蜕皮发育为成虫。成熟雄虫于交配后死亡，雌虫2~3周产完卵后死亡。

分类　多种虱可侵袭鸟类，但常侵袭笼养鸟和其他人工养殖的鸟的羽虱则较少。主要见于鸟羽虱科、短角羽虱科和长角羽虱科的虱。常见的有以下8种：

胸首羽虱（*Colpocephalum spp*），见于11个目的鸟，其中包括雀形目，如金丝雀、鸳鹊、椋鸟等。

鸟秋羽虱（*Myrsidea spp*），寄生于雀形目。

鸡短角羽虱（*Menopon gallinae*），寄生于蓝鹇、鸽、家鸡、火鸡、鸭等，国内外广泛分布。

火鸡短角羽虱（*Menacanthus stramineus*），寄生于孔雀、家鸡、火鸡等，国内外广泛分布。

鸡长角羽虱（*Lipeurus caponis*），寄生于蓝鹇、孔雀、家鸡等。分布于印度和美洲，我国分布于陕西、福建、四川、云南等省。

具齿鸭羽虱（*Anatoecus dentatus*），寄生于灰雁、豆雁、鸿雁、各种鸭、家鹅等。分布世界各地，我国主要在陕西、北京。

鸽长羽虱（*Columbicola columbae*），寄生于家鸽、原鸽、斑尾林鸽、欧斑鸠。分布世界各地，我国主要在陕西、福建。

危害　健康的鸟也会带虱。羽虱一般不吸血，主要是啄食宿主的羽毛和皮屑，也吸取鸟体的营养，特别是对雏鸟和幼鸟危害较大。病鸟烦躁不安，不断用爪搔痒部，羽毛局部或大面积脱落，食欲减退，消瘦贫血，雏鸟生长发育停滞，体质虚弱。

诊断　本病易于诊断，根据临床表现及羽毛上的寄生虫卵和虫体即可确诊。

治疗　主要是药物治疗，可选用以下药物：

阿维菌素　每千克体重0.2mg，混饲或皮下注射，均有良效。

20%杀灭菊酯乳油　按3 000~4 000倍用水稀释，喷洒或药浴，一般间隔7~10d再用药一次，效果更好。

2.5%敌杀死乳油（溴氰菊酯）　按400~500倍用水稀释，喷洒或药浴，一般间隔7~10d再用药一次。

10%二氯苯醚菊酯乳油　按4 000~5 000倍用水稀释，喷洒或药浴，一般间隔7~10d再用药一次。

防治措施

加强管理　平时要注意鸟体与鸟笼的卫生，定期消毒，舍内要求通风干燥。经常检查鸟体，发现虱后及时治疗。

药物预防　用布袋装樟脑球5~6粒，挂在鸟笼内有防鸟虱的作用。也可用25%敌虫菊酯，用水配成0.12%乳剂，对鸟消毒或药浴。

（王雅华）

第三节　鱼类昆虫病

一、锚头鳋病

锚头鳋病是由锚头鳋科锚头鳋属的锚头鳋寄生于鱼类的鳃、皮肤、鳍、眼、口腔等处引起的疾病。又称为“铁锚头病”、“针虫病”、“生钉”。是淡水鱼类尤其是鲫鱼常见且危害较大的一种寄生虫病。

病原体　锚头鳋（*Lernaea*），身体分为头、胸、腹三部分。只有雌性成虫营永久性寄生生活，无节幼体营自由生活，桡足幼体营暂时性寄生生活。虫体在开始营永久性寄生生活时，体形发生了巨大变化。虫体身体拉长，体节合成一体呈圆筒状，并且发生了扭转；头部触角和胸部附肢（游泳足）萎缩退化，头胸部长出腹角和背角，顶端中央有一个半圆形头叶。雌性虫体在生殖季节，生殖孔处常悬挂着一对绿色长条形的卵囊，囊内含卵粒几十个至数百个。钝圆的腹部，短而分3节，但分节不明显，在末端有1对细小的尾叉和数根刚毛。

危害较大的种类主要有：草鱼锚头鳋（*L. ctenopharyngodontis*），虫体长6.6~12mm，背角呈“H”状，腹角2对，前一对为蚕豆状，以“八”字或钳形排列在头叶的两旁，后一对基部宽大，向前方伸出拇指状的尖角。生殖节前突稍隆起，分为2叶或不分叶。寄生于草鱼体表、鳍和口腔等处。还有多态锚头鱼鳋（*L. polymorpha*）、鲤锚头鳋（*L. cyprinacea*）等。寄生于鲢鱼、鳙鱼、鲤鱼、鲫鱼、乌鳢、金鱼、锦鲤等体表、口腔、鳍及眼部（图6-21）。

生活史　锚头鳋自产卵囊到孵化，由于温度的不同，所需要的时间亦不同。无节幼体自卵孵化出后，经4次蜕皮发育为第五无节幼体，再经1次蜕皮即发育为第一桡足幼体。桡足幼体虽能在水中自由游动，但必须在鱼体上做暂时性寄生，再经4次蜕皮发育为第五桡足幼体。第五桡足幼体进行交配，交配后，雄虫死亡，雌性锚头鱼鳋一生只交配1次，受精后的第五桡足幼体寻找合适宿主营永久性寄生生活，寄生在鱼体的虫体，随寄生时间的推移，从形态上分“童虫”、“壮虫”和“老虫”三个阶段。“童虫”状如细毛，白色，无卵囊。“壮虫”身体透明，肉眼可见体内肠蠕动，在生殖孔处有一对绿色卵囊，用手触动虫体可竖起。“老虫”虫体混浊不透明，变软，体表常有些原生动物附生。

流行病学　全国各地均有本病的流行，尤以广东、广西、福建等地区最为严重，感染率高，感染强度大，4~10月份为流行季节。主要发生在鱼种和成鱼阶段，引起鱼种死亡和影响亲鱼的生长繁殖。对鲢鱼、鳙鱼危害最大。在发病高峰季节，鱼种能在短期内出现

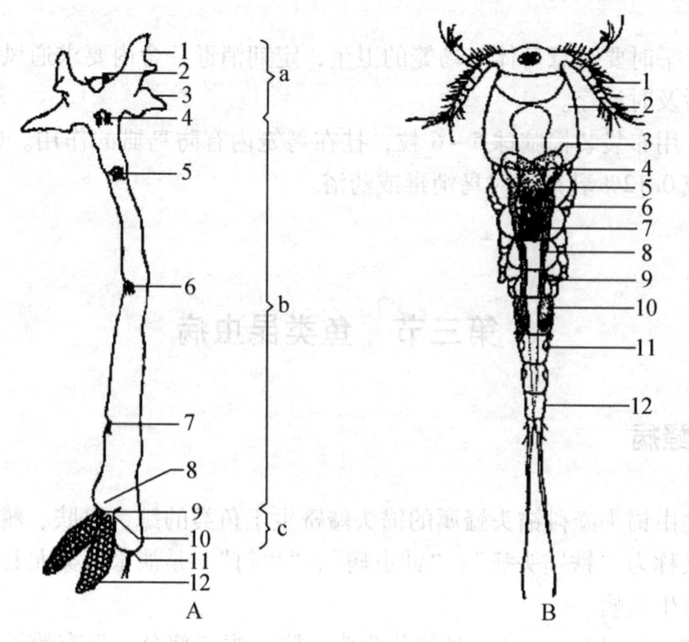

图6-21　锚头鱼鳋（仿 尹文英）

A. 雌体

1. 腹角　2. 头叶　3. 背角　4. 第一胸足　5. 第二胸足　6. 第三胸足　7. 第四胸足　8. 生殖节前突起　9. 第五胸足　10. 排卵孔　11. 尾叉　12. 卵囊　a. 头胸部　b. 胸部　c. 腹部

B. 雄体

1. 第一触角　2. 头胸部　3. 输精管　4. 精子带　5. 精细胞带　6. 增殖带　7. 睾丸　8. 黏液腺　9. 第五胸节　10. 精荚囊　11. 呼吸窗　12. 第三腹节

暴发性感染，而造成鱼种大批死亡。金鱼、锦鲤鱼感染率较高，热带鱼中的中华鳑鲏、虎纹鲃偶有感染。

锚头鱼鳋的发育和寿命的长短与水温有很大的关系，水温低时，发育时间长，寿命长。锚头鱼鳋在水温12～33℃时均可繁殖，在水温25～37℃时只能活20d；在春、秋季则可活1～2个月；秋季感染的锚头鱼鳋少数在鱼体上越冬，最长可活5～7个月，大多数在冬季死亡。

症状及病理变化　锚头鱼鳋头胸部插入鱼的鳞片下和肌肉里，而胸腹部则裸露于鱼体外，在寄生部位，肉眼可见针状的病原体，犹如在鱼体上插入小针，故又称之为“针虫病”。发病初期，病鱼急躁不安，食欲减退，身体消瘦发黑，游动缓慢，终至死亡。由于虫体前端钻在宿主组织内，后半段露出在鱼体外，“老虫”的体表又常有大量累枝虫、藻类和水霉菌等附生，因此当严重感染时，鱼体上好似披着蓑衣，故有“蓑衣病”之称。虫体大量寄生在鳗鱼、草鱼等的口腔内，可引起口不能关闭、不能摄食而死亡。小鱼患病后，还可引起鱼体畸形弯曲而失去平衡，甚至鳋的头部钻入宿主内脏，病鱼很快死亡。

锚头鱼鳋寄生在鲢鱼、鳙鱼等鳞片较小的鱼体表，可引起周围组织红肿发炎，因溢血出现“石榴子”样的红斑；寄生在草鱼、鲤鱼等披有较大鳞片的鱼的皮肤上，寄生部位的鳞片被“蛀”成缺口，鳞片的色泽较淡，在虫体寄生处亦出现充血的红斑，但肿胀一般不明显。

诊断　在体表发现虫体即可诊断。将病鱼取出放在解剖盘里，仔细检查体表、鳃弧、口腔和鳞片等处，可看到一根根似针状的成虫，将虫体拔出，虫体酷似铁锚，头部有一对铁锚状角，虫体近末端处有一对白色卵囊；童虫较小，体细如毛发，白色透明无卵囊，需用放大镜仔细观察方可看到。

防治措施

1. 利用锚头鱼鳋对宿主的选择性，可采用轮养法，以达到预防的目的。禁止用湖水、池水、水库水直接饲养观赏鱼，防止感染。

2. 鱼种放养前用浓度为10～20mg/kg的高锰酸钾溶液浸洗10～30min，可杀死暂时性寄生的桡足幼体。如已有成虫寄生，则需浓度为10mg/kg的高锰酸钾溶液浸洗1～2h。

3. 发病池用90%的晶体敌百虫全池遍洒，使池水成0.3～0.5mg/kg的浓度，每7～10d遍洒1次，“童虫”阶段，至少需施药3次，“壮虫”阶段施药1～2次，“老虫”阶段可不施药，待虫体脱落后，即可获得免疫力。本法能有效地杀死锚头鱼鳋幼虫，以控制病情发展，减少鱼种的死亡。

4. 鱼感染时，用镊子拨去虫体，并在伤口上涂红汞水；或用1%高锰酸钾溶液涂抹伤口约30s，放入水中，次日再涂抹1次。

二、中华鳋病

中华鳋病是由鳋科中华鳋属的中华鳋寄生于鱼类的鳃、皮肤、鳍、眼、口腔等处所引起的疾病。又称为“鳃蛆病”或“翘尾巴”病。

病原体　我国主要有三个种可引起鱼病，有鲢中华鳋（*Sinergasilus polycolpus*）寄生于鲢、鳙的鳃丝末端内侧以及鲢的鳃耙，大中华鳋（*S. major*）寄生于草鱼、青鱼、鲇、赤眼鳟和淡水鲑等鱼的鳃丝末端内侧，鲤中华鳋（*S. undulatus*）寄生于鲤、鲫的鳃丝末端内侧。

中华鳋只有雌鳋成虫才营寄生生活，而雄鳋和雌鳋幼虫营自由生活。雌虫体长，分节明显，分头、胸、腹三部分。头部呈半卵形或钝菱形，有1只中眼和6对附肢，即2对触角，1对大颚，2对小颚和1对颚足。第二触角特别强大，末端特化成锐利的钩或爪，用以钩住宿主组织。头部与第一胸节之间有假节。胸部有6节，前四节宽度相等，第五节较小，第六节狭小，为生殖节。除生殖节外，每一胸节上各有1对游泳足，双肢型。腹部有三节，每节间有假节，第三节分为2支，并向后延伸形成尾叉（图6－22）。

生活史　卵在雌鳋子宫内受精后被黏液腺分泌物包裹形成卵囊，然后一次性排出体外，数天后孵化出无节幼体。无节幼体在水中自由生活，数天后，蜕皮1次，成为第二无节幼体。此时，虫体增多1对附肢，体也比前略有增大。在水温25℃左右，每2～3d蜕皮1次，经5次蜕皮后成为第一桡足幼体。此时具有剑水蚤的雏形。再经4次蜕皮，而成为第五桡足幼体。再蜕1次皮，即成为幼鳋。此时，雌、雄鳋即可进行交配，雄鳋营自由生活至死。雌鳋一生只交配1次，交配后，遇到合适的宿主就寄生上去，身体骤增数倍，吸取寄主营养，进一步发育为成虫。

流行病学　该病危害多种淡水养殖鱼类，对宿主有选择性，大中华鳋主要危害2龄以上的草鱼和青鱼；鲢中华鳋主要危害2龄以上的鲢、鳙。使鱼类食欲减退和生长缓慢，严

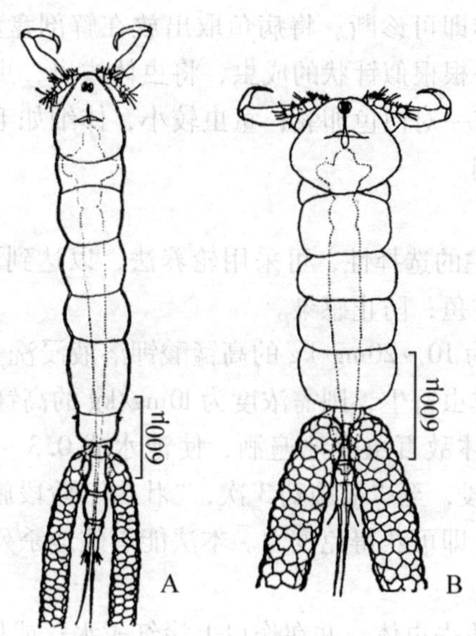

图 6－22　中华鳋（采自黄琪琰．鱼病学．第 1 版，1983）

A. 大中华鱼鳋背面观　B. 鲢中华鱼鳋背面观

重时可引起死亡。全国各地均有发生，一年四季都有寄生，在长江流域一带每年的 4 月至 11 月是中华鳋的繁殖时期，5 月下旬至 9 月上旬本病最为流行。

症状及病理变化　中华鳋靠其第二触角特化成的爪或钩插入到鱼的鳃组织，造成机械损伤。病鱼呼吸困难，焦躁不安。大中华鳋寄生草鱼时可见白色“蛆”样的虫体悬挂于鳃丝，谓之“鳃蛆病”。鲢中华鳋寄生鲢、鳙可引起游动失常，病鱼在水面打转或狂游，尾鳍上叶往往露出水面，谓之“翘尾巴”病。

中华鳋寄生在病鱼体内，使鳃组织发生慢性炎症，引起鳃丝末端组织增生、肿胀、发白，鳃上黏液增多。

诊断　在鱼体表发现虫体即可诊断。

防治措施

1. 生石灰彻底清塘，杀灭虫卵、幼虫和带虫者。

2. 根据鳋对宿主的选择性，可采用轮养的方法进行预防。

3. 可选用下列药物全池遍洒，可有效的杀灭虫体。

90% 晶体敌百虫全池遍洒，浓度为 0.3～0.5mg/kg，有良好疗效。

灭虫灵全池遍洒，浓度为 0.3～0.5mg/kg。

硫酸铜和硫酸亚铁合剂（5∶2）全池遍洒，浓度为 0.7mg/kg。

90% 晶体敌百虫和硫酸亚铁合剂（5∶2）全池遍洒，浓度为 0.7mg/kg。

三、巨角鳋病

巨角鳋病是由鳋科鳋属的巨角鳋寄生于鱼的鳃处引起的疾病。仅危害鲤鱼和鲫鱼。

病原体　巨角鳋（*Ergasilus magnicornis*），雌虫体长 0.94～1.2mm。虫体头部与第一

胸节愈合成头胸部，较膨大，胸部宽度自前向后逐渐收削，腹部3节约等长，第三节后缘中央内陷，其深度约为宽的1.5倍。第一触角短而粗，6节；第二触角特长，5节，末节为一钩状爪，向内弯曲。前四对游泳足为双肢型。

生活史　经5个无节幼体期，虫体在第五桡足幼体时进行交配。雌虫营寄生生活。雄虫终身营自由生活。

流行病学　该病在河北、山东和江苏均有发生。虫体对宿主有明显的选择性，仅限于鲤、鲫。常发生于低盐度的半咸水水域，盐度为0.02～0.028，pH值为8.0～9.0，且硬度和硫酸根含量较高时容易流行。

流行季节为4～8月，其中以6～8月尤其严重。

症状及病理变化　轻度感染时，病鱼表现为不同程度的浮头现象，类似缺氧症状，体色发黑且消瘦，肠内无食物，一般不出现急性死亡。严重感染时，浮头持续1周左右即出现急性大批死亡。

巨角鳋寄生于鱼的鳃丝上，大量寄生时，鱼鳃呈灰白色，鳃组织溃疡，肿胀，坏死。严重时鳃小片相互粘连或融合，以至难以辨别鳃丝的轮廓和界限。

诊断　检出虫体即可确诊。

防治措施　发病季节，用90%晶体敌百虫全池泼洒，浓度为0.3～0.5mg/kg，可有效预防此病的发生；鲤、鲫发病后，采用上述方法，用药后的第4天病鱼即停止死亡，10d后检查，虫体全部脱落。

四、鲺病

鲺病是由鲺科鲺属的鲺类寄生在鱼的体表、口腔、鳃上引起的疾病。主要危害淡水鱼、金鱼、锦鲤、热带鱼等，是一种常见的鱼寄生虫病，对鱼种危害较严重。

病原体　鲺（*Argulus*），虫体体大而背腹扁平，略呈椭圆形或圆形。虫体的颜色与宿主的体色相仿。虫体大小不一，大的体长可达8mm以上。雌鲺大于雄鲺。虫体由头、胸、腹三部分组成。头部有复眼1对，中眼1只；附肢5对；口器内有大颚1对，内外缘生有大小不等的锯齿；在口器前面的口管内有一口前刺，能前后伸缩，左右摆动；基部的毒腺细胞可分泌毒液；1对小颚在成虫时变为1对吸盘。胸部第1节与头部愈合成头胸部，其两侧向后延伸成马蹄形或盾形的背甲。2～4节为自由胸节，有游泳足四对，均为双肢型，是鲺的主要行动器官。腹部不分节，为一对扁平长椭圆形的叶片，前半部分愈合，是充满血窦的呼吸器官。雄虫的睾丸和雌虫的受精囊位于腹部。在腹部二叶中间凹陷处有一对很小的尾叉，其上具有数根刚毛（图6－23）。

危害较大的种类主要有：日本鲺（*A. japonicus*），寄生于草鱼、青鱼、鲢鱼、鳙鱼、鲤鱼、鲫鱼、鳊鱼、鲮鱼、金鱼、锦鲤、热带鱼的体表和鳃上。喻氏鲺（*A. yuii*），寄生于青鱼、鲤鱼的体表和口腔。大鲺（*A. major*），寄生于草鱼、鲢鱼、鳙鱼的体表。

生活史

发育过程　鲺一生只交配一次，但雌体可产卵数次，每次产卵数十粒至数百粒。卵直接产在水中的植物、石块、竹竿及木桩上。孵化速度与水温高低有关，在一定温度范围内，水温高孵化快，反之则慢。刚孵出的幼鲺立即寻找宿主，在平均水温23.3℃时，如在

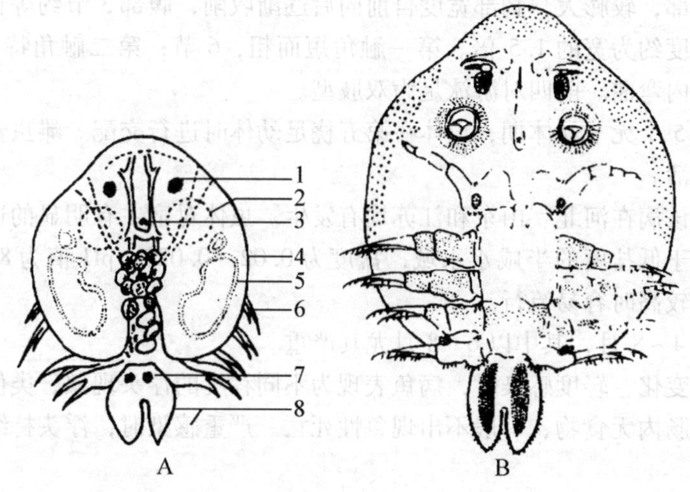

图 6－23　鲺（采自黄琪琰．鱼病防治实用技术．第 2 版，1992）

A 雌虫背面观　B 雄虫腹面观

1. 复眼　2. 吸盘　3. 中眼　4. 背甲　5. 呼吸区

6. 游泳足　7. 受精囊　8. 腹部

48h 内找不到宿主即死亡。幼鲺在宿主体表经 5～6 次蜕皮后发育为成虫。

虫体寿命　鲺的寿命随水温高低而异，水温高生长快而寿命短，反之则生长慢而寿命长。如平均水温在 29.9℃时只能生存 36d；水温在 16.2℃时，则可生存 135d 左右。

流行病学　鲺病在我国从南到北都有流行，尤以广东、广西、福建、海南严重。多种淡水鱼以及海水、咸淡水养殖的鲻鱼、梭鱼、鲈鱼、真鲷等时有发生，从幼鱼到成鱼均可发病，幼鱼受害较为严重，常引起鱼种大量死亡。因鲺在水温 16～30℃时皆可产卵。在江浙一带 5～10 月份流行。而北方则在 6～8 月份流行。鲺对宿主的年龄无严格的选择性，鲺可短期在水中自由游动，从一条鱼转移到另一条鱼的体表，造成虫体的传播。鲺卵附在池中的各种物体上，因此极易随水流、动物、工具或人的携带而传播。

症状及病理变化　病鱼体色发黑，食欲减退以至拒食，消瘦。表现急躁不安，狂奔乱游，百般挣扎，常跳出水面。当 2～3 只鲺寄生在金鱼体一侧时，鱼体就失去平衡，并沿池壁摩擦，试图擦掉鱼虱，但很难有效。鲺寄生在鱼的体表，用吸盘附着或在体表不断自由爬行，活动范围很广，刺伤或撕破皮肤，其分泌物刺激鱼体，使其产生炎症和出血，体表形成很多伤口并出血，血液外溢呈鲜红血斑。在此处往往促使微生物侵袭，并发生溃疡或继发细菌感染，易并发白皮病、赤皮病，严重时引起鱼的死亡。寄生在鳃上时，则刺激鱼分泌过多黏液而致使呼吸困难。

诊断　在鱼体表发现虫体即可诊断。

防治措施

1. 灰带水清塘，可杀死水中鲺的成虫、幼虫和虫卵，或用生石灰或高锰酸钾消毒后换上新水。病鱼经过药水浸洗后，仍可放回换过水的池中，并投放新鲜饵料以恢复体质。

2. 鲺在繁殖的旺盛季节里，非常容易随投饵带进鱼池。观赏鱼可经常用 3% 的食盐溶液浸泡 15min（20℃时），再将鱼捞出检查；或将鱼放入 1%～1.5% 食盐水中，经 2～3d

即可驱除虫体。

3. 用90%晶体敌百虫全池遍洒，使池水成0.25～0.5mg/kg浓度，有良好疗效。但鱼虾混养的池塘不能施行，否则会把虾毒死。

4. 用灭虫灵全池遍洒，浓度为1mg/kg，每天一次，连用3d，有良好疗效。

5. 发病时注意工具消毒，避免传播。

五、鱼怪病

鱼怪病是由缩头水虱科鱼怪属的日本鱼怪寄生在鱼的体表、口腔、鳃上所引起的疾病。

病原体 日本鱼怪（*Ichthyoxenus japonensis*），体近椭圆形，雌虫较大，体长1.4～2.95cm，雄虫较小，约为雌虫的1/2。分头、胸、腹三部分，头部似“凸”形，深沉于胸部，背面两侧有2只复眼，呈“八”字形排开于头部两侧；腹面有6对附肢，第一触肢8节，第二触肢9节，上具刚毛；口器有1对大颚，2对小颚，1对颚足及上、下唇组成。胸部由7节组成，宽大而隆起，第一胸节的前缘及第七胸节的后缘深凹；胸足7对，均有执握力，第七胸足最大，前3对伸向前，后4对伸向后。腹部6节，第1、2、3腹节两侧常被胸节覆盖，前5节各有腹肢1对，双肢型，为虫体的呼吸器官。

生活史 虫卵自第5胸节基部的生殖孔排出至孵育腔内，在其中发育到第2期幼虫，然后才离开母体，在水中自由游泳，寻找宿主寄生，并在鱼体上发育成成虫。

鱼怪成虫寄生在鱼的胸鳍基部附近围心腔后的体腔内。病鱼的腹部，有1个黄豆粒大小的孔与外界相通，与鱼体内脏有一层薄膜相隔，称之为寄生囊。寄生囊壁的结构与鱼的皮肤相似，寄生囊壁上的血管来自宿主节间动脉。寄生囊孔通常只有1个，鱼怪成虫一般成对寄生在寄生囊内，雌鱼怪的头朝向鱼的尾部，腹面朝向鱼的内脏，便于呼吸和摄食；雄鱼怪小，可在囊内自由行动，位置不固定。

流行病学 该病在云南、山东、河北、湖南、四川、浙江、上海和黑龙江等地均有流行，但多见于大水面，对在这些水域进行的网箱养鱼造成一定的危害，其中以黑龙江、云南、山东最为严重。主要危害鲤鱼、鲫鱼、雅罗鱼、马口鱼等。鱼怪在上海、江苏、浙江一带的生殖季节为4月中旬至10月底。

症状及病理变化 鱼怪幼虫寄生于鱼的体表和鳃上，病鱼焦躁不安，可引起鱼种的死亡。鱼怪成虫长期寄生于寄生囊内，严重影响鱼的生长和性腺的发育，使病鱼完全丧失生殖能力。

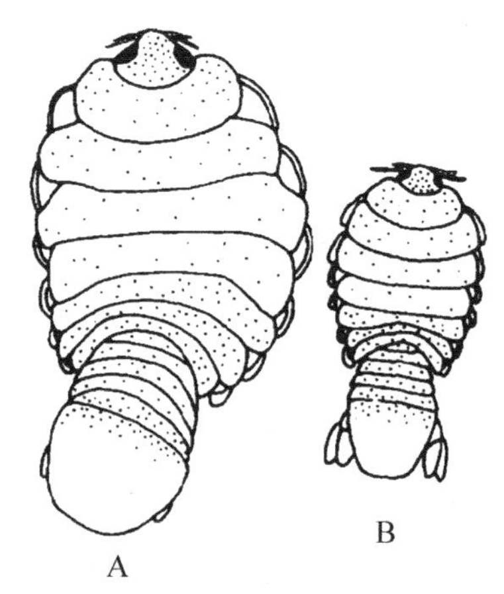

图6-24 日本鱼怪背面观
（采自黄琪琰．鱼病防治实用技术．第2版，1992）
A. 雌虫 B. 雄虫

病鱼皮肤及鳃分泌大量黏液，表皮破损，体表充血，尤以胸鳍基部为甚；鳃上皮增生，邻近鳃小片融合，严重时鳃小片坏死脱落，鳃丝软骨外露，鳍破损。

诊断 在鱼体表和体腔发现虫体即可诊断。

防治措施 鱼怪成虫的生命力很强，其寄生于鱼体腔中的寄生囊内，因此，要在水中施药杀灭鱼怪成虫是很困难的。而第 2 期幼虫释放于水中，是其生活史中的薄弱环节，所以杀灭第 2 期幼虫，破坏它的生活史周期，是防治鱼怪病的有效方法。

1. 网箱养鱼，在鱼怪释放幼虫的 6 ~ 9 月间，用 90% 的晶体敌百虫按每立方米水体含药 1.5g 的药量挂袋，可杀死网箱内的鱼怪幼虫。

2. 如发现网箱养殖的鱼类感染鱼怪幼虫，可将鱼集中于网箱一角，箱底套塑料薄膜，用 90% 晶体敌百虫 5mg/kg 的浓度在 15℃ 水温时浸洗 20min，可使幼虫脱落。

（张学勇）

【复习思考题】

1. 基本概念：蜕皮，变态，不完全变态。
2. 疥螨、痒耳螨的主要形态特点，其主要危害，防治措施。
3. 犬蠕形螨的形态特点，主要临床表现，如何防治。
4. 寄生于鸟类的螨病主要有哪些，防治措施。
5. 简述鸟虱病的主要防治措施。
6. 简述锚头鱼鳋和鱼鲺的宿主、寄生部位和防治。

第七章　原虫病

概　述

原虫即原生动物，是单细胞动物，整个虫体由一个细胞构成。虽然只有一个细胞，但在长期的进化过程中，原虫获得了高度发达的细胞器，可进行和完成生命活动的全部功能，如代谢、生殖、运动、感觉反应和各种适应性等。原生动物寄生于动物的腔道、体液、组织和细胞内。

一、原虫形态构造

（一）基本形态构造

原虫微小，虫体大小在1～3μm之间，其外形因种而异，多呈圆形、卵圆形、柳叶形或不规则形等形状，其不同发育阶段可有不同的形态。原虫的基本结构包括胞膜、胞质和胞核三部分。

1. 胞膜

覆盖于虫体表面，也称为表膜，在电镜下，胞膜是三层结构的单位膜，原虫的细胞膜与其他生物膜基本相同，呈现可塑性、嵌有蛋白质的脂质双分子层结构。表膜外层膜蛋白和脂质常与多糖分子结合形成厚厚的细胞被。表膜能不断更新，胞膜可保持原虫的完整性，并参与原虫的营养、排泄、运动、感觉等生理功能。有些寄生性原虫胞膜具有受体、配体、酶类以及其他多种抗原成分，甚至毒素。

2. 胞质

也称胞浆。细胞质由基质、细胞器和内含物组成。细胞中央区的细胞质称为内质，周围区的称为外质。内质呈溶胶状，含细胞核、线粒体、内质网、高尔基体、溶酶体、动基体等，是新陈代谢的重要场所。外质呈凝胶状，具有维持虫体结构的作用。鞭毛、纤毛的基部均包埋于外质中。

3. 胞核

是原虫生长繁殖的重要结构，由核膜、核质、核仁及染色质组成。胞核主要有两种类型，即泡状核和实质核。除纤毛虫外，多数原虫为泡状核，特点为染色质少，呈颗粒状，分布在核的周围或中央，有一个或多个核仁。实质核为浓集核，核大而不规则，染色质丰富，有1个以上的核仁，核着色深而不易辨认。

（二）运动器官

原虫的运动器官有4种，分别为鞭毛、纤毛、伪足和波动嵴。

1. 鞭毛

细长，数目较少，每根含一中心轴丝，外鞘为细胞膜的延伸。

2. 纤毛

短而密，常均匀地分布虫体表面，结构与鞭毛基本相同。

3. 伪足

是原虫细胞外质突出的部分，性状易变、无定形。可引起虫体运动以捕获食物。

4. 波动嵴

是孢子虫定位的器官，只有在电子显微镜下才能观察到。

（三）特殊细胞器

一些原虫还有一些特殊细胞器，即动基体和顶复合器。

1. 动基体

为动基体目原虫所有。光学显微镜下，动基体嗜碱性，位于毛基体后，呈点状或杆状。是一个重要的生命活动器官。

2. 顶复合器

是复顶门虫体在生活史的某些阶段所具有的特殊结构，只有在电子显微镜下才能观察到。顶复合器由极环、微线体、棒状体、类锥体、膜下微管、微孔构成。顶复合器为特殊的细胞器，除作为原虫分类的重要依据外，与虫体侵入宿主细胞有着密切的关系。

二、原虫的生殖

原虫的繁殖有无性生殖和有性生殖两种方式。

（一）无性生殖

1. 二分裂

即1个虫体分裂为2个。分裂顺序是先从毛基体开始，而后动基体、核、细胞。鞭毛虫常为纵二分裂，纤毛虫为横二分裂。

2. 裂殖生殖

也称复分裂。细胞核先反复多次分裂，而后细胞质再分裂并包绕核，同时产生大量子代细胞。裂殖生殖中的虫体称为裂殖体，后代称为裂殖子。1个裂殖体内可包含数十个裂殖子。球虫常以此方式繁殖。

3. 出芽生殖

分为外出芽和内出芽两种方式。外出芽生殖是从母细胞边缘分裂出1个小的子个体，脱离母体后形成新的个体。巴贝斯虫常以此方式生殖。内出芽生殖是先在母细胞内形成2个子细胞，子细胞成熟后，母细胞被破坏释放出 2 个新个体。如弓形虫滋养体的内出芽分裂。

4. 孢子生殖

是在有性生殖的配子生殖阶段形成合子后，合子所进行的复分裂。经孢子生殖，孢子体可以形成多个子孢子。如球虫卵囊发育为孢子化卵囊，即是孢子生殖。

（二）有性生殖

1. 结合生殖

2 个虫体并排结合，进行核质交换，核重建后分离，形成 2 个含有新核的个体。多见于纤毛虫。

2. 配子生殖

虫体在裂殖生殖过程中，出现性的分化，一部分裂殖体形成大配子体（雌性），一部分形成小配子体（雄性）。大、小配子体发育成熟后分别形成大、小配子，小配子进入大配子内，如疟原虫在蚊体内的发育。

有些原虫的生活史中存在有性生殖和无性生殖两种交替进行的繁殖方式，称为世代交替，如疟原虫、弓形虫的生殖过程。

三、原虫的分类

原生动物有 65 000 多种，其中，10 000 多种营寄生生活，故原虫分类十分复杂，始终处于动态之中，至今尚未统一。随着分子生物学技术在原生动物分类上的应用，从基因水平上建立理想的分类系统提供了依据。在此根据原虫分类学家推荐的分类系统，列出与宠物医学有关的部分。在这一分类系统中，原生动物为原生生物界的 1 个亚界。

肉足鞭毛门（Sarcomastigophora）

动鞭毛纲（Zoomastigophora）

动基体目（Kinetoplastida）

锥体科（Trypanosomatidae）　利什曼属（*Leishmania*）

锥体属（*Trypanosoma*）

双滴虫目（DiPlomanadida）

六鞭科（Hexamitidae）　贾第属（*Giardia*）

毛滴虫目（Trichomonadida）

毛滴虫科（Trichomonadidae）　三毛滴虫属（*Tritrichomonas*）

单毛滴虫科（Monocercomonadidae）　组织滴虫属（*Histomonas*）

顶复门（Apicomplexa）

孢子虫纲（Sporozoea）

真球虫目（Eucoccidiida）

艾美耳科（Eimeriidae）　艾美耳属（*Eimeria*）

等孢属（*Isospora*）

温扬属（*Wenyonella*）
泰泽属（*Tyzzeria*）
隐孢子虫科（Cryptosporidiadae）隐孢子属（*Cryptosporidium*）
肉孢子虫科（Sarcocystidae）肉孢子虫属（*Sarcocystis*）
弓形虫属（*Toxopalsma*）
贝诺孢子虫属（*Besnoitia*）
新孢子虫属（*Neospora*）
疟原虫科（P1asmodiidae）疟原虫属（*Plasmodium*）
血变原虫科（Haemoproteidae）
住白细胞虫科（Leucocytozoidae）
梨形虫目（Piroplasmida）
巴贝斯科（Babesiidae） 巴贝斯属（*Babesia*）

纤毛门（Ciliphora）

动基裂纲（Kinetofragminophorea）

毛口目（Trichostomatida）

小袋科（Balantidiidae） 小袋虫属（*Balantidum*）

第一节 犬猫原虫病

一、消化系统原虫病

（一）球虫病

犬、猫等孢球虫病是由艾美耳科等孢属的球虫寄生于犬和猫的小肠和大肠黏膜上皮细胞内引起的疾病。主要症状为肠炎。

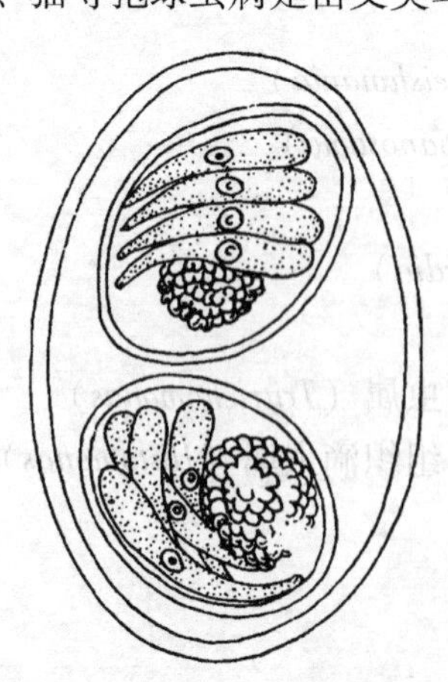

图7-1 等孢球虫孢子化卵囊模式图（采自孔繁瑶．家畜寄生虫学．第2版．中国农业大学出版社）

病原体 主要4个种。

犬等孢球虫（*Isospora canis*），寄生于犬的小肠和大肠，具有轻度至中度致病力。卵囊呈椭圆形或卵圆形，大小为（35~42）μm×（27~33）μm，囊壁薄而光滑，无色或淡绿色。孢子化卵囊内含2个孢子囊，每个孢子囊含4个香蕉形子孢子，无卵膜孔、极粒和卵囊残体。孢子囊呈椭圆形，无斯氏体，有孢子囊残体。孢子化时间20℃时为2d（图7-1）。

二联等孢球虫（*I. bigemina*），寄生于犬的小肠。卵囊呈宽椭圆形、亚球形或球形，大小为（10~14）μm×（10~12）μm，其形态和犬等孢球虫相似。

猫等孢球虫（*I. felis*），寄生于猫的小肠，有时在盲肠寄生，具有轻微的致病力。卵囊呈卵圆形，大小为（32～53）μm×（27～39）μm，囊壁光滑，粉红色。其他形态和犬等孢球虫相似。孢子化时间为72h。

芮氏等孢球虫（*I. rivolta*），寄生于猫的小肠、盲肠和结肠。具有轻微的致病力。卵囊呈椭圆形至卵圆形，大小为（21～28）μm×（18～23）μm，囊壁光滑，无色或淡褐色。其他形态和犬等孢球虫相似。孢子化时间为4d。

生活史　上述4种球虫的生活史基本相似，均为直接发育型，不需要中间宿主。

发育过程　整个发育过程分2个阶段，3种繁殖方式：在犬、猫体内进行裂殖生殖和配子生殖；在外界环境中进行孢子生殖。

卵囊随犬、猫粪便排到体外，在适宜的条件下，很快发育为具有感染力的孢子化卵囊，犬、猫吞食后感染。孢子化卵囊在其肠道内释放出子孢子，侵入小肠或大肠上皮细胞，进行裂殖生殖，首先发育为裂殖体，其内含有8～12个或更多的裂殖子。裂殖体成熟后破裂，释放出的裂殖子侵入新的肠上皮细胞，再发育为裂殖体。经过3代或更多的裂殖发育后，进入配子生殖阶段，即形成大配子体和小配子体，继而分别发育为大、小配子，结合成为合子，合子周围形成囊壁即变为卵囊，卵囊一经产生即随粪便排出体外。

发育时间　犬、猫从感染孢子化卵囊到排出卵囊的时间（潜隐期）为9～11d。

流行病学

感染来源　患病和带虫的犬、猫，卵囊存在于粪便中。

感染途径　经口感染。犬、猫由于吞食了散布在土壤、地面、饲料和饮水等外界环境中的感染性卵囊而发病。

卵囊抵抗力　感染性卵囊抵抗力强。对消毒剂具有很强的抵抗力。但卵囊对高温、低温、干燥的抵抗力较弱。

年龄特点　主要危害幼犬和幼猫。

季节动态和发病诱因　一般在温暖潮湿季节多发。饲养管理条件不当，尤其是卫生条件差的圈舍更易发生。

症状　球虫在肠上皮细胞进行裂殖生殖时引起肠管发炎和大量上皮细胞崩解，使其分泌、运动及吸收机能障碍。一般等孢球虫的致病力较弱，轻度感染时不显症状，严重感染时，幼犬和幼猫于感染后3～6d，出现水泻或排出泥状粪便，有时排带黏液的血便。病者轻度发热，精神沉郁，食欲不振，消化不良，消瘦，贫血。感染3周以后，症状自行消失，若无继发感染，大多数可自然康复。

病理变化　整个小肠出现卡他性肠炎或出血性肠炎，但多见于回肠段，尤其以回肠下段最为严重，肠黏膜肥厚，黏膜上皮细胞脱落。

诊断　根据临诊症状和粪便检查可确诊。粪便漂浮法检查卵囊，但在感染初期，因卵囊尚未形成，则可刮取肠黏膜压片，镜下检裂殖体。

治疗　可选用下列药物：

磺胺六甲氧嘧啶　每千克体重50mg，每天1次，连用7d。

磺胺二甲氧嘧啶　每千克体重55mg，用药1d；或按每千克体重27.5mg，连用2～4d。也可用药直到症状消失。

氨丙啉　按每千克体重110～220 mg，混入食物，连用7～12d，当出现呕吐等副作用时，应停止使用。

临床上对脱水严重的犬、猫要及时补液。贫血严重的病例要输血治疗。

防治措施　平时应保持犬、猫房舍的干燥，做好其食具和饮水器具的清洁卫生。可用氨丙啉进行药物预防。

（二）贾第虫病

贾第虫病是由六鞭科贾第属的贾第虫寄生于犬、猫的小肠引起的疾病。

病原体　主要3个种。

犬贾第虫（*Giarida canis*），寄生于犬的十二指肠、空肠和回肠上段。虫体有滋养体和包囊两个时期：滋养体似倒置纵切的半个梨形，两侧对称，前半部呈圆形，后部逐渐变尖。大小为（9.5～21）μm×（5～15）μm，侧面观时背面隆起，腹面扁平。腹面有左右2个吸盘。有2个核，4对鞭毛，分为前侧鞭毛、后侧鞭毛、腹鞭毛和尾鞭毛各一对。体中有2个半月形的中体。

包囊椭圆形，囊壁厚，大小为（8～12）μm×（7～10）μm，碘液染色后呈黄绿色。铁苏木素染色后可见内有2～4个核，多偏于一端，还可见到轴柱、鞭毛及丝状物。四核包囊为成熟包囊（图7－2）。

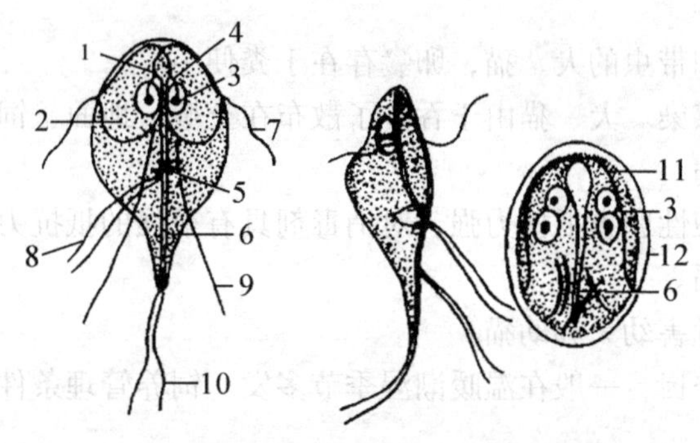

图7－2　蓝氏贾第鞭毛虫滋养体及包囊

（采自罗思杰．寄生虫学及寄生虫检验．第1版．人民军医出版社，2006）

1. 毛基体　2. 吸盘　3. 细胞核　4. 根丝体　5. 中体　6. 轴丝　7. 前侧鞭毛体　8. 腹鞭毛　9. 后侧鞭毛　10. 尾鞭毛　11. 鞭毛　12. 囊壁

猫贾第虫（*G. cati*），寄生于猫的小肠或大肠。与犬贾第虫形态相似。

蓝贾第虫（*G. lamblia*），寄生于人、犬、猫、猩猩、猪、豚鼠等的十二指肠、空肠和回肠。

生活史

宿主　贾第虫病为人兽共患寄生虫病。人、犬、猫等许多哺乳动物、禽类、啮齿动物等都是易感动物。

发育过程　贾第虫包囊随宿主粪便排出体外，污染犬、猫食物和饮水，被犬、猫吞食后，在十二指肠脱囊，逸出滋养体，侵入肠壁，以纵二分裂法繁殖。滋养体落入肠腔排至结肠，虫体变成包囊。随粪便排出的包囊可引起新的感染，苍蝇等也能起机械传播作用。

流行病学

感染途径 经口感染。采食被贾第虫包囊污染的食物和饮水，与带虫动物或被包囊污染的媒介物接触，是感染本病的主要途径。

地理分布 该病呈世界性分布，在欧美许多国家曾多次暴发流行，但在我国极少报道。

流行因素 该病的水媒性暴发最为常见，另外由于家犬的散养习惯，粪便缺乏妥善的管理等都是造成该病流行的重要因素。

抵抗力 包囊的抵抗力极强，在水中可存活1～3个月，在潮湿的粪便内可存活8周。在湿润的环境中可较长时间存活，在8℃可生存2个月，在1℃可生存1个月，在37℃可存活4d；在苍蝇的肠道内存活24h；在蟑螂消化道内存活12d。但在50℃以上或干燥环境很容易死亡。

症状 本病的致病性和宿主的免疫状态和抵抗力有关。当宿主健康，状态良好，免疫功能正常时不致病；当宿主免疫功能受到抑制或破坏时，或肠黏膜受损时，则可致病。一般断奶至2岁左右的犬对本病易感，1岁以内的幼犬最易感，感染后症状较明显，主要表现腹泻，粪便呈浅褐色或褐色糊状，发出腐臭味，混有黏液和脂肪，表层带有黏液或混有血液，排便次数和数量增加。厌食，精神不振，生长迟缓，严重者可致死亡。患猫表现体重减轻，排稀软黏液样粪便，粪便中含有分解或未分解的脂肪组织。

诊断 根据临床症状和粪便检查结果可确诊。用新鲜粪便抹片，镜检发现活动的犬贾第虫滋养体；在成形的粪便中用碘液染色法检查，可发现处于停止期的犬贾第虫包囊。

治疗

痢特灵 每千克体重10～15mg，每日口服2次，连服3d。

阿的平 每次50～100mg，12h用药1次，连用3d，间隔3d后应重复一个疗程。

甲硝哒唑（灭滴灵） 每千克体重30mg，口服，每日2次，连服3～5d，有良好的效果。

防治措施 保持犬舍及其周围环境的干燥和清洁卫生；经常用洗洁剂或沸水对笼具进行冲刷，避免食盘被粪便污染；保持犬体清洁卫生。

（三）阿米巴病

阿米巴病是由内阿米巴科内阿米巴属的溶组织内阿米巴虫寄生于人和动物的大肠黏膜引起的疾病。常寄生于大鼠、犬、猫、猪、人的结肠和盲肠内。临床特征为大肠糜烂和溃疡，称为肠阿米巴病。

病原体 溶组织内阿米巴（*Entamoeba histolytica*）可分包囊和滋养体两个不同时期。成熟的4核包囊为感染期。

滋养体形态多变，大小在10～60μm之间，平均略大于20μm。运动活泼，有透明的外质和富含颗粒的内质，内外质区分明显，运动时外质伸出，形成指状伪足。具一个球形的泡状核，直径4～7μm。核仁小，大小为0.5μm，常居中，周围围以纤细无色的丝状结构。从有症状患者组织中分离时，常含有摄入的红细胞，有时也可见白细胞和细菌。

包囊呈球形，直径为5～20μm，外包一层透明的囊壁，内含1～4个核，各有1个位于中央的核仁。未成熟包囊含核 1~2 个，胞质内含拟染色体和糖原泡。成熟包囊含有 4 个核，圆形，直径 10~16μm，外包囊壁厚，光滑。核为泡状核，与滋养体相似但稍小。

生活史

宿主　大鼠、犬、猫、猪、人。人为溶组织内阿米巴的适宜宿主。

滋养体在肠腔以外的脏器或外界不能成囊（滋养体在肠腔里形成包囊的过程称为成囊）。包囊随粪便排至外界，动物食入粪便中的包囊而感染。在回肠末端或结肠的中性或碱性环境中，由于包囊中的虫体运动和肠道内酶的作用，包囊壁在某一点变薄，囊内虫体多次伸长，伪足伸缩，虫体脱囊而出。4 核的虫体经三次胞质分裂和一次核分裂发展成 8 个滋养体，随即在结肠上端摄食细菌并进行二分裂增殖。虫体在肠腔内下移的过程中，随着肠内容物的脱水和环境变化等因素的刺激，而形成圆形的前包囊，分泌出厚的囊壁，经二次有丝分裂形成四核包囊，随粪便排出。

滋养体可侵入肠黏膜，吞噬红细胞，破坏肠壁，引起肠壁溃疡，也可随血流进入其他组织或器官，引起肠外阿米巴病。随坏死组织脱落进入肠腔的滋养体，可通过肠蠕动随粪便排出体外，滋养体在外界自然环境中只能短时间存活，即使被吞食也会在通过上消化道时被消化液所杀灭。

流行病学

传染源及感染途径　为粪便中持续带包囊者。经口感染。

地理分布　呈世界性分布，但常见于热带和亚热带地区。

抵抗力　包囊的抵抗力较强，适当温湿度，在粪便中能存活 2 周以上，在水中存活 1 个月，能耐受常用消毒剂的作用，并保持有感染力。但对干燥、高温的抵抗力弱，50℃几分钟即死亡。通过蝇或蟑螂消化道的包囊仍具感染性。滋养体抵抗力极差，在室温下数小时内死亡，并可被胃酸杀死，无传播作用。

症状　本病多数情况下无明显症状或症状轻微，严重感染出现精神委顿，体重下降，厌食，水样腹泻，粪中含有黏液和潜血，少数可导致死亡。

病理变化　表现盲肠和结肠上段黏膜糜烂、溃疡，典型的病变是口小底大的烧瓶样溃疡，溃疡间的黏膜正常或稍有充血水肿。阿米巴肿是结肠黏膜对阿米巴刺激的增生反应，主要是组织肉芽肿伴慢性炎症和纤维化。

肠外阿米巴病往往呈无菌性、液化性坏死，周围以淋巴细胞浸润为主，极少伴有中性粒细胞，滋养体多在脓肿的边缘。肝脏主要病变为灶性坏死，坏死灶增大，病变的内容物液化，形成阿米巴肿。

诊断　根据临床症状、病原学检查，结合血清学和影像学诊断可确诊。

病原学诊断可采用生理盐水涂片法或碘液涂片法，在粪便中发现滋养体和包囊即可确诊。

血清学诊断可用间接血凝试验、ELISA 或琼脂扩散法（AGD）从血清中检查到相应的特异性抗体。同时可结合 CT、X 线进行影像学诊断。

鉴别诊断：肠阿米巴病应与细菌性痢疾相鉴别，后者起病急，发热，全身状态不良，粪便中白细胞多见，抗菌素治疗有效。

治疗　可选用下列药物。

甲硝唑（灭滴灵）　犬每千克体重 10mg，口服，每日 2 次，连用 1 周。

氯喹（氯碘喹啉） 每千克体重5mg，连用14d，对组织内的阿米巴有效。

痢特灵 每千克体重2mg，口服，每日3次，连用1周。

对于带包囊者的治疗应选择肠壁不易吸收且副作用低的药物，如巴龙霉素、喹碘方、安特酰胺等。

预防 阿米巴病是一个世界范围内的公共卫生问题，其防治应加强饲养管理，改善环境卫生条件，即可控制和减少此病的发生。如对粪便进行无害化处理，以杀灭包囊，保护水源、食物免受污染。

(四) 隐孢子虫病

隐孢子虫病是由隐孢子虫科隐孢子属的隐孢子虫寄生于多种动物的消化道及其他器官引起的疾病。是重要的人兽共患病。主要特征为腹泻，免疫力正常的动物表现为自限性腹泻，当免疫功能缺损时，水泻不止而死亡。

病原体 感染犬、猫的隐孢子虫主要是猫隐孢子虫（*Cryptosporidium felis*），寄生于犬、猫的肠道。隐孢子虫的卵囊呈圆形或椭圆形，大小为（3.2～5.1）μm×（3.0～4.0）μm。卵囊壁薄而光滑，无色。孢子化卵囊含有4个裸露香蕉形的子孢子和1个由颗粒物组成的残体，不含孢子囊（图7－3）。

生活史 隐孢子虫的生活史与艾美尔球虫相似，可分为裂殖生殖、配子生殖和孢子生殖阶段。

裂殖生殖 随粪便排出体外的卵囊即具有感染性。犬、猫等动物吞食后，在胃肠道内脱囊后，子孢子进入胃肠上皮细胞绒毛层内进行裂殖生殖，裂殖生殖产生3代裂殖体。其中第1、3代裂殖体内含8个裂殖子，第2代含4个裂殖子。

配子生殖 释放出的裂殖子发育为雌、雄配子体，继续发育为雌、雄配子，大小配子结合，外层形成囊壁后发育为卵囊。

孢子生殖 成熟的卵囊含4个裸露的子孢子。卵囊有薄壁（约占20%）和厚壁（约占80%）两种类型。薄壁卵囊子孢子逸出直接侵入肠上皮细胞进行裂殖生殖，形成自身感染性虫体，又侵入邻近的宿主细胞重新开始发育循环；厚壁卵囊在肠上皮细胞或肠腔内经孢子化发育为孢子化卵囊，随粪便排出体外，犬、猫吞食后重复上述发育。

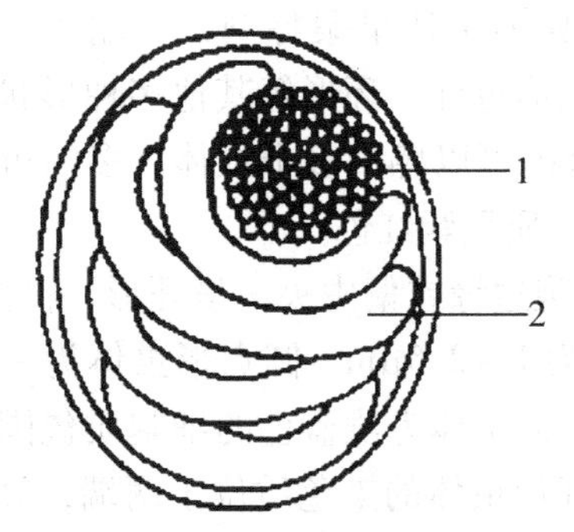

图7－3 隐孢子虫孢子化卵囊模式图
（采自张宏伟．动物寄生虫病．第1版．中国农业出版社，2005）
1. 残体 2. 子孢子

流行病学

传染源 患病和带虫的犬、猫和兔等动物。卵囊存在于粪便中。隐孢子虫的传染源是人和犬、猫排出的卵囊。

感染途径 经口感染，人和犬、猫的主要感染方式是粪便中的卵囊污染食物和饮水，经消化道发生感染。也可通过自身感染。

易感宿主 人和动物对隐孢子虫都易感，不具有很明显的宿主特异性。

抵抗力 卵囊对外界环境有很强的抵抗力。在潮湿的环境下能够存活数月。对大多数消毒剂有明显的抵抗力，50%以上的氨水和30%

以上的福尔马林，30 分钟可杀死隐孢子虫卵囊。

流行情况　隐孢子虫呈全球分布。

症状　临床症状与机体的免疫状态有关。潜伏期 1 周左右，突然出现急性下痢，排出黄油状，灰白色、灰褐色或黄褐色粪便，后期呈透明水样便，并混有脱落的肠黏膜。动物表现厌食，消瘦，体温升高。经过 10 天左右水样便逐渐变为泥状软便，逐渐趋于正常。隐孢子虫单独感染时死亡率较低，但与大肠杆菌、轮状病毒、冠状病毒等混合感染，其死亡率上升。

病理变化　尸体消瘦，组织脱水。肠黏膜水肿，小肠绒毛萎缩凹陷、变短变粗，或融合脱落。

诊断　根据流行病学特点、临诊症状及实验室病原检查进行综合确诊。实验室病原检查是确诊本病的依据。

因卵囊较小，粪便检出率低，可将涂片采用改良的酸性染色法染色后镜检，卵囊被染成红色，检出率较高；也可采用金胺本酚染色法，经染色的卵囊，在荧光显微镜下观察，卵囊呈乳白色略带绿色的荧光，中央淡染，似环状。

死后诊断可刮取消化道病变部位黏膜涂片染色，可发现各发育期虫体。

治疗　到目前为止，尚无治疗隐孢子虫病的有效药物。

防治措施　搞好环境卫生，提高动物的饲养管理水平，增强免疫力。

二、循环系统原虫病

（一）巴贝斯虫病

犬猫巴贝斯虫病是由巴贝斯科巴贝斯属的原虫寄生于犬的红细胞内引起的疾病。主要特征为严重贫血和血红蛋白尿症，是一种严重的寄生虫病，对良种犬，尤其是军犬警犬和猎犬危害很大。

病原体　主要有 2 种。

犬巴贝斯虫（*Babesia canis*），为一种大型虫体，典型虫体呈梨籽型，一端尖，一端钝，梨籽形虫体之间可以形成一定的角度。此外还有变形虫样、环形等其他多种形状的虫体。一般长约 4～5μm。最长的可达 7μm。一个红细胞内可以感染多个虫体，多的可达到 16 个。血片用姬姆萨液染色，原生质染成淡蓝色，染色质呈紫红色。

吉氏巴贝斯虫（*B. gibsoni*），虫体很小，多位于细胞边缘或偏中央，呈环形、椭圆形、圆点形、梨形、小杆形等形态。虫体长度一般在大小为 1～2.5μm。圆点形虫体为一团染色质，姬姆萨染色呈深紫色，多见于感染的初期。环形的虫体为浅蓝色的细胞质包围一个空泡，有一团或两团染色质，位于细胞质的一端。小杆形虫体的染色质位于两端，染色较深，中间细胞质着色较浅，呈巴氏杆菌样。在一个红细胞内可寄生 1～13 个虫体，以寄生 1～2 个虫体者多见（图 7－4）。

发育过程　蜱在吸动物血时，将巴贝斯虫的子孢子注入动物体内，子孢子进入红细胞内，以二分裂或出芽方式进行分裂增殖，产生裂殖子，当红细胞破裂后，虫体逸出，虫体再侵入新的红细胞，如此反复分裂，破坏红细胞，几代后形成配子体。

图7-4 红细胞内的吉氏巴贝斯虫
（采自孔繁瑶．家畜寄生虫学．第2版．中国农业大学出版社）

蜱叮咬吸血的时候，配子体进入蜱的肠管进行配子生殖，即在上皮细胞内形成配子，而后结合形成合子。

合子可以运动，进入各种器官反复分裂形成更多的动合子。动合子侵入蜱的肠上皮、血淋巴细胞等部位反复进行孢子生殖，形成更多的动合子。动合子侵入蜱的卵母细胞，在子代蜱发育成熟和采食时，进入子代蜱的唾液腺，进行孢子生殖，形成形态不同于动合子的子孢子。子代蜱吸血的同时向宿主体内注入大量唾液，从而将巴贝斯虫子孢子传给动物。

流行病学

感染来源　患病和带虫犬，病原体存在于红细胞中。

感染途径　经生物媒介传播感染，吉氏巴贝斯虫病可通过胎盘直接感染胎儿，可垂直传播。

传播者　蜱是巴贝斯虫的传播者，所以该病的分布和发病季节与蜱的分布和活动季节有密切关系。一般而言，蜱多在春季开始出现，冬季消失。

地理分布与年龄特点　我国主要为吉氏巴贝斯虫，呈地方性流行。幼犬和成犬对巴贝斯虫病一样敏感。纯种犬和引进犬最易发生本病，地方土犬和杂种犬对本病有较强的抵抗力。

症状　巴贝斯虫病常呈慢性经过。病初精神沉郁，不愿活动，运动时四肢无力，身躯摇晃。体温升高至40～41℃，持续3～5d后，有5～10d体温正常期，呈不规则间歇热型。食欲减少或废绝，营养不良，明显消瘦。出现渐进性贫血，结膜和黏膜苍白。触诊脾脏肿大。尿呈黄色至暗褐色，少数病犬有血尿、轻度黄疸和血红蛋白尿的症状。部分病犬呈现呕吐症状，鼻漏清液，眼有分泌物等。

急性病例，多在1～2d死亡，无明显临床症状。

病理变化　主要表现为结膜苍白、黄染，血红蛋白尿。肝脏、脾脏、肾（双侧或单侧）肿大。显微镜下可见病犬大脑、肝脏、骨骼肌、脾脏和淋巴结出现局灶性水肿和坏死。部分病犬出现肝炎、动脉炎及增生性肾小球性肾炎。

诊断　根据流行病学、临床症状和病原检查进行诊断。

首先了解疫情，当地是否发生过本病，有无传播本病的蜱存在。在发病季节，如病犬呈现高热、贫血、黄疸和血红蛋白尿等症状时，应考虑是否为本病。

血液涂片检出虫体是确诊的主要依据。采病犬末梢血做涂片，姬姆萨染色镜检，发现红细胞内的虫体即可确诊。

在血清学诊断中，间接荧光抗体试验、酶联免疫吸附试验的特异性较高，且可供常规使用，主要用于染虫率较低的带虫犬的检出和疫区的流行病学的调查。分子生物学检测中，有核酸探针和PCR方法用于本病的诊断。

治疗　可选用特效药物治疗。

硫酸喹啉脲　每千克体重0.5mg。皮下或肌肉注射，有时隔日重复注射一次。对早期急性病例疗效显著，用药后，如出现兴奋、流涎、呕吐等副作用，则将剂量减至每千克体重0.3mg，多次低剂量给药。

三氮脒　每千克体重为11mg，配成1%溶液皮下注射或肌肉注射，间隔5d再用药1次。

咪唑苯脲　每千克体重5 mg，配成10%溶液，皮下或肌肉注射，间隔24h重复用药一次。

氧二苯脒　剂量为15mg/kg体重，配成5%溶液皮下注射，连用2d。

0.5%黄色素　按3mg/kg体重，加生理盐水250ml，一次静注。

蒿甲醚　每千克体重7mg，肌肉注射，每日1次，连用2d。药物显效迅速，毒副作用小。

以上药物对处于发热和贫血重症期的病犬治疗效果最佳，对于慢性病犬可用类固醇药物诱发原虫生长，再使用抗原虫药物。对病程较长的病犬，除上述疗法外，还应进行对症和支持疗法。

防治措施

1. 做好灭蜱工作，在蜱出没的季节消灭犬体、犬舍以及运动场的蜱。于发病季节开始，每隔15d用1%敌百虫或0.05%除癞灵溶液喷雾和洗刷犬体一次。或用7.5%溴氰菊酯2 000倍稀释。给犬全身药浴，每2月药浴1次。也可给犬带上驱蜱项圈，保护期达3个月。可控制蜱、蚊等吸血昆虫对犬体的叮咬。

2. 在引进犬的时候要选择在非流行季节，尽可能不从流行地区引进犬。

3. 对发生巴贝斯虫病的犬做到早发现、早治疗，对其他健康犬可用硫酸喹啉脲、三氮脒等药物进行预防注射。

（二）锥虫病

锥虫病是由锥体科锥虫属的伊氏锥虫寄生于动物血液中引起的疾病。又称为“苏拉病”。主要特征为进行性消瘦，高热，贫血，黏膜出血，黄疸，心机能衰退，水肿和神经症状等。

病原体　布氏锥虫伊氏亚种（*Trypanosoma brucei evansi*）也称伊氏锥虫（*T. euansi*），虫体细长，长15~34μm，平均长24μm，宽1~2μm。呈弯曲的柳叶状，前端尖，后端钝。泡状核椭圆形，位于虫体中央。虫体后端有点状动基体和毛基体，由毛基体生出1根鞭毛，长约6μm，沿虫体边缘的波动膜向前延伸，最后游离出体外（图7-5）。

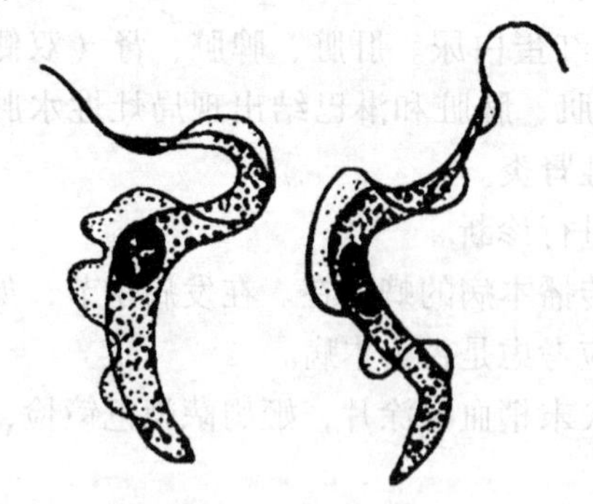

图7-5　伊氏锥虫
（采自孔繁瑶．动物寄生虫病．第2版．中国农业大学出版社）

生活史　伊氏锥虫寄生于易感动物的血液和造血脏器，当吸血昆虫吸血时将虫体吸入体内，在昆虫体内并不发育，生存时间亦短，在螯蝇体内生存22h；在虻体内生存33~44h。昆虫再叮咬其他动物时使其感染。伊氏锥虫以纵二分裂法繁殖。为单宿主发育型。

流行病学

感染来源 患病或带虫马属动物和犬，还有黄牛、水牛、羊、骆驼、猪等，马属动物易感性最高，病原体存在于血液中。

传播媒介 虻类和吸血蝇类是主要传播者。

感染途径 主要经生物媒介传播感染，也可通过胎盘感染。在疫区注射器和手术器械如不注意消毒亦可传播本病。肉食动物在食入新鲜病肉时可通过消化道伤口而感染。

地理分布 主要流行于南方。

季节动态 流行季节与吸血昆虫的活动季节紧密相关，发病多在5~10月，7~9月为高峰期。在南方亦可常年发生。

症状 锥虫在血液中寄生，迅速增殖，产生大量的有毒代谢产物，宿主亦产生溶解锥虫的抗体，使锥虫溶解死亡，又释放出大量的毒素。毒素首先损害神经系统使机能障碍，引起体温升高、运动障碍；继而破坏造血器官，使红细胞溶解，从而引起黄疸、组织缺氧、酸中毒。临床表现精神沉郁，食欲减退，体温升高40~41℃，结膜苍白、黄疸、出血，进行性消瘦，后期高度贫血，心机能衰退，体表水肿和神经症状，病犬站立困难，倒地死亡。

病理变化 尸体消瘦，皮下水肿呈胶样浸润，体表淋巴结肿大、充血，切面呈髓样浸润。血液稀薄，凝固不全。胸、腹腔内有大量的浆液性液体。脾脏肿胀，脾髓常呈烂泥状。肝脏淤血肿大、脆弱，切面呈淡红色或灰褐色，肉豆蔻状。

诊断 根据流行病学、临诊症状、血液病原学检查综合确诊。

血液病原学检查：可采耳尖静脉血作血液压滴标本镜检，伊氏锥虫在压滴血标本中原地运动很活泼，前进运动较缓慢；或血液涂片以姬姆萨氏或瑞氏染色镜检，在姬姆萨氏染色的血片中，虫体的细胞核和动基体呈深红色，鞭毛呈红色，波动膜呈粉红色，原生质呈淡天蓝色。

一般在体温升高时采血检出率较高。

治疗 早期诊断和治疗尤为重要，配合对症和支持疗法。

硫酸甲基喹嘧胺（安锥赛） 犬按每千克体重5~10mg，1次皮下或肌肉注射。

三氮脒（血虫净、贝尼尔） 犬每千克体重5mg，配成5%溶液，深部肌肉注射，隔日1次，连用2~3次。

防治措施 加强饲养管理，保持环境卫生，防止吸血昆虫叮咬动物。

（张素丽）

三、其他原虫病

（一）弓形虫病

弓形虫病是由肉孢子虫科弓形虫属的龚地弓形虫寄生于动物和人的有核细胞中引起的疾病。此病为重要的人兽共患病。主要特征犬、猫多呈隐性感染，但有时也可发病，引起神经、呼吸及消化系统症状。

病原体 龚地弓形虫（*Toxoplasma gondi*），只此1种，但有不同的虫株。其不同发育

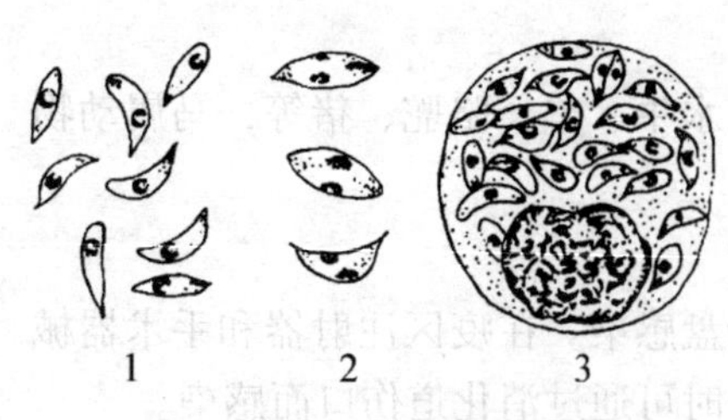

图7-6 弓形虫
(采自孔繁瑶．家畜寄生虫病．第2版．中国农业大学出版社)
1. 滋养体 2. 分裂中的滋养体 3. 假囊

阶段，形态各异。

速殖子 又称滋养体。呈弓形、月牙形或香蕉形，一端较尖，一端钝圆，中央有一细胞核，稍偏钝端。平均大小为 (4~7)μm×(2~4)μm。经姬姆萨氏或瑞氏染色后，胞浆呈淡蓝色，有颗粒，核呈深蓝色。速殖子主要出现在急性病例，多数在细胞内，亦可游离于血液、组织液及腹水中。有时众多速殖子集聚在宿主细胞内，被宿主细胞膜所包围，形成假囊（图7-6）。

包囊 又称组织囊。包裹呈圆形或卵圆形，有较厚的囊壁，直径50~69μm，包裹可随虫体的繁殖而增大，达100μm，可在感染动物体内长期存在甚至终生。包囊见于慢性病例的多种组织，如脑、眼、骨骼肌等处。囊内的虫体以缓慢的方式增殖，称为慢殖子，有数十个至数千个。在机体免疫力低下时，包裹可破裂，慢殖子从包裹中逸出，重新侵入新的细胞，引起宿主发病。

裂殖体 呈圆形，直径12~15μm，内含4~24个裂殖子。见于终末宿主肠上皮细胞内。

配子体 小配子体呈圆球形，直径10μm，发育成熟的小配子体可形成12~32个小配子，小配子呈新月形，二根鞭毛，长约3μm；大配子体呈卵圆形，发育成熟后称大配子，其形态变化不大，仅体积增大，可达15~20μm。大、小配子结合形成合子，最后发育为卵囊。见于终末宿主肠上皮细胞内。

卵囊 呈圆形或近圆形。大小为 (11~14)μm×(9~11)μm。孢子化卵囊内含有2个椭圆形孢子囊，无斯氏体，每个孢子囊内有4个子孢子。卵囊在终末宿主小肠绒毛上皮细胞内产生。随终末宿主粪便排出。

生活史

中间宿主 多种哺乳动物、鸟类和人，为典型的多宿主寄生虫。

终末宿主 猫及猫科动物是唯一的终末宿主。

发育过程 弓形虫全部发育过程需要两种宿主。在中间宿主和终末宿主组织细胞内进行无性繁殖，称为肠外期发育；在终末宿主体内进行有性繁殖，称为肠内期发育。

猫食入速殖子、包囊、慢殖子、卵囊、孢子囊等各阶段虫体而感染。一部分虫体进入肠外期发育，另一部分虫体进入肠上皮细胞进行数代裂殖生殖后，再进行配子生殖，最后形成卵囊，卵囊随猫的粪便排出体外。肠外期发育亦可在终末宿主体内进行，故终末宿主亦可作为中间宿主。

中间宿主吃入速殖子、包囊、慢殖子、孢子化卵囊、孢子囊等各阶段虫体或经胎盘均可感染。子孢子通过淋巴和血液循环进入有核细胞，以内二分裂增殖，形成速殖子和假囊，并引起急性发病。当宿主产生免疫力时，虫体繁殖受到抑制，在脏器组织中形成包囊，并可长期存在。

发育时间 猫从感染到排出卵囊需3~5d，高峰期在5~8d，卵囊在外界完成孢子化需1~5d（图7-7）。

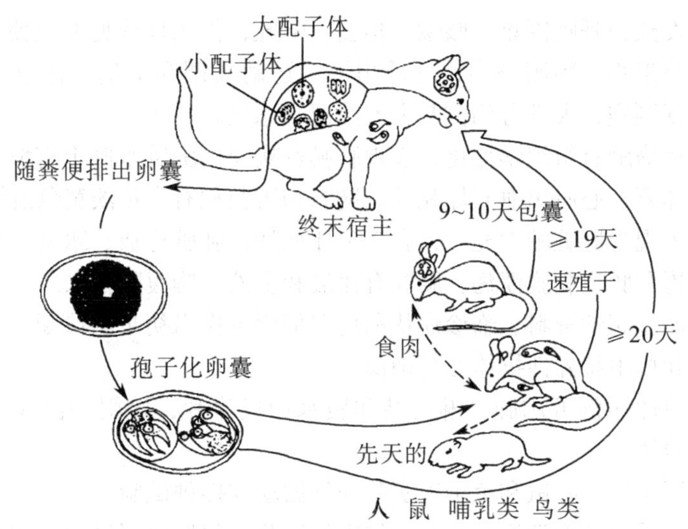

图7-7 弓形虫生活史

(采自孔繁瑶．家畜寄生虫学．第2版．中国农业大学出版社)

流行病学

感染来源　患病或带虫的中间宿主和终末宿主均为感染来源。患病动物的唾液、痰、粪便、尿液、乳汁、肉、内脏、淋巴结、腹腔液、眼分泌物，以及急性病例的血液和腹腔液中都可能含有速殖子。病猫排出的卵囊及污染的土壤、食物、饲料、饮水为重要感染源。

感染途径　主要经口感染，也可通过损伤的皮肤和黏膜及眼感染，母体血液中的速殖子可通过胎盘进入胎儿，使胎儿发生先天性感染。

繁殖力　猫每天可排出1 000万个卵囊，并可持续10～20d。

抵抗力　卵囊的抵抗力强，在常温下可保持感染力1～1.5年，常用的一般消毒药对卵囊无大影响。包囊在冰冻和干燥条件下不易生存，但在4℃时尚能存活68d，且有抗胃液的作用。速殖子和裂殖子的抵抗力最差，在生理盐水中，几小时后即丧失感染力，各种消毒药均能杀死。

地理分布　由于中间宿主和终末宿主分布广泛，中间宿主之间、终末宿主之间、中间宿主与终末宿主之间均可相互感染。故本病广泛流行，无地区性。

致病作用及症状　初次感染弓形虫，由于宿主尚未建立免疫反应，弓形虫在宿主细胞内迅速增殖，速殖子可充满整个细胞，导致细胞破坏，速殖子释出，再侵入新的细胞，如此反复循环破坏，引起组织炎症反应。当宿主产生免疫力后，虫体繁殖受到抑制，增殖变慢，多个缓殖子聚集在细胞内，形成包囊。包囊周围无明显的炎症反应。宿主抵抗力一旦下降，包囊开始破裂，虫体再次释出，形成新的暴发。

犬、猫多呈隐性感染。

猫的症状分急性型和慢性型。急性型主要表现厌食、嗜睡，持续高热，体温40℃以上，呼吸困难，咳嗽，有肺炎的症状。有时猫出现呕吐，腹泻，黄疸，过敏，眼结膜充血，脉络膜视网膜炎，对光反应迟钝，甚至眼盲。怀孕猫出现流产或新生仔猫出生后数日死亡；慢性型病猫时常反复，厌食，发热，腹泻，虹膜发炎，贫血。有些猫出现惊厥，抽搐，瞳孔不均，表现脑炎症状。怀孕母猫流产或死产。病猫有时没有明显症状时突然死亡。

犬主要表现发热，呼吸困难，咳嗽。拒食、呕吐，排水样或血样粪便。精神沉郁，眼和鼻流出黏液样分泌物，黏膜苍白，体质虚弱，运动失调和下痢。怀孕母犬易早产和流产。本病幼犬表现剧烈，大部分病例与犬瘟热混合感染。

病理变化　病猫脑有组织学变化，表现脑膜炎病变。肺脏水肿上有散在的结节。淋巴结增生、出血或坏死。心肌出血有坏死灶。胸腔和腹腔积有大量淡黄色液体。

犬病理变化表现为肝脏肿大充血，有灰色坏死灶，肺脏充血、水肿，有大小不等的灰白色结节病灶。胃和肠道黏膜溃疡，肠腔有血液和黏液。胸腹腔积水。

诊断　根据流行病学资料、临诊症状和病理剖检可作出初步的诊断。通过实验室诊断查出病原性虫体和检出特异性抗体方可确诊。

病原检查　急性病例可用肺、淋巴结和腹水做成涂片，姬姆萨氏或瑞氏染色法染色后，镜检有无滋养体。

动物试验　用小鼠、豚鼠和兔子等实验动物做动物接种试验。

血清学诊断　采用免疫学诊断方法，如染料试验、间接血凝试验、间接免疫荧光抗体试验、酶联免疫吸附试验等。目前已有快速诊断试剂盒应用于临床。

治疗　尚无特效药物。可用磺胺类药物进行治疗。

磺胺嘧啶　按每千克体重10mg，或按每千克体重加乙胺嘧啶0.5～1mg，混合后每日分4～6次口服，连用14d。

复方磺胺甲基异恶唑（复方新诺明）　每千克体重20～50mg，5%葡萄糖氯化钠液250～500ml；50%葡萄糖液20ml，静脉注射，每日1次，连用3～5d。同时口服乙胺嘧啶，每日2片。

防治措施　防止猫粪污染食物、饮水和环境；消灭鼠类；病死动物和流产胎儿要深理或高温处理；发现患病动物及时隔离治疗；禁止用未煮熟的肉喂猫和犬；加强饲养管理，提高动物抗病能力。

（二）利什曼原虫病

利什曼原虫病是由锥体科利什曼属的原虫寄生于犬和人的内脏引起的疾病。又称“黑热病”。是流行于人、犬及多种野生动物的重要人兽共患病。

病原体　主要致病种为恰格斯利什曼原虫（*Leishmania chagasi*）、秘鲁利什曼原虫（*L. peruviana*）、杜氏利什曼原虫（*L. donovani*）、热带利什曼原虫（*L. tropica*）、婴儿利什曼原虫（*L. infantum*）。

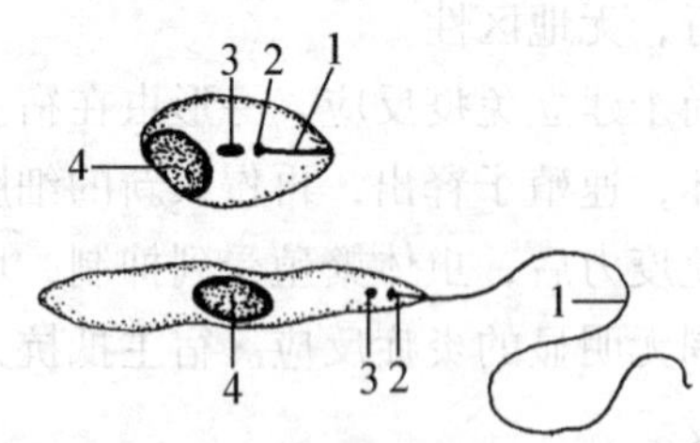

图7-8　杜氏利什曼原虫

（采自孔繁瑶．家畜寄生虫学．第2版．中国农业大学出版社）

1. 鞭毛　2. 鞭毛基体　3. 动基体　4. 核

利什曼属所有种形态十分相似。主要有无鞭毛体和前鞭毛体两种形态。利什曼原虫寄生于犬的血液、骨髓、肝、脾、淋巴结的网状内皮细胞中。在犬体内的虫体称为无鞭毛体（利杜体），呈圆形或卵圆形，大小为（2.5～5.0）μm×（1.5～2.0）μm。瑞氏液染色后，胞质呈浅蓝色，胞核呈红色圆形，常偏于虫体一侧，动基体呈紫红色细小杆状，位于虫体中央或稍偏于另一端（图7-8）。

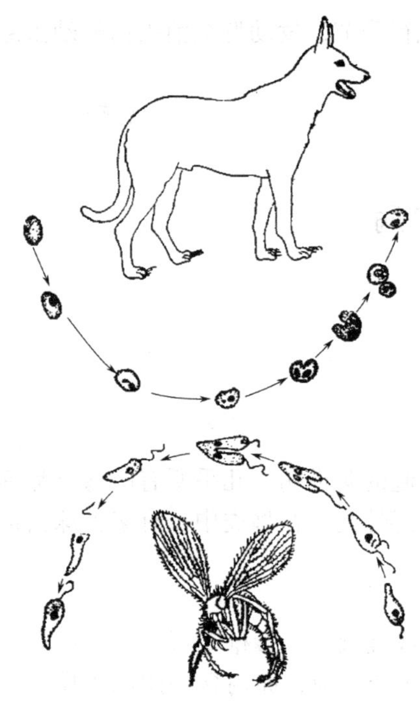

图7-9 利什曼原虫生活史

在白蛉体内的虫体称为前鞭毛体。虫体细长呈柳叶形，长约12~16μm，动基体前移至核前方，前端有一根与体长相当的游离鞭毛，在新鲜标本中，可见鞭毛不断摆动，虫体运动非常活泼。

生活史 生活史有前鞭毛体和无鞭毛体两个时期。前者寄生于白蛉的消化道内，后者寄生于人、犬、野生动物及爬行动物的细胞内，通过白蛉传播。

当雌性白蛉吸食病犬或病人的血液时，无鞭毛体被吸入白蛉胃内，经24h，在白蛉消化道内发育为前鞭毛体。前鞭毛体活动明显加强，并以纵二分裂法繁殖。在数量急增的同时，虫体逐渐向白蛉前胃、食道和咽部移动。第7天具感染力的前鞭毛体大量聚集在口腔及喙。当白蛉再吸食健康犬或人的血液时，前鞭毛体即随白蛉唾液进入健康动物或人的体内，失去游离鞭毛成为无鞭毛体，随血液循环到达机体各部，无鞭毛体被巨噬细胞吞食后，在其细胞内进行分裂增殖。巨噬细胞破裂。游离的无鞭毛体又可被其他巨噬细胞吞噬，重复上述增殖过程（图7-9）。

流行病学

感染来源 患病和带虫人、犬和野生动物，犬是利什曼原虫的天然宿主。

感染途径 白蛉作为媒介传播本病。

地理分布 20世纪50年代前中国、印度、地中海沿岸是世界上黑热病三大流行区。国内主要流行于长江以北16个省、市、自治区，其中山东、江苏、安徽、河南、陕西、甘肃曾为重流行区。建国后由于大力开展防治工作，于1958年在全国基本消灭了黑热病。但近年来在四川、甘肃等地，黑热病又有散在发生，应引起重视。

症状 潜伏期数周或数月乃至1年以上。其症状表现也不一致，皮肤型利什曼原虫病病变常局限在唇和眼睑部的浅层溃疡，一般可自愈；内脏型利什曼原虫病较常见，病犬开始于眼圈周围脱毛形成特殊的“眼镜”，然后体毛大量脱落，并形成湿疹，皮肤有皮脂外溢和白色鳞屑现象，以致皮肤增厚形成结节或溃疡。常伴有食欲不振，精神萎靡，消瘦，贫血，幼犬有中度体温波动，腹水、腹痛，嗓音嘶哑等症状，可自然康复也可衰竭而死。

病理变化 肝、脾、淋巴结肿大。

诊断 根据临床症状和病原检查确诊。

通过骨髓、淋巴结穿刺或从病犬皮肤溃疡边缘刮取病料进行抹片染色，检查出无鞭毛型利什曼原虫即可确诊。

也可通过免疫诊断，常用于检测血清抗体的方法有酶联免疫吸附试验、间接血凝试验、对流免疫电泳、间接荧光试验、直接凝集试验等。近年来，国内学者应用单克隆抗体——抗原斑点试验方法检测循环抗原，具较高的敏感性和特异性。

治疗 可用葡萄糖酸锑钠、戊脘脒等进行治疗。

防治措施 在流行区，应加强对犬的管理，定期对犬进行检查，发现病犬除了特别珍贵的犬种进行隔离治疗外，其他病犬以扑杀为宜；在流行季节，发动群众消灭白蛉幼虫滋生地，应用菊酯类杀虫药定期喷洒犬舍及犬体。

（陈娟）

第二节　鸟类原虫病

一、消化系统原虫病

(一) 球虫病

鸟球虫病主要为艾美尔属和等孢子属的多种球虫引起的肠道病。几乎所有的鸟类都感染，并出现一定的临床症状和病变，雏鸟比成年鸟的易感性高。在鸟类中，有多种球虫寄生，但大部分归属于艾美尔属和等孢子属。

病原体　主要有以下两类：

艾美耳属球虫（*Eimeriidae tenella*），卵囊呈卵圆形或椭圆形，囊壁2层，在一端有微孔，其上有突出的微孔帽，又称极帽，在微孔下有1～3个极粒，卵内含一团原生质。具有感染性的卵囊内含子孢子，又称孢子化卵囊。孢子化卵囊内含4个孢子囊，每个孢子囊中含2个子孢子。

等孢子属球虫（*E. isopora*），卵囊无微孔、极帽和极粒。孢子化卵囊中有2个孢子囊，每个孢子囊中有4个子孢子（图7-10）。

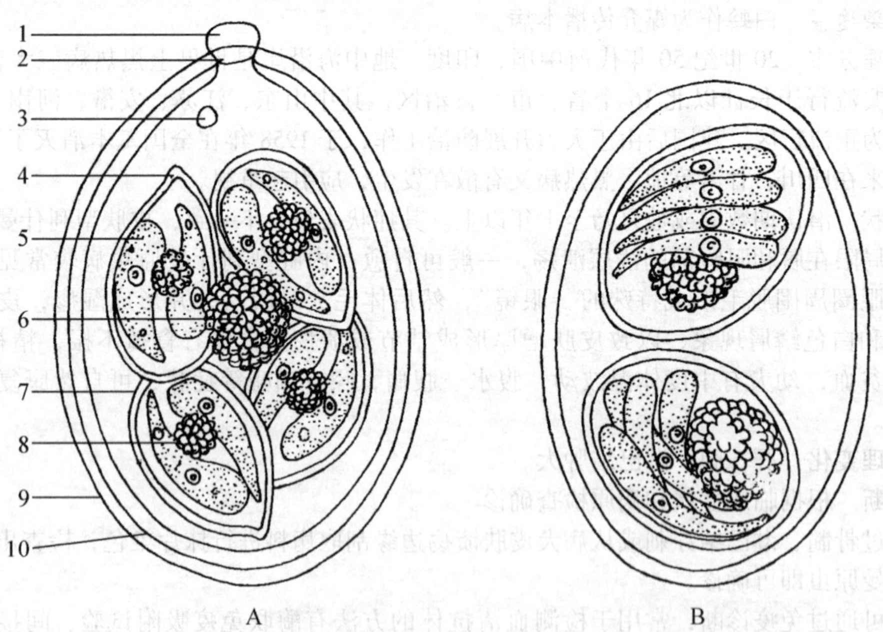

图7-10　A. 艾美耳属球虫卵囊　B. 等孢属球虫卵囊

（采自孔繁瑶．家畜寄生虫学．第2版．中国农业大学出版社，1997）

1. 极帽　2. 卵膜孔　3. 极粒　4. 斯氏体　5. 子孢子　6. 卵囊残体　7. 孢子囊　8. 孢子囊残体　9. 卵囊壁内层　10. 卵囊壁外层

生活史 球虫属直接发育型，即不需要中间宿主。裂殖生殖和配子生殖在宿主体内进行，称为内生性发育；配子生殖在外界环境中完成，称为外生性发育。

卵囊随宿主粪便排出体外，在适合的环境下，进行孢子生殖，经过4d左右在卵囊内形成孢子囊和子孢子，即发育为感染性卵囊。鸟如果食入和饮用了被感染性卵囊污染的饲料和饮水，在宿主消化液的作用下，卵囊壁和孢子囊壁破裂，释放出子孢子，继而入侵小肠上皮细胞，进行无性繁殖的裂殖生殖，使宿主的肠黏膜受到损害。经数代无性繁殖后，进入有性繁殖的配子生殖，裂殖子转化为雌性和雄性配子，两性配子结合为合子，发育为卵囊。卵囊随粪便排出体外，又重复上述过程。从鸟食入卵囊到排出下一代卵囊约需7d时间。

流行病学

病鸟是主要传染源，凡被带虫鸟污染过的饲料、饮水、土壤和用具等，都有卵囊存在。鸟感染球虫的途径主要是吃了感染性卵囊。人及其衣服、用具等以及某些昆虫都可成为机械传播者。一年四季均可发生球虫病。在潮湿多雨、气温较高的梅雨季节更易暴发球虫病，饲养管理条件不良，卫生条件恶劣时，也最易发病。

球虫卵囊对外界环境和多种消毒药都有很强的抵抗力。在一般土壤中可存活4～9个月，在2～38℃的潮湿土壤中可存活1年以上，在50～60℃的温度下可存活1h。但卵囊对日光、火焰、干燥条件及堆沤发酵极为敏感，在堆沤的粪便中只能存活115h，在日光下数小时即可使球虫卵囊死亡，用2%氢氧化钠消毒地面和用具能杀死卵囊。

各种球虫对鸟类宿主都有选择性，一种鸟有时感染数种球虫。鸡形目、鸽形目、雁形目、鹤形目、鹈形目、鹦形目的鸟常受到艾美耳属球虫感染，而等孢子属球虫常见于隼形目、鸡形目、佛法僧目、鸮形目、鹦形目的禽。球虫的侵害部位从十二指肠到泄殖腔，包括盲肠，也可以侵害一些鸟如天鹅、猫头鹰的肾脏。各种球虫对宿主侵袭后不产生交互免疫力，即一种鸟在感染一种球虫后还会受到其他种球虫的感染。

症状 症状的轻重与鸟的种类、健康状况、鸟的年龄及吞食卵囊的数量有关。其主要症状表现为精神委顿，食欲不振或废绝，体重减轻，羽毛松乱，贫血、口渴、腹泻，有的病鸟有轻度下痢，有的出现致死性下痢，粪便水样或黏性绿色或血性稀便。若不能及时治疗，病鸟会逐渐衰竭而死亡。本病呈急性或慢性经过，对雏鸟和幼鸟危害最大，成鸟带虫无临床症状，但体质瘦弱。耐过的鸟，对以后的感染有抵抗力。

病理变化 剖检口腔、咽部、食道和肠道可见到湿的黏性分泌物和干酪样物质。肉食鸟吃了病死鸟而发病。发病鸟肠道的壁层能看见红色、界限清楚的圆形小出血点。两侧盲肠显著肿大，黏膜出血。

诊断 根据流行病学和症状，结合虫体检查确诊。取新鲜粪便，用饱和食盐水漂浮法和甘油盐水涂片镜检，发现圆形的卵囊。

治疗 治疗本病的药物较多，由于球虫易产生抗药性，避免一种药长期使用。治疗时同时补给维生素A可促进恢复。

磺胺二甲氧嘧啶 按0.2%浓度饮水服用，连用3～5d，停药2～5d，再用3d。注意不要连续饮用7d，以防中毒。

磺胺间甲氧嘧啶（制菌磺片） 按0.1%～0.2%浓度混水或拌料，连用3d。

二硝托胺（球痢灵） 具有高效低毒的优点，按0.025%浓度混料，连喂3～5d，疗效好，并对免疫力无影响。

氯苯胍 是广谱抗球虫药，疗效显著。每千克饲料加入30~40mg，连用7d，若未治愈可再喂7d。

克球多（可爱丹） 按0.025%浓度混入饲料中，连用5d。

呋喃唑酮（痢特灵） 每千克饲料加入300~400 mg，连喂4~5d。注意混合均匀，以防中毒。

敌菌净磺胺合剂 按0.2%浓度混入饲料中，连用3~5d。

呋喃西林 0.04%拌于饲料中，一般3~5d可治愈。

常山酮（速丹） 每千克饲料加入6mg，连用7d，后改用半量。

呋喃西林 按0.04%浓度拌于饲料，一般3~5d可治愈。

预防措施

药物预防 经常发病地区，定期用药进行预防。

加强卫生管理 搞好鸟舍笼具的卫生和消毒工作，可用2%火碱水喷洒鸟舍、鸟笼、饲养用具及垫料、垫沙等，必须经常更换并保持干燥和干净，用前充分晒干。饮水和饲料不要受污染。

加强饲养管理 平时将幼鸟与成鸟分开饲养，一旦发现病鸟立即隔离。多喂含维生素A的饲料，以增强抵抗力。

（二）毛滴虫病

毛滴虫病是由毛滴虫科毛滴虫属的禽毛滴虫寄生于鸟类消化道上段所引起的原虫病。分布范围很广，侵袭各种鸽、鹌鹑、隼和鹰，偶尔也感染其他鸟类。主要感染幼鸽，常引起家鸽的溃疡症。

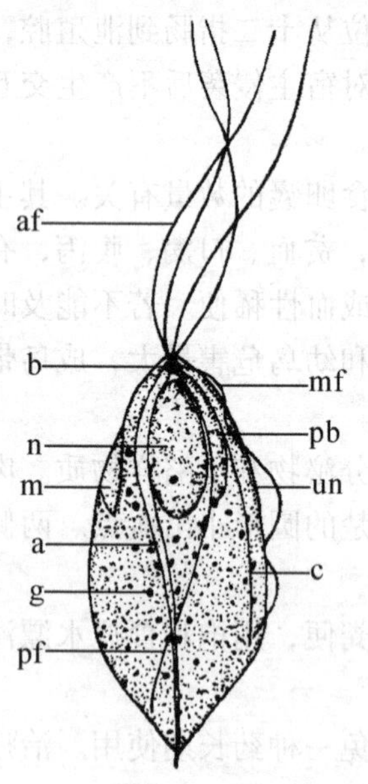

图7-11 禽毛滴虫模式图
（采自甘孟侯．中国禽病学．中国农业大学出版社，1999）

a. 轴刺 af. 前鞭毛 b. 毛基体 c. 肋 g. 细胞质颗粒 m. 口部 mf. 波动膜的缘线 n. 核 pb. 副基体 pf. 副基纤维 un. 波动膜

病原体 禽毛滴虫（*Trichomonas gallinae*），是一种单细胞原虫性寄生虫，呈梨形，移动迅速，长5~9μm，宽2~9μm。虫体前端毛基体发出4根典型的游离鞭毛，一根细长的轴刺常延伸至虫体后缘之外。在虫体的一侧还具有鳍样的波动膜，始于虫体的前端，止于虫体的稍后方（图7-11）。

生活史 生活史很简单，通过纵的二分裂进行繁殖。一个虫体直接分裂成两个，两个分裂成四个，以此类推。尚未发现孢囊体、有性阶段或媒介。健康鸽的口腔、咽、食道及嗉囊可能带虫，并通过种鸽的鸽乳直接传递给雏鸽，也可通过喙与喙的直接接触及污染的饲料和饮水传播。

流行特点 饮水为毛滴虫传播的主要途径，因毛滴虫在干燥的环境中不宜生存。野生和未驯化的鸽常常带有病原，并成为传染源。几乎所有的鸽子都是禽毛滴虫的携带者。健康鸽的口腔、咽、食道和嗉囊可能带虫，并通过种鸽的“鸽乳”直接传递给雏鸽，也可通过喙与喙之间的直接接触以及污染的饲料和饮水传播。其他鸟类感染可能通过鸽子、患病带虫的鸟污染的饮水和饲料传播。

症状 临床上鸽常见。一般侵袭1～2周龄的雏鸽，青年鸽也能感染，成年鸽常为无症状感染。毛滴虫感染鼻、咽、喉后，一般不通过气管感染肺部。毛滴虫顺食道感染嗉囊，大量繁殖，造成大量黏性分泌物产生，因为经常甩头或呕吐，使得口腔周围羽毛潮湿或沾上食物。雏鸽和青年鸽感染后症状较为严重，表现为精神沉郁、食欲减少、羽毛粗乱，以迅速消瘦为特征，随之因极度衰弱而死亡。患鸟常停止采食、腹泻、逐渐消瘦，有时可能突然死亡。

病理变化 病鸽口腔、头、喉部、嗉囊、食道黏膜上出现黄白色干酪样斑块或伪膜。干酪样物质积聚较多时，可部分或全部阻塞食道。口腔病变严重时，可以扩散到鼻咽部、眼眶和颈部软组织。严重时病变能扩展到前胃。内脏器官中，肝脏常受损害，始于表面，后扩展到肝实质，呈现为硬的、白色至黄色的圆形或球形病灶。

诊断 临诊症状和眼观病变有很大的诊断价值，结合实验室检查便可确诊。采集口腔、嗉囊分泌物或刮取病变处黏液，加少量生理盐水做成压滴标本，镜检可见到呈梨形带有多条鞭毛的迅速移动的虫体即可确诊。

本病与念珠菌病、维生素A缺乏症在临床上相似，有时合并感染，应加以鉴别诊断。念珠菌病的病理变化特征是病鸟口腔、食道、嗉囊黏膜表面形成乳白色膜，与黏膜结合牢固，不易剥离，膜的表面粗糙；维生素A缺乏症的病理变化特征是病鸟口腔、食道甚至嗉囊表面形成白色小脓包，突起于黏膜表面，在中心部形成凹陷。

治疗 可选用以下药物：

灭滴灵（甲硝哒唑） 是治疗滴虫病的首选药物，按0.05%浓度混水，连续饮用5d，停服3d，再饮5d，效果较好。

二甲硝咪唑（达美素） 按0.05%浓度混水，连用3d，间隔3d，再用3d。

氨硝噻唑 按0.1%浓度混料，连用7d。

10%碘甘油，涂搽在已除去了干酪样沉积物的咽喉溃疡面上，效果很好。

防治措施

加强卫生管理 保持笼舍通风、干净，减少粉尘是最有效的预防措施。饮水水源是交叉传染的主要传染源。勤换水，盛水容器应该每天清洗。

加强饲养管理 不同日龄的鸟应分群分栏饲养，避免拥挤。在平时定期检查鸟口腔有无带虫，怀疑有病者，取其口腔黏液进行镜检。发现病鸟应隔离或淘汰，经彻底治愈后方可合群。不喂霉变饲料，注意补充维生素，可减少本病的发生。

药物预防 定期检查鸽群，定期投药预防治疗。由于鸽毛滴虫是由成鸽传给雏鸽，种鸽应在哺乳前10d就用药物预防或治疗，以防止其将毛滴虫传给乳鸽。

（三）组织滴虫病

组织滴虫病是由单鞭毛科组织滴虫属的火鸡组织滴虫寄生于鸟类盲肠和肝脏引起的疾病。又称传染性盲肠肝炎或黑头病。此虫感染鸡形目的所有鸟类，包括火鸡、鸡、雉、孔雀、鹧鸪、鹌鹑等，其他目的鸟类则不易感染。北京地区的火鸡、鸡、鹧鸪、鹌鹑都有此病的发生。

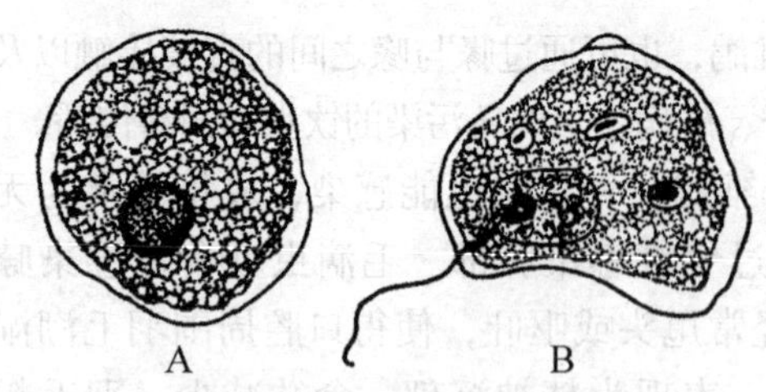

图 7-12　火鸡组织滴虫
（采自甘孟侯．中国禽病学．中国农业大学出版社，1999）
A. 肝脏病灶中的虫体　B. 盲肠腔内的虫体

病原体　火鸡组织滴虫（*Histomonos meleagridis*），为多形性虫体，大小不一，在发育中有鞭毛型和无鞭毛型两种形态。鞭毛型虫体寄生于肠腔和盲肠黏膜间隙，呈卵圆形或变形虫形，有一根粗壮的鞭毛，虫体直径为 5～16μm，鞭毛长 6～11μm，常做钟摆样运动。无鞭毛型虫体见于盲肠上皮细胞和肝细胞内，呈圆形或椭圆形，侵袭期虫体大小为 8～17μm，生长后可达 12～21μm（图 7-12）。

生活史　直接发育型，以二分裂法繁殖。鸡异刺线虫的虫卵是本病的携带者，鸟通过吞食受感染的异刺线虫卵而发病。当异刺线虫卵孵化后，组织滴虫逸出进入盲肠，然后附着在盲肠壁上以二分裂法繁殖，部分虫体通过血液到达肝脏。在盲肠内异刺线虫受到感染，组织滴虫侵入异刺线虫，在其卵巢中繁殖，并进入卵内，随鸡异刺线虫卵排到外界，由于有卵壳的保护，组织滴虫可在外界环境中生活很长时间。宿主体内的组织滴虫，也可直接随粪便排到体外，但由于虫体非常脆弱，排出数分钟即发生死亡，因此在临床上直接感染的方式意义不大。

流行病学　本病无季节性，但温暖潮湿的春夏季发生较多。组织滴虫对外界的抵抗力不强，进入鸡异刺线虫卵内的组织滴虫，可在土壤中存活数月甚至数年，成为重要的感染来源。蚯蚓在组织滴虫病的流行病学上具有重要的作用。由于蚯蚓吞食了土壤中的异刺线虫的虫卵和幼虫，幼虫能在蚯蚓体内长期生存，当鸟吃到蚯蚓后，异刺线虫幼虫体内的组织滴虫逸出，使鸟发生感染。此外，蚂蚱、蝇类、蝗虫、蟋蟀等昆虫也能机械带虫，作为转运宿主，均为本病的传染源。主要通过消化道感染，被病鸟粪便污染的饲料、饮水、用具或土壤都是本病传播媒介。

症状　病禽鸟精神沉郁、食欲减退或废绝、逐渐虚弱、羽毛松乱、尾巴和翅膀下垂、蜷缩怕冷。下痢是最常见的症状，粪便恶臭呈淡绿或淡黄色，严重时可排血便。后期有的病火鸡脸部和头部呈暗黑色，故称“黑头病”，但不是本病的特征症状。

病理变化　病变主要在盲肠和肝脏。最急性病例可见盲肠肿大，肠壁增厚。肠腔内容物干实坚固，成为干酪样的凝固栓子堵塞整个肠腔，肠管异常膨大变粗。如将肠管横切，则见干酪样凝固物呈同心圆层状结构，其中心为暗红色的凝血块，外围是淡黄色干酪化的渗出物和坏死物。盲肠黏膜出血、坏死并形成溃疡，间或有溃疡穿破肠壁，导致腹膜炎或粘连于其他内脏而引起死亡。肝脏病变具有特征性，出现黄色坏死病灶。坏死灶大小不一，圆形或不规则形，中心凹陷，边缘稍隆起，散在或互相融合成大片的溃疡区。

诊断　根据症状、流行病学情况及特征性病变可以作出诊断。必要时可采病鸟新鲜的盲肠内容物，用 40℃ 生理盐水制成悬滴标本，镜检，见到呈钟摆状往复运动的虫体后确诊。

治疗　可选用以下药物：

氨硝噻唑，按 0.1% 浓度混料，连用 7d。

呋喃唑酮（痢特灵），按 0.04% 浓度混料，连用 7d。

甲硝哒唑（灭滴灵），按 0.02% 浓度混料，连用 7d。

二甲硝咪唑（达美素），按0.04%浓度混料，连用7～14d。为驱除异刺线虫可同时在饲料中加入左旋咪唑或丙硫咪唑，每千克体重20mg。

防治措施　各种鸟类应分开饲养，尤其是幼鸟和成鸟，防止健康带虫者传播。注意环境卫生与消毒，避免接触转运宿主。鸡异刺线虫可传播此虫，所以控制感染异刺线虫是防治本病的重要措施。

（四）贾第虫病

贾第虫病是由贾第属肠贾第虫寄生于鸟类肠道引起的疾病，主要表现为腹泻和消化不良等病症。肠贾第虫寄生于长尾小鹦鹉、雀形目和少数其他鸟类宿主，也可寄生于多种哺乳动物和人。

病原体

肠贾第虫（*Giardia intestinalis*），包括滋养体和包囊两种形态。滋养体似纵切、倒置的半个梨。长约9～20μm，宽5～10μm。两侧对称，前端宽钝，后端尖细，背部隆起，腹面扁平，腹面有两个大的吸盘，借此吸附在宿主肠黏膜上。1对细胞核，位于虫体吸盘的中央部位。有前侧、后侧、腹侧和尾鞭毛4对，均由位于两核间靠前端的基体发出。1对前鞭毛由此向前伸出体外，其余3对发出后在两核间沿轴柱分别向体两侧、腹侧和尾部伸出体外。虫体借助鞭毛的摆动，作活泼运动。虫体有轴柱1对，纵贯虫体中部，不伸出体外，使虫体呈均等的两半，向后连接尾鞭毛。体中部尚有1对中体。包囊呈椭圆形，长8～14μm，宽7～10μm。囊壁较厚。碘液染色后呈黄绿色，囊壁与虫体之间有明显的空隙，未成熟的包囊有2个核，成熟的包囊具4个核，多偏于一端。囊内可见到鞭毛、丝状物、轴柱等（图7－13）。

生活史　有滋养体和包囊两个时期。滋养体为营养繁殖时期，包囊为传播时期。宿主摄入被包囊污染的水源或食物而被感染。包囊在十二指肠脱囊形成2个滋养体，后者主要寄生于十二指肠或小肠上段。虫体借助吸盘吸附于小肠绒毛表面，以纵二分裂方式进行繁殖，滋养体落入肠腔，随粪便排出体外。在外界环境不利时，粪便中滋养体分泌囊壁形成包囊。

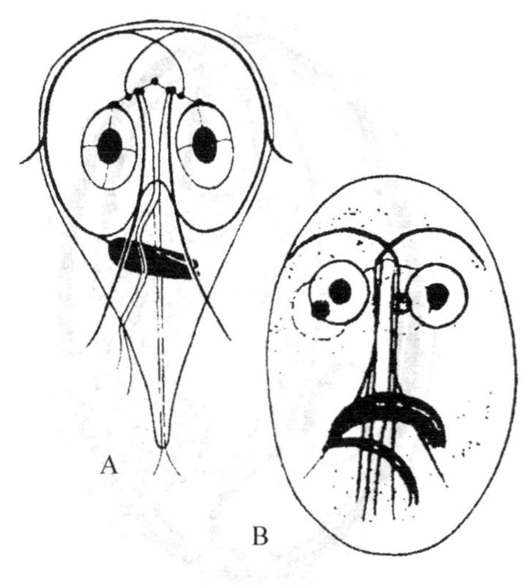

图7－13　贾第虫
（采自孔繁瑶．家畜寄生虫学．第2版．中国农业大学出版社，1997）
A．贾第虫滋养体　B．牛贾第虫包囊

流行病学　包囊壁较厚，对外界抵抗力较强，在水中和凉爽环境中可存活数天至一月之久。包囊常混杂于所排出的粪便中而构成感染源。主要通过消化道感染，吞食被包囊污染的饮水或食物发病。包囊可在苍蝇、蟑螂消化道内存活，故它们也是传播媒介。据统计受到感染的鸟类死亡率达50%之高。

症状　感染鸟小肠壁会遭到破坏，造成肠黏膜充血和出血，并且会引发肠胃炎，破坏肠道的吸收功能。病鸟会出现腹部肿胀、精神不振、不愿活动、体温上升、吸收不良、体型消瘦、体重下降、羽毛松乱、排水便、粪便恶臭且有脂肪粒等症状。如不彻底治疗，病鸟会因营养不良及持续消瘦而死亡。

诊断 粪便滋养体和包囊检查。新鲜腹泻便直接滴于载玻片上，加盖玻片，400倍镜检，可见左右摆动的滋养体确诊。包囊因混有粪便残渣而不易检出，须用碘液染色或以硫酸锌漂浮法，可查到包囊也能确诊。

治疗

盐酸阿的平 每千克体重250mg，一次内服，连用5d，10d后重复1疗程。

甲硝唑（灭滴灵） 每千克体重20~40mg，连服5~7d。

呋喃唑酮（痢特灵） 按0.04%浓度混料，连用5~7d。

防治措施

加强卫生管理 及时清除粪便，杀灭包囊，可用2%~5%石炭酸或皂酚溶液，防止包囊污染饲料和饮水。

消灭传播媒介 定期杀虫，杀灭苍蝇、蟑螂，避免与鸟类接触。

（五）隐孢子虫病

隐孢子虫病是由隐孢科隐孢属的隐孢子虫寄生在消化道或呼吸道的上皮细胞而引起的疾病。

病原体 主要有以下2种：

贝氏隐孢子虫（*Cryqtosqoridium baileyi*），卵囊大多为椭圆形，部分为卵圆形和球形，大小为（4.5~7.0）μm×（4.0~6.5）μm，卵囊壁光滑，囊壁上有裂缝。无微孔、极粒和孢子囊。孢子化卵囊内含4个裸露的子孢子和1个颗粒状残体，子孢子呈香蕉形，沿着卵囊壁纵向排列在残体表面。残体球形或椭圆形，中央为均匀物质组成的折光球，外周是致密颗粒。在不同的介质，卵囊的颜色有变化，在蔗糖溶液中，卵囊呈粉红色，在硫酸镁溶液中无色（图7-14）。

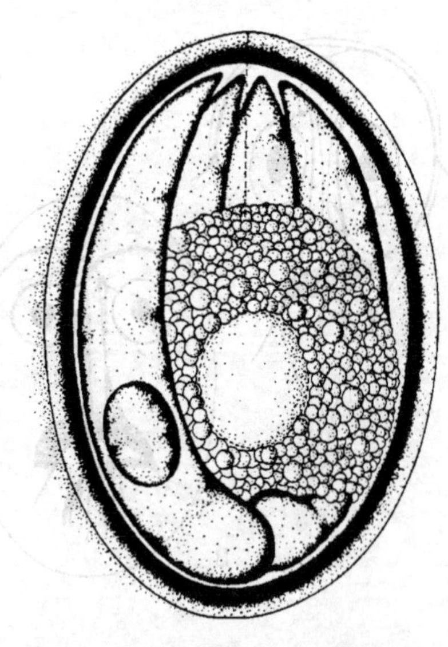

图7-14 贝氏隐孢子虫卵囊模式图
（采自苏静良，高福，索勋主译．美 Y. M. Saif主编．禽病学．第11版．中国农业大学出版社，2005）
卵囊内有4个香蕉形的子孢子和1个大的颗粒状的残体

火鸡隐孢子虫（*C. meleagridis*），卵囊较小，近似圆形，平均大小为4.6μm×3.9μm。

生活史 隐孢子虫的生活史简单，不需转换宿主就可以完成。生活史可分为无性的裂体生殖、有性配子生殖和孢子生殖三个阶段，均在同一宿主体内进行。

孢子化卵囊进入宿主体内后，由于温度的作用，囊内的4个子孢子逸出，进入黏膜上皮细胞进行无性繁殖，先发育为滋养体，经3次核分裂发育为Ⅰ型裂殖体。成熟的Ⅰ型裂殖体含有8个裂殖子。裂殖子被释出后侵入其他上皮细胞，发育为第二代滋养体。第二代滋养体经2次核分裂发育为Ⅱ型裂殖体。成熟的Ⅱ型裂殖体含4个裂殖子。裂殖子释出后发育为雌、雄配子体，进入有性生殖阶段。雌、雄配子体进一步发育为雌、雄配子，两者结合后形成合子，进入孢子生殖阶段。合子发育为卵囊，成熟的卵囊含有4个裸露的子孢子。卵囊有薄壁和厚壁两种类型。薄壁卵囊约占20%，仅有一层单位膜，其子孢子逸出后直接侵入宿主肠上皮细胞，继续无性繁殖，使宿主自身体内重复感染；厚壁卵囊约占80%，在宿主细胞或肠腔内孢子化。孢子化的卵囊随宿主粪便排出体外，即具感染性，可直接感染新的宿主。完成整个生活史需5～11d（图7－15）。

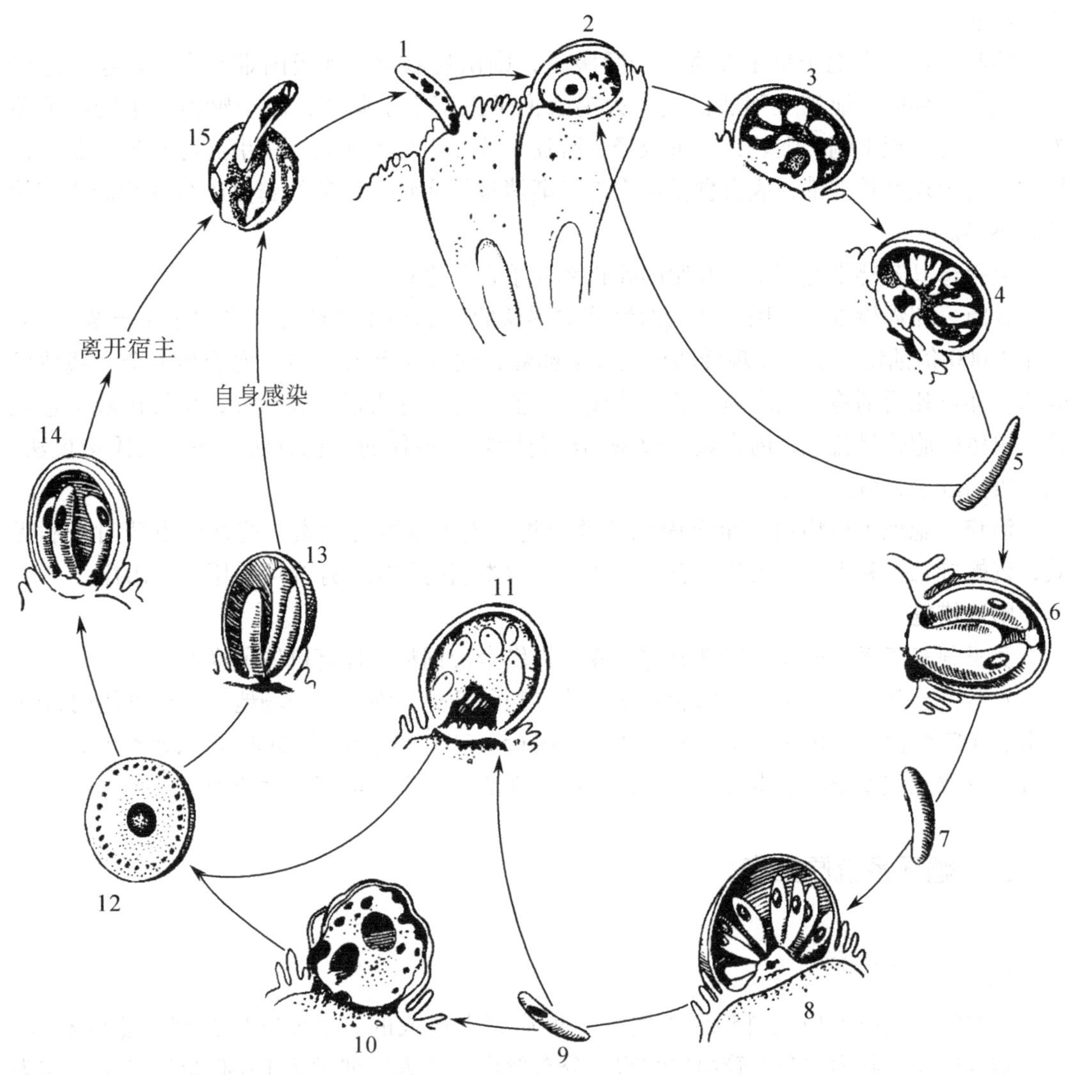

图7－15 贝氏隐孢子虫的生活史（采自蒋金书，1990）

1. 子孢子 2. 滋养体 3. 第1代早期裂殖体 4. 第1代发育成熟的裂殖体 5. 第1代裂殖体 6. 第2代裂殖体 7. 第2代裂殖体 8. 第3代裂殖体 9. 第3代裂殖体 10. 大配子体 11. 小配子 12. 合子 13. 薄壁型卵囊 14. 厚壁型卵囊 15. 子孢子自卵囊中脱出

流行病学 隐孢子虫病呈世界性分布，宿主范围很广，可寄生于哺乳类、鸟类、鱼类、爬行类的多种动物。在鸟类中的宿主也很广泛，在中国发现于鸡、鸭、鹅、火鸡、鹌鹑、孔雀、鸽、麻雀、鹦鹉、金丝雀、天鹅、鹧鸪等体内。主要感染方式是发病的禽类和隐性带虫者粪便中的卵囊污染了饲料、饮水等经消化道感染，此外亦可经呼吸道感染。发病无明显季节性，但以温暖多雨的8~9月份多发，在卫生条件较差的地区容易流行。贝氏隐孢子虫卵囊不需在外界环境中发育，一经排出便具有感染性。隐孢子虫卵囊对消毒剂的抵抗力强，常用的消毒剂不能将其杀死。当卵囊在50%氨水中培养时，可大大减少其脱囊率，而用50%商用漂白粉则能杀死大多数卵囊。卵囊对热较为敏感，65℃以上的温度可杀死卵囊。

症状 贝氏隐孢子虫主要寄生于呼吸道，则出现咳嗽，呼吸困难等症。在隐性感染时，虫体多局限于泄殖腔和法氏囊。火鸡隐孢子虫寄生于肠道，由于感染后小肠绒毛萎缩，病鸟可出现下痢，呕吐，体重减轻，腹痛，营养不良等症状，不引起呼吸道症状。慢性的鸟会出现精神抑郁，或者食量正常却日渐消瘦等症状。病鸟的粪便还会持续造成其他鸟只感染。

繁殖母鸟若感染此原虫，胚胎的死亡率几乎百分之百。

诊断 卵囊检查法。用饱和蔗糖溶液漂浮法收集粪便中的卵囊，隐孢子虫卵囊很小，需用1 000倍油镜观察，发现椭圆形或圆形卵囊，内含4个裸露的子孢子和1个大残体可确诊。亦可死后剖检时刮取泄殖腔、法氏囊、消化道或呼吸道黏膜涂片，用姬氏液染色镜检。虫体的胞浆呈蓝色，内含数个致密的红色颗粒。最佳的染色方法是齐—尼氏染色法，虫体染为红色，背景为绿色。

治疗 隐孢子虫病治疗至今尚无特效药物，绝大多数抗生素、抗寄生虫药对该病无效，仅螺旋霉素和大蒜素治疗，有一定效果。对本病的临床治疗尚可采用对症治疗。

防治措施

加强饲养管理 成鸟与雏鸟分群饲养。提供全价饲料，提高机体免疫力。

加强卫生管理 隐孢子虫卵囊对常用消毒剂的抵抗力强。饲养场地和用具可使用50%氨水、50%漂白粉、10%福尔马林消毒。采用65~70℃热水作用30min可杀死卵囊，是目前较为有效和较安全的消毒方法。粪便污物定期清除，进行堆积发酵处理。

二、循环系统原虫病

（一）鸟类疟疾

鸟类疟疾是由疟原虫科疟原虫属的多种疟原虫造成的。主要寄生在红细胞内和肝、脾、脑等组织网状内皮和血管内皮细胞，分布较广。有人曾列举了1 000余种鸟类可作为疟原虫的宿主，其体内的疟原虫约有65种，但只有35种或更少的种的论述是有效的。

疟原虫隶属于孢子虫纲疟原虫科，与鸟类关系较大的主要是疟原虫属。

疟原虫属（*Plasmodium*）

大配子体和小配子体独立发育，一般无锥体，无并体子，小配子体产生约8个具鞭毛的小配子，合子具运动性，子孢子裸露。异宿主，裂殖生殖存在于脊椎动物，孢子生殖存在于无脊椎动物。通过吸血昆虫传播。多分布于热带和亚热带地区。鸟体内常见的疟原虫有以下8种：

弯曲疟原虫（*P. circumflexuw*）寄生于雀形目和鹦形目。

金丝雀疟原虫（*P. cathemerium*）寄生于雀形目。

长角疟原虫（*P. elongatum*）寄生于雀形目。

燕雀疟原虫（*P. hexamerium*）寄生于雀形目。

芬氏疟原虫（*P. roxi*）寄生于雀形目。

残遗疟原虫（*P. relictum*）寄生于雀形目和鹦形目。

嗜核疟原虫（*P. nucleophil*）寄生于鹦形目。

晨残疟原虫（*P. matutinum*）寄生于鸽。

形态特征　虫体在红细胞内有不同发育阶段，形态各异。滋养体呈环状，成熟的裂殖体呈圆形，内含不同数量的裂殖子，配子体圆形或长形，存在于成熟的红细胞内。被寄生的红细胞核被挤向一侧，配子体具有色素颗粒，裂殖体产生8～30个裂殖子。

生活史　疟原虫的发育需要两个宿主，中间宿主是鸟类，在其体内进行无性繁殖及有性繁殖的开始阶段；终末宿主是蚊子，在其体内完成有性繁殖。

当感染性蚊子叮咬鸟类宿主时，子孢子即随蚊虫唾液进入宿主血液，而后又侵入网状内皮细胞，在此进行两代裂殖生殖产生裂殖子，第一代裂殖子再次侵入网状内皮细胞重复裂殖生殖，第二代裂殖子进入血流，部分被吞噬细胞吞噬杀灭，部分侵入红细胞并在其内进行裂殖生殖。侵入红细胞内的裂殖子，初期似戒指状，称为环状体即小滋养体。环状体发育长大，胞浆可伸出不规则的伪足，以摄噬血红蛋白，此为大滋养体。未被利用的血红蛋白分解成正铁血红素颗粒蓄积在原浆内呈棕褐色，称为疟色素。大滋养体继续发育，其核与原浆进行分裂，形成裂殖体。成熟的裂殖体破裂，裂殖子逸出，一部分再侵入正常红细胞，一部分被吞噬细胞吞噬。释出的疟色素也被吞噬。经过细胞内3～5次裂体增殖后，部分进入红细胞的裂殖子不再进行无性分裂，而逐渐发育成为雌或雄配子体。配子体在中间宿主体内可生存2～3个月。此期间如被蚊吸入，则在蚊体内进行有性增殖。雌、雄配子体进一步发育为雌、雄配子，两者结合发育为合子，形成卵囊。囊内核和胞浆进行孢子增殖，卵囊内形成大量的子孢子。卵囊成熟即破裂，子孢子逸出并进入唾液腺，待蚊叮咬健康鸟类宿主时，子孢子即随唾液进入宿主体内重复上述过程。

流行病学

传染源　患病动物及带虫者是疟疾的传染源。只有末梢血中存在成熟的雌雄配子体时才具传染性。轻症动物及带虫者，没有明显临床症状，血中也有配子体。也可成为传染源。

传播途径　疟疾的自然传播媒介是库蚊和伊蚊。

流行特征　疟疾分布广泛，我国除青藏高原外，遍及全国。本病流行受温度、湿度、雨量以及受蚊生长繁殖情况的影响。温度高于30℃低于16℃则不利于疟原虫在蚊体内发育。适宜的温度、湿度和雨量利于蚊孳生。因此，北方疟疾有明显季节性，而南方常终年流行。疟疾通常呈地区性流行。

症状　在正常情况下，对大多数鸟来说，疟原虫是无害的。大多数疟原虫只发生轻度感染，不显症状。但严重感染时可引起发热、精神沉郁、羽毛松乱和贫血，甚至死亡。鸵鸟感染疟原虫引起步态不稳，躺卧不起，瘦弱，贫血，发热和死亡。

病理变化 可见尸体高度贫血，肝和脾肿大呈灰色。

诊断 根据症状、流行特点、结合血液涂片检查作出诊断。采用血液涂片染色镜检，在红细胞内发现滋养体即可确诊。滋养体呈环状，细胞核呈红色，细胞质呈淡蓝色，虫体中间为不着色的空泡。有的可见疟色素的残留物。

治疗 可用盐酸阿的平，每千克体重240mg，连用一周。也可选用氯喹、奎宁、青蒿粉等药物进行治疗。未经治疗而康复的鸟，仍可带虫。

防治措施 在蚊虫流行季节注意防蚊。如果有可能使用防蚊帐纱保护，使鸟免受叮咬。灭蚊措施除大面积应用灭蚊剂外，更重要的是消除积水，根除蚊子滋生场所。

（二）鸟类血变原虫病

鸟类血变原虫病是由疟原虫科血变原虫属鸽血变虫寄生于宿主血液引起的寄生虫病。见于雀形目的多种鸟类，也见于鸽形目和鸡形目的一些鸟类，鹦形目的鸟类少见。分布于世界各地。

病原体 鸽血变虫（*Haemoproteus columbae*），为血液原虫。配子体呈长形腊肠状，围绕于宿主细胞核，虫体的胞质中出现色素颗粒（图7－16）。

生活史 血变原虫与疟原虫属有密切关系，但有两个重要方面不同，即血变原虫不在血液循环系统中繁殖，也不由蚊传播。繁殖只限于在血管特别是肺部血管内皮细胞中进行，由虱蝇进行传播。

血变原虫发育过程需要两个宿主，中间宿主为鸟类，终末宿主为虱蝇。

配子体寄生于红细胞内，裂殖生殖在血管内皮细胞中进行。虱蝇吸食病鸟血液时，将带有配子体的红细胞吸入体内。配子体在虱蝇消化道内发育成大配子和小配子，两者结合为动合子，动合子移行至肠壁内形成卵囊，在卵囊内直接生成子孢子，并移行至唾液腺。带有子孢子的虱蝇吸血时，子孢子随唾液进入中间宿主的血液，并侵入肺、肝、脾等器官的血管内皮细胞中进行裂殖生殖。成熟的裂殖子侵入红细胞，发育为大、小配子体。

流行特点 本病呈世界性分布。鸽血变虫的传播媒介为虱蝇。尤其是在夏秋季节，虱蝇繁殖快，发病率往往高于冬季。我国鸽血变虫在南方有流行，广州地区2～4月龄育成鸽检出率84.3%，成年鸽为61%。

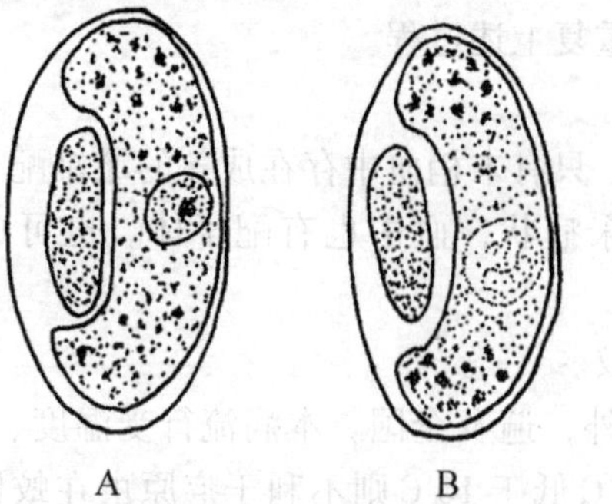

A　　B

图7－16　鸽血变原虫

（采自孔繁瑶．家畜寄生虫学．第2版．中国农业大学出版社，1997）

A. 红细胞内的雌配子体　B. 红细胞内的雄配子体

症状 轻度感染时，症状轻微，常见精神沉郁，减食，不喜活动，几日后可恢复，或变成慢性带虫者，表现出贫血，衰弱，生产力下降，不愿孵育，常因继发其他疾病使病情恶化，甚至引起死亡。严重感染时，童鸽和体弱的成年鸽常取急性经过，病鸽缩颈，毛松，呆立，厌食，贫血，呼吸急速，甚至张口呼吸，不愿起飞，数天内死亡。惊吓、驱赶、捕捉、注射疫苗或药物等应激时，常可加快死亡。

病理变化 剖检主要变化是肺充血、肿大，脾、肝肿大。

诊断　采取血液制成涂片，染色镜检，发现红细胞内有长形呈腊肠状的配子体即可确诊。

治疗　可选用下列药物：

盐酸阿的平　每千克体重240mg，连用7d。

磷酸伯氨喹啉（扑疟喹）　良种鸽首次每只每天半片，以后每只每天1/4片，口服，连用7d。也可配成饮水让其自饮。每片含7.5mg。

此外还可以选用中草药防治，常用的黄花蒿、青蒿、常山等，野生资源丰富。如青蒿为菊科植物，含有青蒿素、挥发油及青蒿酮等物质，抗疟原虫有效。使用时，取鲜叶或干粉末混饲，常用浓度为8%左右。常山为虎耳草科植物，含生物碱。使用时，取干燥根少许，煎汤，取澄清液稀释成淡黄色供病鸟饮用。

防治措施

杀灭传播媒介　可用杀虫药（8ml 10%氯氰菊酯加10kg水）喷洒周围环境、体表羽毛、巢盘、粪便等，可杀灭周围多种蚊。但未出毛或羽毛稀少的鸟不宜喷洒，以防中毒。

药物预防　青蒿全株磨粉，按5%浓度混入保健砂中长期服用，可有效预防本病。

（三）住白细胞虫病

住白细胞原虫病是由疟原虫科住白细胞虫属的原虫寄生于宿主的白细胞和红细胞内引起的一种血孢子虫病。又称“白冠病”。很多种类的鸟都可感染此虫，包括雀形目鸟、长尾小鹦鹉、鸡形目和雁形目等。此病主要发生于亚洲，特别是东南亚各国，北美洲等地也曾有报道。

病原体　主要有以下两种：

卡氏住白细胞虫（*Leucocytozoon caulleryi*），成熟配子体存在于宿主的白细胞和红细胞内，近圆形，大小为15.5μm×15.0μm。大配子体的直径为12～14μm，有一个核，直径为3～4μm。小配子体的直径为10～12μm，核的直径亦为10～12μm，即细胞核占据了整个细胞。宿主细胞为圆形，直径为13～20μm，细胞核被配子体挤压至一侧。有时可见被寄生的宿主细胞核与胞浆均已消失的虫体。

沙氏住白细胞虫（*L. sabrazesi*），成熟配子体为长形，大小为24μm×4μm。大配子体的大小为22～6.5μm，小配子体为20～6μm。宿主细胞变形为纺锤形。大小约为6～67μm，细胞核被配子体挤压成深色狭长的带状，围绕于虫体一侧（图7－17）。

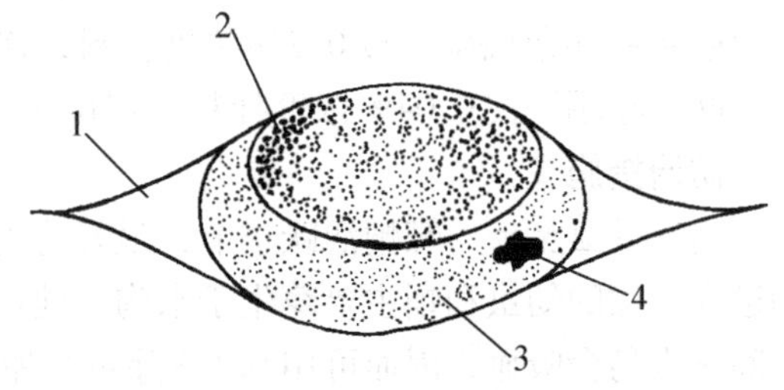

图7－17　沙氏住白细胞虫模式图
（采自甘孟侯．中国禽病学．中国农业大学出版社，1999）
1. 白细胞原生质　2. 白细胞核　3. 配子体　4. 配子体的核

生活史　住白细胞虫在繁殖过程需要两个宿主，中间宿主是鸟禽类，终末宿主为吸血昆虫，其中卡氏住白细胞虫为库蠓，沙氏住白细胞虫为蚋。

住白细胞虫的发育史可分为三个阶段，即裂殖生殖、配子生殖和孢子生殖。裂殖生殖在中间宿主的组织细胞中；部分配子生殖，即雌雄配子体的形成发生在中间宿主的红细胞或白细胞内；部分配子生殖，即雌雄配子的结合和孢子生殖发生在终末宿主体内。

当带有住白细胞虫的库蠓或蚋吸血时，虫体的子孢子随其唾液进入鸟体内，经血液到达肝、脾、肺、心等器官的组织细胞内进行裂殖生殖，产生无数的裂殖体和裂殖子。其裂殖体有两种类型，即肝型裂殖体和巨型裂殖体，前者是在肝实质细胞内进行裂殖生殖，肝裂殖体成熟后释放出裂殖子。一部分裂殖子再侵入肝细胞内形成肝裂殖体。一部分被巨噬细胞吞食后发育为巨型裂殖体，巨型裂殖体随血流转移至内脏各器官组织内继续发育。肝裂殖体和巨型裂殖体可重复繁殖2~3代。还有一部分进入血细胞内进行配子生殖，发育成雌、雄配子体。当库蠓或蚋叮咬吸食病鸟血液时，雌雄配子体进入其消化道内继续配子生殖，产生雌、雄性配子，两者结合为合子，进一步发育为动合子，移行至库蠓或蚋消化道壁上形成卵囊，进行孢子生殖。囊内产生许多子孢子，卵囊成熟后子孢子逸出，移行至昆虫的唾液腺中。当库蠓或蚋再吸血时又将子孢子带入健康的宿主体内，重复上述的发育史。

流行病学　住白细胞虫病的发生有明显的季节性，与传播媒介库蠓和蚋的活动密切相关，南方多发生于4~10月份，北方多发生于7~9月份。本病在我国福建、广东相当普遍，常呈地方性流行。

症状　住白细胞虫对多种幼鸟都有致病性，病鸟食欲下降，精神沉郁，腹泻，明显贫血，可视黏膜苍白，死亡率较高。在长尾小鹦鹉，虫体寄生于心脏使心脏衰竭，导致死亡。

病理变化　全身各组织器官有小点出血或白色小结节，肌肉、心脏、肝脏和脾脏较明显。这种小结节是住白细胞虫的裂殖体在肌肉或组织内增殖形成的集落，是本病的特征病变。

诊断　根据流行病学、临诊症状和虫体检查即可确诊。虫体检查法是采血涂片，镜检，在白细胞和红细胞内见到无色的配子体。血涂片经姬姆萨染色配子体呈蓝色，虫体的细胞核呈圆形或椭圆形淡红色，中间核仁呈紫红色，宿主的细胞核常被挤在一侧。死亡剖检时，可取心肌、肌胃肌层和骨骼肌的小白点压片，可见到巨型裂殖体。

治疗　药物治疗宜在早期进行，可选用以下药物：

磺胺二甲氧嘧啶　以0.05%浓度饮水2d，后用0.03%浓度继续饮水2d。

氯苯胍　以0.0066%浓度混料连服3~5d，后改用预防量0.0033%浓度。

复方磺胺-5-甲氧嘧啶　按0.03%浓度拌料，连用5~7d。

磺胺-6-甲氧嘧啶　按0.2%浓度拌料，连用4~5d。

呋喃唑酮　按0.04%浓度拌料，连用4~5d。

防治措施

消灭吸血昆虫　蠓蚋活跃季节，最好将鸟放在室内，可安装细孔的纱门、纱窗防止蠓蚋进入。蠓的幼虫和蛹主要孳生于水沟、池沼、水井和稻田等处，不易杀灭。但成虫多于晚间飞入鸟舍吸血，因而可用0.1%除虫菊酯喷洒，杀灭蠓的成虫。

药物预防　在流行季节，可应用以下物进行预防。磺胺二甲氧嘧啶以0.0025%~0.007 5%混料或饮水；磺胺喹噁啉以0.005%混料或饮水；乙胺嘧啶以0.000 1%混料；克球多以0.012 5%浓度混料；痢物灵以0.01%混料；氯苯胍以0.003 3%混料。

（王雅华）

第三节　鱼类原虫病

一、鳃和皮肤原虫病

（一）隐鞭虫病

隐鞭虫病是由波豆科隐鞭虫属的隐鞭虫寄生于鱼鳃、皮肤等部位所引起的疾病。又称鳃孢子虫病。对草鱼鱼种危害较严重。

病原体　病原体主要有2个种。

1. 鳃隐鞭虫（*Cryptobia branchialis*），虫体狭长，呈一片柳叶状，体长8.7μm，体宽4.1μm。毛基体在身体的前端，由此生长出2根大致相等的鞭毛，一根向前伸出为前鞭毛，另一根沿身体表面构成波动膜之后再游离体外，为后鞭毛。波动膜狭窄，但颇为显著。胞核圆形，在身体中部或稍向前，前面有1个与胞核大小、形状相似的卵圆形或圆形动核。寄生时用鞭毛插入寄生的鳃部表皮组织内，使之固着在鳃上。

2. 颤动隐鞭虫（*C. agiatata*），体略似三角形，体长6.7μm，宽4.1μm。毛基体在身体的近前端侧边。前鞭毛和后鞭毛不等。波动膜不显著。胞核圆形，位于身体中部稍前方。动核呈稍微弯曲的长棒状，与身体略成垂直（图7－18）。

生活史　虫体可短时间在水中营自由生活，水是该病的传播媒介。完成生活史只需要1个宿主。虫体以纵二分法进行无性繁殖，通过直接接触传播本病。

流行病学　鳃隐鞭虫病在我国主要养鱼地区均有流行。寄生于青鱼、草鱼、鲢鱼、鳙鱼、鲤鱼、鲫鱼、鳊鱼、鲮鱼等淡水经济鱼类及其他观赏鱼的鳃、皮肤、鼻腔等部位。宿主广泛，无严格的选择性，主要危害草鱼，是草鱼夏花阶段常见多发病之一，发病急、病程短、死亡率高。本病主要流行于广东、广西、江浙及华中一带，寄生于多种鲤科鱼类的鳃及体表。

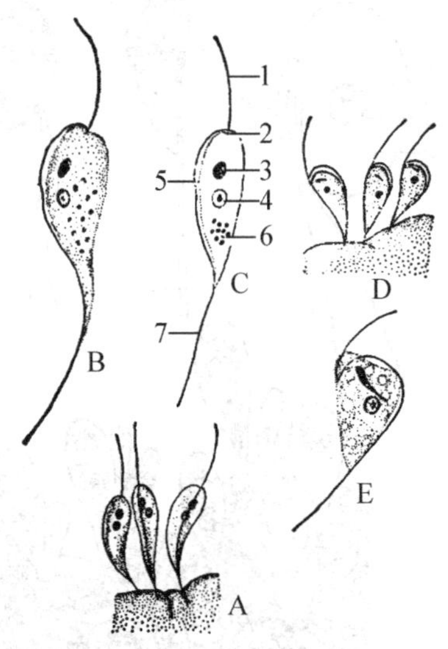

图7－18　隐鞭虫（仿　陈启鎏）

A～C 鳃隐鞭虫　D～E 颤动隐鞭虫

（A、D固着的个体 C模式图）

1. 前鞭毛　2. 基体　3. 动核　4. 胞核　5. 波动膜　6. 食物粒　7. 后鞭毛

每年5～10月份流行，尤以7～9月份较为严重。虫体离开宿主后，一般可在水中生活1～2d，这种自由状态下的鳃隐鞭毛虫，有可能从一个宿主转移到另一个宿主，或随水流向另外地方蔓延。石斑鱼、真鲷、黑鲷等经济鱼类时有发病，常见与瓣体虫同时寄生于同一宿主。水温25～30℃易发病。

症状　病鱼早期没有明显症状，当病情严重时，则游动缓慢、呼吸困难、吃食减少，甚至不摄食，鱼体发黑和消瘦，鳃瓣表面鲜红，黏液增多，离群独游或靠近岸边，严重时大批死亡。

鳃隐鞭虫主要危害草鱼种，大量寄生时破坏鳃小片上皮细胞和产生凝血酶，使鳃小片血管阻塞引起发炎，阻碍血液正常循环。病鱼黏液增多，并覆盖鳃未受破坏部分，严重时可出现呼吸困难至窒息死亡。颤动隐鞭虫主要侵袭皮肤，对3cm以下的幼鱼危害较大。严重感染时，幼嫩的皮肤和鳃组织被破坏，生长与发育受影响，使鱼日益消瘦致死。

病理变化 从患鳃鞭虫病的夏花草鱼鳃组织切片可见，虫体用后鞭毛插入宿主的鳃上皮细胞，把身体固定在鳃上，严重感染时可满布鳃丝或鳃耙。疾病早期鳃小片毛细血管轻度充血、渗出，嗜酸性粒细胞及淋巴细胞少量浸润，鳃丝轻度肿胀，黏液细胞增生。严重感染时病鱼溶血，切片中可见血管内有正在溶解的红细胞，上皮细胞肿胀、坏死甚至崩解，有时软骨细胞亦产生病变。虫体脱离宿主后贴近水底，扭动身体和不断颤动波动膜，缓慢游动。

诊断 根据流行病学，结合临床症状和病理变化作出初步诊断。

取清洁的载玻片，上加一滴常水，然后剪取少量鳃丝或刮取体表少量黏液，盖上盖玻片，轻压后镜检，发现有大量虫体时即可确诊。

防治措施

1. 用生石灰或漂白粉彻底清塘。
2. 保持池水清洁，鱼种放养前用8mg/kg的硫酸铜溶液浸洗20～30min；或用10～20mg/kg的高锰酸钾溶液浸洗10～30min，也可以用5%食盐水浸洗5min预防本病。
3. 治疗用硫酸铜或硫酸铜和硫酸亚铁（5∶2）合剂全池遍洒，浓度为0.7mg/kg。
4. 用磺胺类药物拌饵料投喂，用量为100～200mg/kg，连喂3～7d。

（二）波豆虫病

波豆虫病是由波豆科口丝虫属飘游鱼波豆虫寄生于鱼体表和鳃所引起的疾病。又称为鱼口丝虫病，白云病或昏睡病。主要危害鱼苗、鱼种。

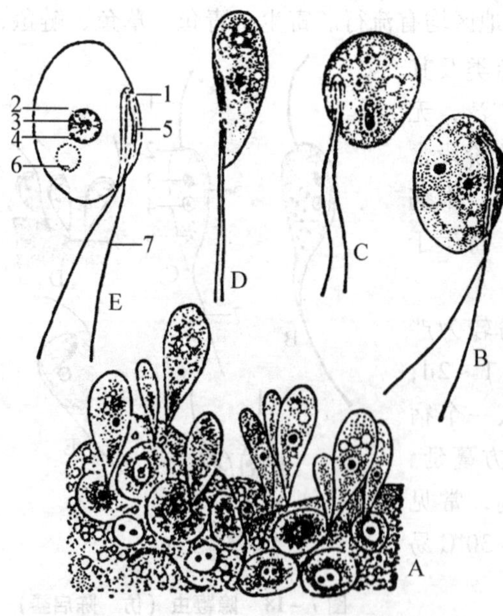

图7－19 飘游鱼波豆虫（仿 陈启鎏）

A. 固着的个体 B～D染色标本 E模式图

1. 毛基体 2. 胞核 3. 核内体 4. 染色质粒 5. 鞭毛沟 6. 伸缩泡 7. 后鞭毛

病原体 飘游鱼波豆虫（*Ichthyobodo necatrix*）虫体自由生活时的侧面观呈卵形或椭圆形，侧腹面观呈汤匙形，背面凹陷。固定标本为背腹扁平的梨形，体长5～12μm，宽3～9μm。体侧有一鞭毛沟，斜向伸展达体长2/3，2根大致等长的鞭毛，从沟端的基体伸出，游离于体外，称为后鞭毛。圆形胞核位于虫体中部，胞核后有1个伸缩泡（图7－19）。

生活史 飘游鱼波豆虫是专性寄生虫，生活史只有一个宿主，无中间宿主，直接传播转移宿主。如不能遇到宿主，可形成包囊。虫体繁殖是纵二分裂进行无性繁殖，分裂之前长出另外2根鞭毛。离开鱼体的虫体通常在水中自由生活6～7h。本病一般在宿主拥挤的环境中流行。但有些包囊形成后可潜伏一段时间才释放出新一批虫体。

流行病学 此病在全国各地均有发现，多出现在面积小、水质较差的池塘和水族缸中。青鱼、草鱼、鲢鱼、鳙鱼、鲤鱼、鲫鱼、金鱼等淡水鱼均可感染。主要危害鱼苗、鱼种，当过度密养、饲料不足、鱼体消瘦时，易引起苗种在数天内突然大批死亡。2龄鱼大量感染时，对鱼的生长发育有一定影响，而患病的亲鱼，则可把病传给同池孵化的鱼苗。主要流行季节为冬末至初夏，适宜繁殖的水温为12～30℃。

症状及病理变化 虫体寄生在鱼类鳃和皮肤上，大量寄生时，病鱼体表黏液增多，形成一层乳白色或灰蓝色的黏液层，使病鱼失去原有的光泽。大量波豆虫寄生时，体表会出现一块一块破皮的血斑，鳃上也出现大量虫体，鳃覆盖一层灰白色黏液，鳃丝呈淡红色或皮肤充血发炎，鱼鳍不张开，并且摩擦植物或底部。病鱼不能进食而体重下降，慵懒斜躺昏睡。在鱼体破伤处，往往感染细菌或水霉，形成溃疡，使病情更加恶化。感染区充血、出血，感染的鳃小片上皮细胞坏死、脱落，脱落的上皮细胞充塞鳃小片之间或在外缘形成浅层，使鳃丧失正常生理功能，病鱼呼吸困难，导致死亡。

病鱼早期没有明显症状，当病情严重时，离群独游，运动迟钝，食欲减退甚至丧失，鱼鳞脱落，鳍条折叠，漂浮水面，不久即死亡。

诊断 根据临床症状及流行情况初诊。通过显微镜检出大量虫体即可确诊。

白云病、水霉病在鱼体表面也可覆盖灰白色黏液层，注意与本病进行鉴别诊断。

白云病是由恶臭假单孢菌引起，主要感染鲤鱼。患病初期可见鱼体表有点状白色黏液物附着并逐渐蔓延扩大，严重时鳞片基部充血、竖起，鳞片脱落，体表及鳍充血，肝、肾充血，病鱼靠近网箱溜边不吃食，游动缓慢，不久死亡。水温6～18℃时易发病，当鱼体受伤后更易暴发流行。当水温上升到20℃以上时，此病可不治而愈。

水霉病的病原为真菌，能感染多种鱼类，鱼体表形成肉眼可见的灰白色絮状外菌丝，有时能够随水波而动，但不易刮掉，有时还能以团簇状存在，一般不连接成片。

防治措施 参照隐鞭虫病。

（三）小瓜虫病

小瓜虫病是由凹口科小瓜虫属小瓜虫寄生于鱼的鳃、皮肤、鳍、口腔、鼻、眼角膜等处所引起的疾病，又称“白点病”。该病对鱼的种类及年龄无严格选择性，是世界性广泛流行的寄生虫性鱼病。

病原体 多子小瓜虫（*Ichthyophthirius multifiliis*），其形态在幼虫期和成虫期有很大差别，成虫呈球形或卵圆形，大小为（350～800）μm×（300～500）μm，是大型原虫，肉眼可见。虫体全身被有短小均匀的纤毛。靠近前端腹面有一胞口，形似人右外耳，口纤毛系统作“6”字形，围口纤毛线以反时针方向，向胞口内部旋入直达胞咽。大核1个，呈马蹄形或香肠形；小核球形，因紧贴在大核上而不易辨认。胞质里通常包含有大量的食物粒和小伸缩泡。幼虫呈卵圆形或椭圆形，前端尖，后端浑圆，大小为（33～54）μm×（19～32）μm。除全身密布短而均匀纤毛外，在后端长出一根粗长的尾毛，长度为纤毛的3倍。大核椭圆形或卵形，多数在虫体的后方；小核球形，多数在虫体前半部（图7－20）。胞囊圆形或椭圆形，白色透明，大小为（329～980）μm×（267～722）μm。

生活史 多子小瓜虫幼虫侵袭鱼的皮肤和鳃，尤以皮肤为普遍，钻入其体表上皮细胞层或鳃间组织，刺激周围的上皮细胞增生，从而形成小囊泡，虫体把身体包在宿主分泌的小囊泡内生长发育并变为成虫。成虫冲破囊胞落入水中，可做3～6h的游动，然后沉落在水底物体上，静止不动，分泌一层透明胶质膜将虫体包住，胞囊内虫体不停地转动，2～3h后开始分裂，经过连续不断地反复分裂，产生300～500个纤毛幼虫。水温在15～25℃时，一般需23～25h，幼虫破囊而出，感染鱼体。

流行病学 小瓜虫是观赏鱼常见的寄生虫，虫体对宿主无选择性，各种淡水鱼均可寄生。在生活史中不需要中间宿主，靠包囊及其幼虫传播。繁殖最适宜温度为15～25℃，pH值6.5～8，多在春末夏初和秋季流行。当水温升至28℃时，小瓜虫即开始死亡。本病分布很广，不同年龄的淡水鱼（尤其是鱼种）、越冬罗非鱼以及金鱼等观赏鱼都可感染，尤其是水族箱或不流动的小水体内的观赏鱼更为严重，过度密养，鱼体瘦弱时易得病，3～4d后即可大批死亡。

症状及病理变化 小瓜虫幼虫侵入鱼体皮肤时，在上皮细胞内寄生，并不断转动，刺激鱼体分泌大量黏液和伴有表皮细胞增生，胸、背、尾鳍、鳃和体表均有1mm以下的小白点状囊泡，表面覆盖一层白色黏液。此时病鱼照常觅食活动，几天后白点布满全身，有时眼角膜上也有小白点，严重时体表覆盖一层白色薄膜，伴有大量黏液，寄生处组织发炎、坏死、鳞片脱落、鳍条腐烂而开裂。鳃部大量寄生时，黏液增多，毛细血管充血、渗出，鳃丝端部贫血，引起鳃小片变形、破坏，病鱼常呈浮头状。虫体侵袭鱼眼角膜可引起眼球浑浊、发白、发炎、失明。同时由于继发细菌感染，使鱼体表皮发炎腐烂、局部坏死，鳍条破裂，鳞片易脱落，鳃上皮增生，鳃小片破坏，充血、淤血或局部贫血，呼吸困难。

病鱼瘦弱常呈呆滞状，食欲减退，鱼体消瘦，多数漂浮水面不游动或缓慢游动，反应迟钝，经常呈浮头状，有时左右摆动，不断和其他物体摩擦。病程一般5～10d，传染速度快，并致使成批死亡。

诊断 根据流行病学资料，结合临床症状、发现虫体可确诊。诊断时注意类症鉴别。黏胞子虫病、打粉病等多种鱼病均可使鱼体表面出现小白点，所以，必须检出病原体方可确诊。取病鱼体表白点或剪下少许鳃丝做成湿片，在显微镜下检出多个虫体即可确诊。

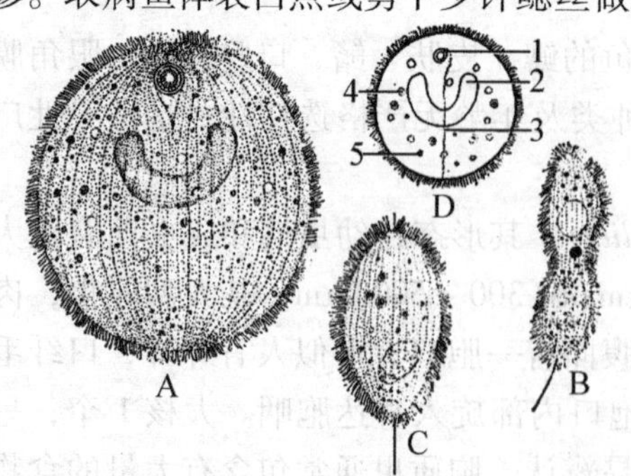

图7－20 多子小瓜虫（仿 倪达书等）

A、D成虫 B、C幼虫

1. 胞口 2. 大核 3. 纤毛线 4. 伸缩泡 5. 食物粒

防治措施

预防本病必须坚持以防为主、防治并重的原则，同时加强饲养管理，投喂优质饵料，增强鱼的体质和抵抗力。

1. 鱼种入池前要进行消毒处理，用50～60μl/L的灭虫灵浸泡2h；或用5%食盐水浸洗3～5min；或用3mg/L的亚甲基蓝全池遍洒，每隔3～4d泼洒1次，连用3次。

2. 养殖过发病鱼的水族缸、水泥池先要刷洗干净，然后用5%食盐水浸泡1～2d，以杀灭小瓜虫及其胞囊。再用清水充分冲洗后再养鱼。

3. 用生石灰彻底清塘，合理密养。

4. 用浓度为 200 ~ 250mg/kg 的冰醋酸溶液洗浴 15min。

（四）半眉虫病

半眉虫病是由叶饺科半眉虫属半眉虫寄生于鱼鳃及皮肤引起的疾病。为鱼苗、鱼种阶段最常见的淡水鱼病。

病原体 主要有 2 个种。

巨口半眉虫（*Hemiophrys macrostoma*），虫体背面观像梭子，侧面观像饺子，左侧面有 1 条裂缝状的口沟。大核 2 个，均为梨形，大小大致相等，位于虫体中后部，2 个大核之间有 1 个小核，具 8 ~ 15 个伸缩泡，分布于虫体两侧，虫体内布满大小食物颗粒，虫体腹面裸露无纤毛，背面生长着均匀一致的纤毛，虫体长 38.5 ~ 73.9μm，宽 27.7 ~ 38.5μm。

圆形半眉虫（*H. disciformis*），虫体呈卵形或圆形，虫体背面纤毛长短一律以背面近右侧中点为中心，有规则地做同心圆状排列，虫体腹面裸露而无纤毛，虫体前端有一束弯向身体左侧的锥状纤毛束，2 个大核位于虫体后部，形状和大小大致相等，呈椭圆形，小核球形，位于 2 个大核之间或附近，有 10 ~ 14 个伸缩泡，不规则分布，有少许食物颗粒，虫体长 41.6 ~ 49.3μm，宽 32.3 ~ 43.1μm（图 7 – 21）。

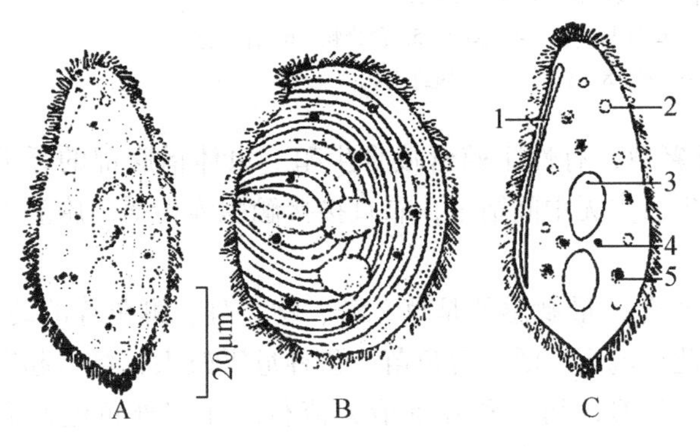

图 7 – 21 半眉虫

（采自黄琪琰．鱼病学．第 1 版，1983）

A. 巨口半眉虫 B. 圆形半眉虫 C. 巨口半眉虫模式图

1. 口沟 2. 伸缩泡 3. 大核 4. 小核 5. 食物泡

生活史 半眉虫繁殖方式为横二分裂法。虫体以胞囊形式寄生，胞囊是由寄生虫本身分泌的黏液将虫体包围起来，外形如一粒枇杷，一端黏附于鳃上皮或表皮组织上，虫体蜷缩在膜内，不断活泼转动。虫体离开宿主后，可在水中自由游动，运动方式做纵行或同心圆旋转运动，以此感染鱼体。

流行病学 对宿主无严格选择性，巨口半眉虫能寄生于各种淡水鱼体上，以寄生于鲢、鳙、草鱼、青鱼、鲤、鲫等鱼种较普遍。圆形半眉虫主要寄生在鲢、鳙鱼鳃上，全国各养鱼地区均有分布，在鱼苗、鱼种阶段较常见，靠直接接触传播。适宜繁殖水温为 28 ~ 32℃，虫体脱离寄生以后，可在水中自由生活 1 ~ 2d。

症状 寄生在鱼的皮肤和鳃内，以胞囊的形式寄生于鱼鳃、皮肤的上皮组织。寄生数量多时，由于虫体不断转动，可使组织损伤。

诊断 结合流行病学资料，显微镜下发现虫体可确诊。

防治措施

1. 彻底清塘，掌握合理的放养密度。

2. 用浓度为 8mg/kg 的硫酸铜溶液浸洗鱼体 30min；2% 的食盐水浸洗 20min。

3. 用硫酸铜和硫酸亚铁合剂（5∶2）全池遍洒，浓度为0.7mg/kg。

（五）斜管虫病

斜管虫病由斜管科斜管虫属的鲤斜管虫寄生于多种淡水鱼鳃和皮肤所引起的疾病。

病原体 鲤斜管虫（*Chilodonella cyprini*），虫体腹面观呈左右不对称的卵圆形，后端稍凹入；侧面观背面隆起，腹面平坦，虫体大小为长40~60μm，宽25~47μm。背面前端左角上有一行特别粗的短刚毛。腹面纤毛线左侧为9条，右侧为7条，每条纤毛线上长着等长的纤毛。腹面有一胞口，内有一斜置的喇叭状口管，大小两个核和两个伸缩泡（图7-22）。

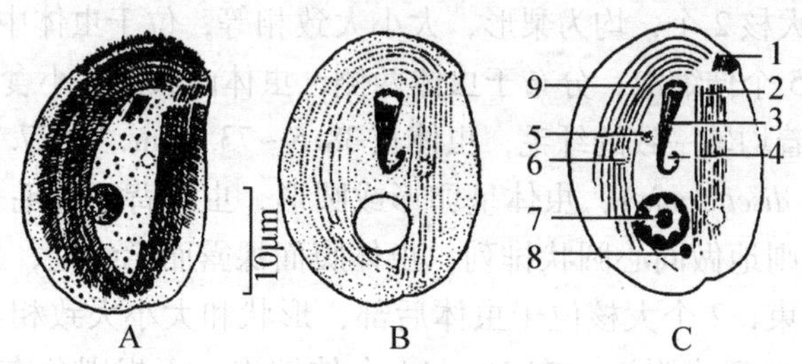

图7-22 鲤斜管虫（采自黄琪琰．鱼病学．第1版，1983）

A. 活体 B. 染色标本 C. 模式图

1. 刚毛 2. 左腹纤毛线 3. 口管与刺杆 4. 胞咽 5. 食物粒 6. 伸缩泡 7. 大核和核内体 8. 小核 9. 右腹纤毛线

生活史 虫体以横二分裂法进行繁殖，有性生殖营接合生殖。虫体借腹部的纤毛运动，沿着宿主鳃或皮肤缓慢地移动。生活史无中间宿主，靠直接接触胞囊传播。胞囊可在环境不良时形成。

流行病学 斜管虫寄生于各种淡水鱼，最敏感的是草、鲢、鳙、鲤、鲫鱼等的幼鱼，金鱼、锦鲤、淡水热带鱼也可发病，此病流行广泛，对鱼苗、鱼种危害较大，可引起大量死亡。虫体生长繁殖最适水温为12~18℃，初冬和春季最为流行。在室外鱼池水温在25℃以上时，通常不会发病，但在室内水缸、水池中，仍有此病出现。在珠江三角洲，是鳜鱼严重病害之一，有时甚至引起全池鱼死亡。

症状及病理变化 病鱼食欲减退，鱼体消瘦变黑，漂游水面或作侧卧状，靠近塘边，呼吸困难，不久死亡。产卵亲鱼也会因大量寄生而影响生殖，甚至死亡。

大量虫体寄生于鱼的皮肤和鳃瓣时，刺激宿主分泌大量黏液，使病鱼皮肤表面形成一层苍白色或淡蓝色黏液薄膜，破坏组织，并影响呼吸。严重时病鱼的鳍条不能充分伸展。

诊断 剪取鳃丝或刮取皮肤上的黏液，镜检病原确诊。

防治措施 参照隐鞭虫病。

（六）瓣体虫病

瓣体虫病是由斜管虫科瓣体虫属石斑瓣体虫寄生于赤点石斑鱼的头部、皮肤和鳃上而引起的疾病。又称“石斑鱼白斑病”。

病原体 石斑瓣体虫（*Petalosoma epinephelis*），虫体侧面观为背部隆起，腹部平坦，前部较薄，后部较厚。腹面观为椭圆形或卵形，中部和前缘布满了纤毛，纤毛排成32～36条纵行的纤毛线。虫体长65～80μm，宽29～53μm。椭圆形大核1个，位于中后部，小核椭圆形或圆形，紧贴于大核前。明显特征为大核后方有1瓣状体。胞口圆形，位于腹面前端中间，与胞口相连的是由12根刺杆围成的漏斗状管口。

流行病学 在我国广东、福建沿海一带较为流行，夏秋季常见。此病短期内迅速蔓延，对赤点石斑鱼可造成严重危害，死亡率高，严重时3～4d内会全部死亡。有时与单殖吸虫或隐核虫形成并发症，从而加快了宿主死亡。

症状 病鱼常浮于水面，行动迟缓，呼吸困难。死鱼的胸鳍向前方僵直，几乎贴于鳃盖上。

病理变化 病鱼头部、皮肤、鳍及鳃充满了黏液，体表出现许多不规则的白斑，严重时，白斑扩大连成一片。

诊断 镜检检出病原体可确诊。

防治措施

1. 用硫酸铜海水浸洗，在水温30℃时（pH值7.9，比重1.017 3）浓度为2mg/kg，浸洗2h，翌日重复1次。

2. 也可将病鱼放入淡水中浸洗4min，即可杀灭病原体。

（七）隐核虫病

隐核虫病是由凹口科隐核虫属的刺激隐核虫寄生于鱼类的体表、鳃、眼角膜及口腔处引起的疾病。隐核虫病又名“海水鱼白点病”，是海水观赏鱼养殖中最常见的疾病。

病原体 刺激隐核虫（*Cryptocaryon irritans*），虫体呈卵圆形或球形。成熟个体直径0.4～0.5μm，全身体表被有均匀一致的纤毛，虫体呈白色。胞口位于虫体前端，胞核呈念珠状，一般为4个，个别为5～8个，难见大核。

生活史 生活史包括滋养体和胞囊两个时期，发育过程与小瓜虫相似。纤毛幼虫具有感染性，虫体前端尖细，全身被有纤毛，从胞囊越出后，在水中游泳，遇到宿主即钻入皮下组织，开始营寄生生活。

流行病学 虫体对宿主无严格选择性，石斑鱼、真鲷、黑鲷等经济鱼类时有发病，常见与瓣体虫同时寄生于同一宿主。为水族馆及网箱养殖鱼类常见病，水温25～30℃易发病。

症状 病鱼食欲不振，活动失常，呼吸困难，严重时病鱼瞎眼，窒息而亡。

病理变化 在病鱼的体表、头、鳍、鳃、口腔、角膜等处可见呈针尖大小的小白点虫体，尤以头部与鳍条处最为明显，病情严重时，体表皮肤有点状充血，鳃和体表黏液增多，形成一层白色混浊的薄膜。鳃组织增生，并发生溃烂。

诊断 镜检检出病原体可确诊。

防治措施 做好放养前的卫生防疫工作，控制鱼类放养密度，发现病鱼立即隔离，同时处理好病死鱼，保持水质清新。

（八）车轮虫病

车轮虫病是由壶形科车轮虫属多种车轮虫寄生于鱼的鳃、皮肤和鳍处引起的疾病。主要危害幼鱼、鱼苗、鱼种。

病原体 已报道的车轮虫有200余种左右，寄生于我国淡水鱼类有20余种，寄生于海水鱼类有70余种。它们广泛寄生于各种鱼类，能引起车轮虫病的车轮虫有10多种。常见的车轮虫有显著车轮虫（*Trichodina nobilis*）、中华杜氏车轮虫（*T. domerguei*）、东方车轮虫（*T. orientalis*）、卵形车轮虫（*T. ovaliformis*）、微小车轮虫（*T. minuta*）和球形车轮虫（*T. bulbosa*）等。

虫体一面隆起，一面凹入，其侧面观如毡帽状，反面观圆碟形，隆起的一面为前面，或称口面；凹入的一面为后面，或称反面。口面上有向左或反时针方向旋绕的口沟，与胞口相连。口沟两侧各生1列纤毛，形成口带，直达前庭腔。胞口下接胞咽，伸缩泡在胞咽一侧。反口面有1列整齐的纤毛组成的后纤毛带，其上下各有1列较短的纤毛，称上缘纤毛和下缘纤毛。反口面最显著的结构是齿环和辐射线。齿环由齿体构成，齿体由齿沟、锥部、齿棘三部分组成。齿体数目、形状和各个齿体上载有的辐射线数，因种而异。小车轮虫无齿棘。虫体大核1个，马蹄形或香肠形。长形小核1个，位于大核的一端。虫体大小为20～40μm。车轮虫运动时如车轮一样转动（图7－23）。

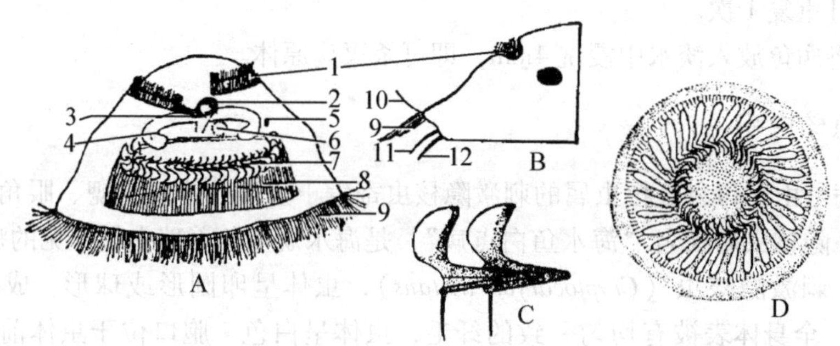

图7－23 车轮虫的主要构造（仿《湖北省鱼病病原区系图志》）

A. 侧面观 B. 纵切面观（一部分） C. 齿体 D. 顶面观附着盘

1. 口沟和口纤毛带 2. 胞口 3. 胞咽 4. 大核 5. 小核 6. 伸缩泡 7. 齿环 8. 辐线 9. 后纤毛带 10. 上缘纤毛 11. 下缘纤毛 12. 缘膜

生活史 车轮虫的繁殖方式为纵二分裂和接合生殖。

流行病学 车轮虫传播途径主要为接触传播，也可借助蝌蚪、水蚤及甲壳类传播此病。离开鱼体的车轮虫可在水中自由生活1～2d。

全国各地均有发现，危害海水鱼和淡水鱼类的鱼苗、鱼种，尤以乌仔和夏花阶段（草鱼夏花最为敏感）死亡率高。流行于4～7月份，适宜水温20～28℃。鱼苗、鱼种放养密度大或池小、水浅、水质不良、营养不足，或连绵阴雨天，均易引起车轮虫病的暴发。

症状及病理变化 车轮虫寄生于鱼类的体表或鳃，也可寄生于鼻腔、膀胱和输尿管。侵袭体表的车轮虫一般较大，寄生于鳃上的车轮虫一般较小。被感染的鱼体分泌大量的黏液，体表、头、嘴部显灰白色“白翳”。当鱼体大量感染车轮虫时，由于车轮虫的骚扰，不能正常生活，病鱼成群沿池边狂游，不摄食，鱼体消瘦，俗称“跑马病”。更重要的是虫体破坏鳃组织，严重影响鱼的呼吸，使鱼致死。

诊断 依据症状与病变及流行情况进行初步诊断，镜检发现病原确诊。

防治措施

1. 用浓度为8mg/kg硫酸铜溶液浸洗20～30min（15～20℃），进行鱼体消毒，或用3%盐水浸洗2～10min。

2. 用硫酸铜和硫酸亚铁合剂（5∶2）全池遍洒，使池水浓度为0.7mg/kg。

（九）杯体虫病

杯体虫病是由累枝科杯体虫属杯体虫寄生于各种淡水鱼的鳃和皮肤上引起的疾病。主要危害幼鱼。

病原体 主要是筒形杯体虫（*Apiosoma cylindriformis*）、卵形杯体虫（*A. oviformis*）、变形杯体虫（*A. anoebae*）和长形杯体虫（*A. longiformis*）等。

杯体虫为附生纤毛虫。虫体长14～80μm，宽11～25μm，体表有细致横纹，充分伸展时呈杯状或喇叭状。前端粗，后端变狭。前端有1个圆盘形的口围盘。口围盘内有1个左旋的口沟，后端与前庭相接。前庭不接胞咽。口围盘四周排列着3圈纤毛，为口缘膜，中间2圈沿口沟螺旋式环绕，外面1圈一直下降到前庭，变为波动膜。前庭附近有1个伸缩泡。虫体后端有一吸盘状附器，可附着在寄主组织上。在虫体内中部或后部，有1个圆形或三角形的大核，小核在大核之侧，一般细长棒状（图7－24）。

生活史 无性生殖为纵二分裂，有性生殖为接合生殖。虫体能在水中自由游动，在一定环境下，遇到合适的宿主即可寄生。

流行病学 全国各地均有发现。一年四季可见，以夏、秋季较普遍。主要危害3cm以下的幼鱼、鱼种，大量寄生能导致鱼种死亡，但大批死亡并不多见。虫体的传播主要靠游动体。

症状及病理变化 虫体附着在鱼的鳃、鳍和皮肤上，以摄取水中的食物粒为营养。当它们成丛地寄生在鱼苗体表时，对寄主组织产生压迫作用，妨碍鱼的正常呼吸。鱼体消瘦，游动缓慢，呼吸困难。病鱼常常成群在池边缓游、身上似有一层毛状物，严重时引起窒息死亡。

诊断 显微镜检查鱼的鳍及全身，见虫体可以确诊。

防治措施 同车轮虫病。

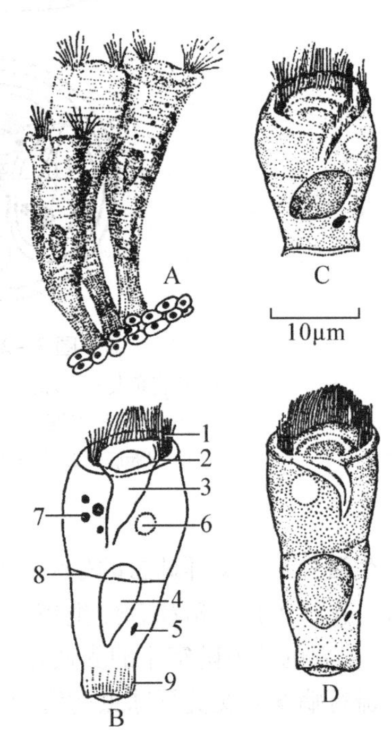

图7－24 杯体虫

（采自黄琪琰．鱼病学．第1版，1983）

A、B. 圆形杯体虫（A. 活体寄生在鱼鳃上 B. 模式图） C. 卵形杯体虫 D. 变形杯体虫

1. 口缘膜 2. 口围盘 3. 前腔和胞咽 4. 大核 5. 小核 6. 伸缩泡 7. 食物粒 8. 纤毛带 9. 附着带

二、其他原虫病

（一）球虫病

球虫病由艾美耳科艾美球虫属的球虫寄生于青鱼、鳙鱼等鱼类的肠、肝、肾、精巢、胆囊、鳔等

内脏器官内所引起的疾病。

病原体 我国报道的有20余种。常见种类有青鱼艾美耳球虫（*Eimeria mylopharyngodoni*）和鲤艾美耳球虫（*E. carpelli*）等。

其主要特征为卵囊圆形或卵圆形，直径6～14μm。外有一层厚而透明的卵囊膜，上有一小的卵孔，其上盖有极帽，但一般不显。成熟的卵囊内有4个卵形孢子囊，被有透明的孢子膜，膜内包裹着互相颠倒的长形稍弯曲的孢子体（或称子孢体）和1个孢子囊残体。子孢子内有1个孢子核。在卵囊内还有卵囊残体和1～2个极体（图7－25）。

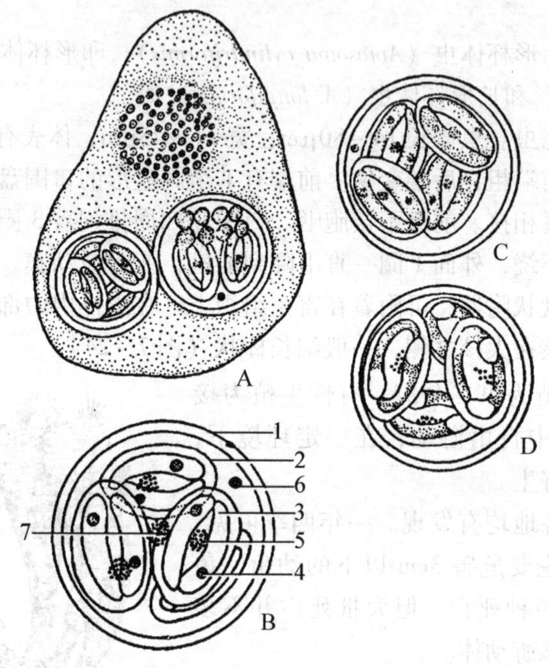

图7－25 艾美耳球虫（仿 陈启鎏）

A～C青鱼艾美耳球虫（A. 在寄主细胞中两个成熟卵囊和发育中的小配体 B. 卵囊模式图 C. 示成熟卵囊） D. 鲤艾美耳球虫的成熟卵囊

1. 卵囊膜 2. 孢子与孢子膜 3. 孢子体 4. 胞核 5. 孢子残余体 6. 极体 7. 卵囊残余体

生活史 艾美耳球虫的生活史属于直接发育型，不需要中间宿主，即在一个宿主体内完成，包括无性生殖和有性生殖2个世代3种繁殖方式（裂殖生殖、配子生殖和孢子生殖）。成熟的卵囊随宿主的粪便排出体外，混在鱼的饵料中或落入池底，被鱼吞食而感染。

流行病学 艾美耳球虫病流行广泛，流行季节为每年4～7月，特别是5～6月为流行高峰。其适宜水温为24～30℃。不同种类球虫对宿主有严格的选择性。鲢鱼、鳙鱼、草鱼等虽有寄生，但未见有引起流行的报道。青鱼艾美耳球虫危害性大，主要侵袭鱼的肠道，2龄以上的青鱼感染率高，尤以江、浙一带饲养青鱼地区流行此病甚广，往往被侵害而引起死亡。

症状 少量感染症状不明显，严重感染时，病鱼消瘦，鳃瓣苍白贫血，腹部膨大，体色发黑，失去食欲，游动缓慢渐渐死亡。

病理变化 病鱼鳃瓣失血呈粉红色或苍白色，剖开鱼腹可见肠道前段比正常的粗2～3

倍，肠壁上许多白色小结节病灶，引起肠壁发炎、充血、溃烂、穿孔。艾美耳球虫可侵袭蔓延到肝、肾、胆囊、膀胱、心脏和生殖腺等器官，使其功能受损伤。

诊断　根据流行病学资料，结合临床症状和病理变化初步诊断。刮取肠黏膜涂片，显微镜检查发现虫体确诊。

防治措施

1. 用生石灰彻底清塘，杀灭孢子能预防此病。

2. 鱼塘轮养，如今年养青鱼，明年改养其他品种，有一定的预防效果。

3. 每千克饲料用硫磺粉 40g，每天投喂 1 次，连喂 4d，有显著效果；或每 50kg 鱼用碘液 30ml 拌料投喂。

（二）碘泡虫病

碘泡虫病是由碘泡科碘泡虫属的多种碘泡虫寄生于鱼类的几乎所有器官引起的疾病。此属为黏孢子虫类中目前已发现虫种最多的一个属。在我国已发现 260 余种。常见的碘泡虫有鲢碘泡虫（*Myxobolus drjagini*）、饼形碘泡虫（*M. artus*）和野鲤碘泡虫（*M. koi*）。

1. 鲢碘泡虫病

由鲢碘泡虫寄生在鱼的脑腔引起的侵害中枢神经系统和感觉器官的鱼病。又称为“白鲢疯狂病、疯刀儿”。死亡率较高。

病原体　鲢碘泡虫（*Myxobolus drjagini*），孢子为椭圆形或倒卵形，前宽而后稍狭，壳面光滑或有 4～5 个“V”形的皱褶。孢子长 12.3μm，宽 9.0μm。2 个大小不等的梨形极囊。营养体直径 4.8～16.0μm，为多核质体，能做变形运动（图 7－26）。

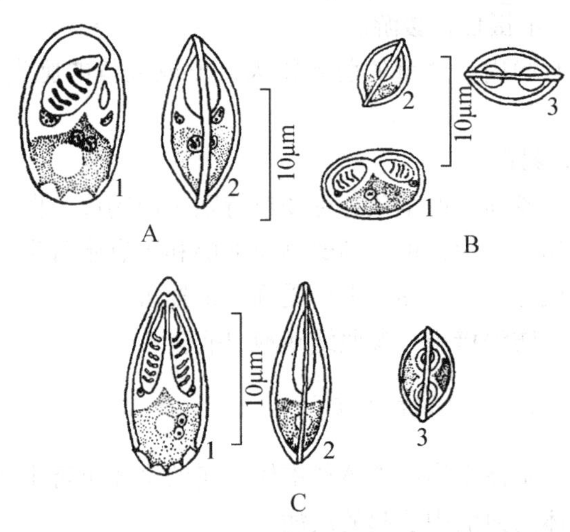

图 7－26　碘泡虫

（采自黄琪琰．鱼病学．第 1 版，1983）

A. 鲢碘泡虫　B. 饼形碘泡虫　C. 野鲤碘泡虫

1. 壳面观　2. 缝面观　3. 顶面观

生活史　黏孢子虫的孢子进入鱼体组织后，成熟的孢子在寄生组织中进行裂殖生殖，形成裂殖体，裂殖体在合适的部位开始生长，核不断分裂而大量增殖，形成 1 个多核体，多核体中一些胞核聚集并分裂后形成子母体，进而发育成孢子。孢子成熟后散入水中感染其他鱼。生活史约 4 个月。

流行病学　全国各地均有发现。主要危害 1 龄以上的观赏鱼，6～9 月间为营养体阶段，大量增殖，是破坏性最大阶段，10 月份逐步形成孢子。主要危害草鱼夏花，感染率高达 100%，死亡率达 80%。

症状　急性型病鱼表现极度消瘦，头大尾小，体色暗淡丧失光泽，尾巴上翘，在水中狂游乱窜，运动失调，打圈或钻入水中又反复跳出水面似疯狂状态，故又称疯狂病。病鱼失去正常活动能力，难以摄食，终至死亡。死时常常头部钻入泥中。慢性型病鱼呈波浪形旋转运动，显出极度疲劳的样子，食欲减退，消瘦，“疯狂病症”并不严重。如若不再重复感染，病情会逐渐稳定。

病理变化 剖开鱼腹，肠内空无食物，呈透明状，肝、脾萎缩，腹腔积水，肉味腥臭，丧失商品价值。

诊断 取病鱼的嗅球和脑颅的拟淋巴液在显微镜下压片观察，可见大量成熟孢子或单核的营养体即可确诊。

防治措施

①用生石灰彻底清塘，减少病原体。

②用90%晶体敌百虫全池遍洒，浓度为0.3mg/kg。

③鱼种放养前，用500mg/L高锰酸钾溶液浸洗鱼种30min，能杀灭60%～70%的孢子。

2. 饼形碘泡虫病

由饼形碘泡虫寄生于草鱼肠道引起草鱼夏花肠道病。

病原体 饼形碘泡虫（*M. artus*），孢囊白色，孢子圆形或椭圆形。长42～89.2μm，宽31.5～73.5μm，孢子壳纵轴小于横轴，孢子后方有不甚明显的褶皱。2个卵圆形的极囊大小相等，呈“八”字形排列，孢子内有1个明显的嗜碘泡。

生活史 发育过程是由营养子成长为成熟的孢子，营养子在肠道固有膜内不断增长，使固有膜破裂，成熟孢子流入肠腔，随粪便排出，鱼体感染造成流行。

流行病学 全国各养鱼区均有发现，以广东、广西、湖北、湖南和福建等省份最为严重。流行于4～8月，尤以5～6月为甚，主要危害草鱼夏花，造成大批死亡，死亡率高达80%～90%。

症状 病鱼体色发黑，消瘦，腹部膨大，不摄食，缓游。

病理变化 虫体主要寄生在前肠绒毛固有膜内，严重的前肠粗大，形成大量的胞囊，肠壁糜烂成白色，其状恰如肠内充满“观音土”。

剖检见病鱼腹部发白，肠道变白，肠脆，易断。

诊断 取草鱼鱼种肠道特别是前肠段，做组织切片镜检，可见肠壁黏膜下层和固有膜寄生大量成熟孢子，黏膜下层受到严重损害。

防治措施 参照鲢碘泡虫病。

（三）锥体虫病

锥体虫病由锥体科锥体虫属的锥体虫寄生在鱼体的血液中引起的疾病。

病原体 病原主要有鲢锥体虫（*Trypanosoma hypophthalmichthysi*）和鲩锥体虫（*T. ctenopharyngodoni*）等。虫体为狭长的叶状，一端尖，另一端尖或钝圆。从虫体后部的毛基体长出一根鞭毛，沿着身体组成波动膜，至前端游离为前鞭毛。胞核椭圆形或卵圆形位于虫体中部（图7－27）。

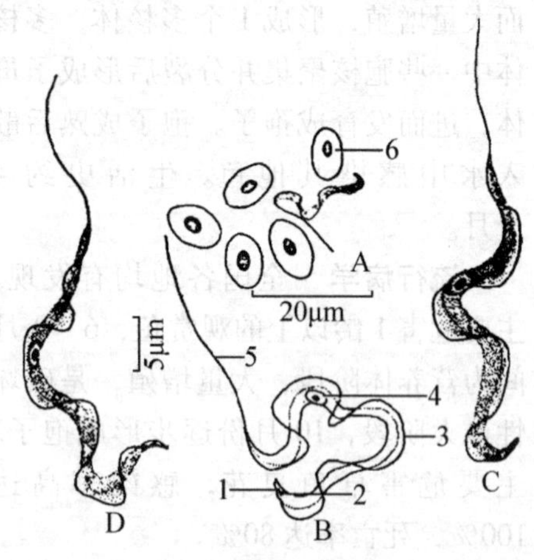

图7－27 锥体虫

（采自黄琪琰．鱼病学．第1版，1983）

A～C. 青鱼锥体虫 B. 模式图 D. 鳙锥体虫
1. 动核 2. 基体 3. 波动膜
4. 胞核 5. 前鞭毛 6. 红血细胞

生活史 需要2个宿主，水蛭为中间宿主，水蛭吸入含有锥体虫的血液，在肠内繁殖，最后变为循环后期锥鞭毛体，此时水蛭刺吸鱼血即传播给鱼体。锥体虫的繁殖方式为纵二分裂。

流行病学 草、青、鲢、鳙、鲤、鲫、鳊等淡水鱼都可感染，野杂鱼感染更普遍，全国各地都有发现，一年四季均可发病，但流行于6～8月。传播锥体虫病的水蛭有尺蠖鱼蛭等，可通过水蛭寄生在鱼的体表和鳃瓣上吸血而传播。

症状 锥体虫寄生在鱼类血液中，少量寄生对鱼影响不大，严重感染时可使鱼类消瘦、虚弱、贫血，病鱼无明显症状。

诊断 实验室检出病原即可确诊。用吸管由鳃动脉或心脏吸一小滴血，置于载玻片上，加适量的生理盐水，盖上盖玻片，在显微镜下观察，可见锥体虫在血细胞间活泼而不大移动位置的跳动。

防治措施

1. 彻底清塘，消毒发病水体（鱼缸、鱼池等）。
2. 禁止用鱼池水、湖水或水库水来饲养金鱼、锦鲤。
3. 加强饲养管理，经常喂给水蚤、水蚯蚓、摇蚊幼虫等鲜活动物性食料，增强鱼体抗病力。
4. 预防本病主要是杀灭水蛭：可用盐水或硫酸铜浸洗鱼体，也可用敌百虫毒杀水蛭。

（四）六前鞭毛虫病

六前鞭毛虫病由六前鞭毛科六前鞭毛属的六前鞭毛虫寄生在鱼肠道引起的疾病。

病原体 主要有2个种，即中华六前鞭毛虫（*Hexamita sinensis*）和鲴六前鞭毛虫（*H. xenocyprini*）。

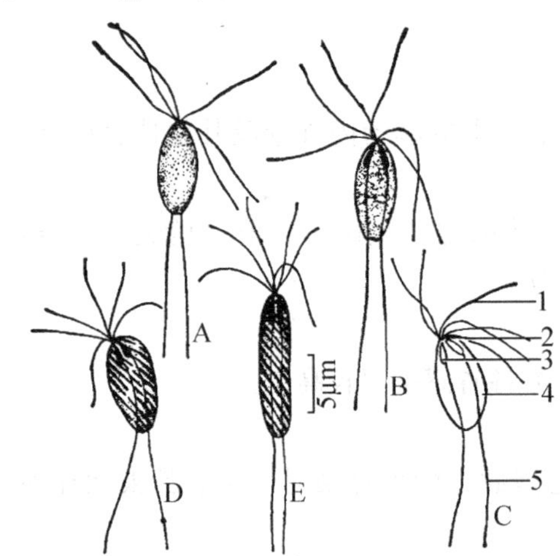

图7-28 六前鞭毛虫

（采自黄琪琰．鱼病学．第1版，1983）

A～C 中华六前鞭毛虫

（A. 活体 B. 染色体 C. 模式图）

D～E 鲴六前鞭毛染色个体

1. 前鞭毛 2. 基体 3. 胞核 4. 轴杆 5. 后鞭毛

中华六前鞭毛虫滋养体呈卵圆形或椭圆型，两侧对称，背腹稍扁平，前端钝圆，生有1根毛基体，从此生出4对鞭毛，其中前鞭毛三对，游离于虫体前端，后鞭毛一对，沿虫体向后延伸，细胞核一对，位于虫体前端，为卵圆型或香肠型。虫体大小长约5～13.8μm，宽为3～6.9μm，

鲴六前鞭毛虫滋养体呈卵形或狭长，体表通常有倾斜排列的粗纹，虫体大小长约6.6～120μm，宽为3.5～8μm（图7-28）。

生活史 六前鞭毛虫的详细生活史尚不很清楚，主要的传播方法经口、肛门或体表侵入，繁殖方式为纵二分裂，可反复纵分裂。

流行病学 主要感染1～2龄草鱼，鲢、鳙、鲮、鲤、鲫、青鱼等淡水鱼的肠道中也有发现，一年四季均可见，以春、夏、秋之际最普遍。

症状 幼鱼常不活泼，食欲减退或丧失，体色变黑，弱病质，早期死亡；中大鱼常有排黏液便的现象，粪便呈半透明黏膜状，粘附且呈拖粪现象。当患细菌性肠炎或寄生虫肠炎，此虫大量寄生时，加重肠道炎症，促使病情恶化。

病理变化 病鱼头部附近或侧线部出现蛀蚀穿孔的病变。肠道常变薄失去弹性，内充满黄色黏液呈半透明状，胆囊肿大，肝脏、肾脏颜色呈暗黄色。

诊断 实验室检虫体可确诊。

1. 检查新鲜粪便，显微镜观察粪便内六前鞭毛虫的数量，用低倍镜（×100）观察，虫体呈透明具折射光泽，为快速抖动的小亮点。

2. 也可显微镜检查肠内容物或胆汁中六前鞭毛虫。必要时经特殊染色观察虫体的形状特征加以区别。

防治措施

1. 维持良好稳定的水质环境，用生石灰或漂白粉等清塘药物彻底清塘，消灭池中胞囊。

2. 适宜的放养密度，避免拥挤。

3. 避免大小鱼混养，小鱼较容易受到六鞭毛虫侵袭。

4. 注意营养的均衡，尤其是维生素与钙磷等矿物质的供给。

5. 定期驱除肠道内的各种寄生虫，减少因其他寄生虫诱发六前鞭毛虫大量滋生。

（五）黏体虫病

黏体虫病由黏体虫科黏体虫属的黏体虫寄生于鱼体的体表、鳃、肠道、胆囊等器官引起的疾病。主要特征在寄生部位形成肉眼可见的大孢囊。

此属在我国发现的虫体约 60 种。常见的黏体虫有中华黏体虫、脑黏体虫和变异黏体虫。

1. 中华黏体虫病

中华黏体虫病又称“肠道白点病”，寄生在 2 龄以上的鲤肠内外壁及其他器官引起的疾病。

病原体 中华黏体虫（*Myxosoma sinensis*），成熟的孢子呈圆形，前方稍尖，后方钝圆，缝脊直，2 个极囊呈梨形，大小相等。无嗜碘泡。

生活史 生活史与碘泡虫相似。

流行病学 全国各地均有发现，长江流域、南方各省感染率较高。

症状 病鱼外表症状不明显。

病理变化 解剖可见肠外壁上有芝麻状乳白色孢囊，严重感染时，胆囊膨大而充血，胆管发炎，孢子阻塞胆管。

防治措施 彻底清塘，减少病原体，以防此病。

2. 脑黏体虫病

脑黏体虫病又称“黑尾病、昏眩病”，主要寄生在鲢鱼脑和神经组织中。

病原体 脑黏体虫（*M. cerebralis*）。孢子呈椭圆纺锤形，长约为 7.5 ~ 8nm，宽约为 6.5 ~ 8nm。营养体为多核原生质体。

症状 急性型病鱼常朝一个方向旋转运动，旋转 180°，重者 360°。身体瘦弱，厌食，旋转 10 ~20 次后沉落死亡；慢性型鱼体后部皮肤失去光泽呈暗黑色。有的脊椎骨弯曲尾部向上，软骨受损，骨骼变软。头部畸形，口不能闭，病程较长。

病理变化　病鱼自肛门后变为黑色，与身体其他部位分界明显，俗称“黑尾病”。

诊断　可刮取鱼头或脊椎骨的软骨少许，置于加有清水或碘溶液的玻片上镜检，可见脑黏体虫的孢子或营养体。

防治措施　同上。

3. 变异黏体虫病

变异黏体虫病又称“水臌病”，寄生鱼体内脏器官。

病原体　变异黏体虫（*M. varia*），成熟孢子正面观为椭圆形，前端宽，后端钝圆，大小相等的 2 个极囊，平行排列。孢子中有 2 个圆形胚核。顶面观呈纺锤形，缝面观亦为纺锤形，缝脊直或弯曲。无嗜碘泡。

症状及病理变化　轻度感染，外表不显症状，腹腔内脏有个别的孢囊；中度感染，腹剖略膨大，体腔内有 8 ~12 个扁带状或多重分枝的扁带状孢囊；严重感染，肠道、肝等器官粘连，病鱼失去平衡，腹部朝天。病鱼体发黑，体表缺少黏液，摸之有粗糙感，鳞片分界明显，尾部上翘。各内脏充满孢囊。

防治措施　同上。

（张学勇）

【复习思考题】

1. 基本概念：二分裂，裂殖生殖，裂殖体，裂殖子，配子生殖。
2. 简述犬猫球虫病的流行特点、症状、病理变化、诊断和防治措施。
3. 弓形虫的生活史。
4. 弓形虫五种虫型的形态构造及寄生部位。
5. 简述犬猫弓形虫病症状及诊断要点、防治措施。
6. 简述巴贝斯虫形态特征，流行病学，致病作用及诊治。
7. 当地重要的犬猫原虫病的防治措施。
8. 简述鸟组织滴虫的生活特点及病理变化。
9. 讲述的鸟类原虫病的感染来源、感染途径及传播媒介。
10. 简述所讲授观赏鱼原虫病种类、寄生部位、主要临诊症状，如何防治。

实践技能训练项目

实训一　吸虫及其中间宿主形态构造观察

【实训内容】

观察宠物常见吸虫的形态构造；观察螺的一般形态。

【目的要求】

掌握宠物常见吸虫的形态构造特征，了解吸虫中间宿主的形态。

【材料准备】

1. 挂图　吸虫构造模式图、华枝睾吸虫、后睾吸虫、并殖吸虫、棘口吸虫和血吸虫；中间宿主形态图。

2. 标本

（1）上述吸虫的染色标本和浸渍标本。

（2）吸虫的中间宿主，如扁卷螺、蜗牛、钉螺等。

（3）严重感染吸虫的动物内脏。

3. 仪器及器材　多媒体投影仪、显微投影仪、实体显微镜、放大镜、组织针、毛笔、镊子、培养皿。

【方法步骤】

1. 教师用显微镜投影仪或多媒体投影仪，以华枝睾吸虫为代表虫种，讲解吸虫的共同形态构造特征。讲解螺的一般形态构造（图实 -1）。

2. 学生将代表虫种的浸渍标本置于平皿中，在放大镜下观察其一般形态，用尺测量大小。

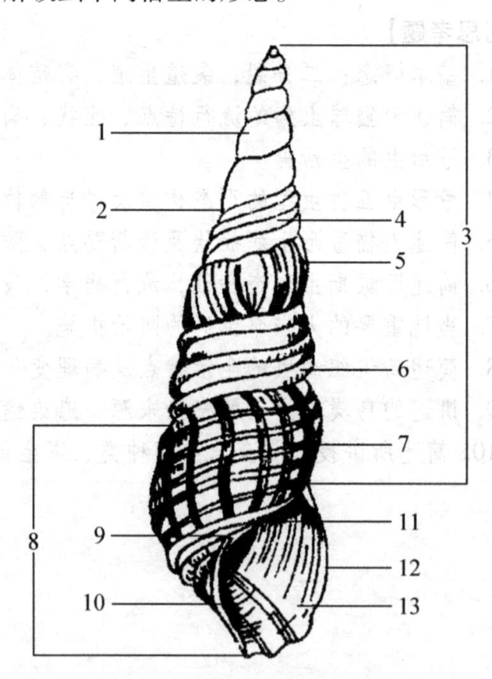

实图 -1　螺贝壳的基本构造

（采自张宏伟．动物寄生虫病．中国农业出版社，2006）

1. 螺层　2. 缝合线　3. 螺旋部　4. 螺旋纹　5. 纵肋　6. 螺棱　7. 瘤状结节　8. 体螺层　9. 脐孔　10. 轴唇（缘）　11. 内唇（缘）　12. 外唇（缘）　13. 壳口

3. 在生物显微镜或实体显微镜下，观察代表虫种的染色标本。主要观察口、腹吸盘的位置和大小；口、咽、食道和肠管的形态；睾丸数目、形状和位置；雄茎囊的构造和位置；卵巢、卵膜、卵黄腺和子宫的形状与位置；生殖孔的位置等。

4. 取代表性螺置于平皿中，观察其形态特征。

【实训报告】

1. 绘出虫体形态构造图，标出各器官名称。

2. 将所观察的吸虫形态构造特征填入表实 -1。

表实 -1　主要吸虫形态构造特征鉴别表

标本编号	形状大小	吸盘大小与位置	睾丸形状位置	卵巢形状位置	卵黄腺位置	子宫形状位置	其他特征	鉴定结果

【参考资料】

吸虫的鉴别点：

1. 形状和大小；
2. 表皮光滑或有结节、小刺；
3. 口吸盘和腹吸盘的位置和大小；
4. 肠管的形状和构造；
5. 雌雄同体或异体；
6. 生殖孔的位置；
7. 睾丸的数目、形状和位置；
8. 卵巢和子宫的形状和位置。

实训二　绦虫一般形态构造观察

【实训内容】

观察宠物常见绦虫的形态构造。

【目的要求】

掌握宠物常见绦虫的形态构造特征。

【材料准备】

1. 挂图　犬复孔绦虫、细粒棘球绦虫、泡状带绦虫、豆状带绦虫、多头带绦虫、带状带绦虫、连续多头绦虫、曼氏迭宫绦虫等绦虫的形态结构图。

2. 标本　上述绦虫成虫的浸渍标本及其头节、成节、孕节的染色标本。

3. 仪器及器材　多媒体投影仪、显微投影仪、实体显微镜、放大镜、组织针、毛笔、镊子、培养皿、尺子。

【方法步骤】

1. 教师用显微镜投影仪或多媒体投影仪，以选定的代表性虫种为例，讲解其头节、成熟节片和孕卵节片的形态构造特征。

2. 学生将代表虫种的浸渍标本置于瓷盘中，观察外部形态，用尺测量虫体全长及最宽处，测量成熟节片的长、宽度。

3. 在显微镜下观察代表虫种的染色标本。主要观察头节的构造；成熟节片的睾丸分布、卵巢形状、卵黄腺及梅氏腺的位置、生殖孔的开口；孕卵节片的子宫形状和位置等。

【实训报告】

1. 绘出虫体头节及成熟节片的形态构造图，标出各部名称。

2. 将所观察绦虫的形态构造特征填入表实 -2。

表实 -2　主要绦虫形态构造特征鉴别表

编号	大小		头节		成熟节片					孕卵节片	鉴定结果
	长	宽	吸盘形状	顶突及小钩	外形	生殖孔位置	生殖器官组数	睾丸位置	其他特征	子宫形状位置	

【参考资料】

圆叶目绦虫的鉴别点：

1. 虫体的长度和宽度；

2. 头节的大小，吸盘的大小及附着物的有无，顶突的有无及小钩的数目、大小和形状；

3. 成熟节片的形状、长度与宽度、生殖孔的位置；

4. 生殖器官的组数，睾丸的数目和分布位置；

5. 子宫的形状及位置，卵黄腺的形状及有无。

实训三　线虫形态构造观察

【实训内容】

观察宠物常见线虫的形态构造。

【目的要求】

掌握宠物常见线虫的形态构造特征。

【材料准备】

1. 挂图　线虫构造模式图、蛔虫、肌旋毛虫、钩虫、犬恶丝虫、毛首线虫、类丝线虫、膨结线虫、吸吮线虫形态图。

2. 标本

（1）上述线虫的透明标本和浸渍标本。

（2）肌旋毛虫标本片。

（3）严重感染线虫的宠物内脏。

3. 仪器及器材　多媒体投影仪、显微投影仪、实体显微镜、放大镜、组织针、毛笔、镊子、培养皿、尺子、蜡盘、解剖针、大头针、一次性注射器、离心管、离心机、2% 甲醛、犬恶丝虫快速诊断试剂盒等。

【方法步骤】

1. 教师用显微镜投影仪或多媒体投影仪，以犬蛔虫等代表性虫种为例，讲解线虫的形态构造特点，重要科、属的鉴别要点。

2. 学生肉眼观察线虫浸渍标本。挑取各种线虫透明标本，每条虫体分别置于载玻片上，滴加甘油若干滴，以能浸没虫体为准，加盖玻片镜检。注意观察各种线虫的形态构造特点及区别，如口囊的有无、大小和形状，口囊内齿、切板等的有无及形状，食道的形状，还有头泡、颈翼、唇片、叶冠、颈乳突等的有无及形状；雄虫交合伞、肋、交合刺、性乳突、肛前吸盘等的有无及形状；雌虫阴门的位置及形态等。

【实训报告】

绘出犬蛔虫头部和雄虫尾部形态构造图，标出各部名称。

实训四　蜱螨和昆虫形态构造观察

【实训内容】

硬蜱科主要属成虫及犬疥螨、犬耳痒螨、犬猫蠕形螨形态构造观察；鸽的蠕形螨和皮刺螨的形态观察；虱、蚤的形态观察。

【目的要求】

熟悉硬蜱的一般构造；通过对比的方法，识别硬蜱科主要属；掌握疥螨主要形态构造特点；认识蠕形螨和皮刺螨及犬、猫常见的虱和蚤。

【材料准备】

1. 挂图：硬蜱、软蜱的形态构造图；硬蜱主要属的形态图；疥螨和痒螨的形态构造图；犬虱和蚤的形态图。

2. 标本：上述虫体的浸渍标本和制片标本。

【方法步骤】

1. 教师用显微镜投影仪或多媒体投影仪，讲解硬蜱科主要属的形态特征及鉴别要点；讲解犬疥螨、犬蠕形螨、鸡皮刺螨、犬常见虱、蚤的形态特征。

2. 取硬蜱浸渍标本置于平皿中，在放大镜下观察其一般形态。然后在实体显微镜下观察制片标本，注意观察假头的长短，假头基的形状，眼的有无，盾板形状、大小和有无花斑，肛沟的位置，须肢的长短和形状等。

3. 取软蜱浸渍标本，观察外部一般形态。

4. 取犬疥螨、犬耳痒螨制片标本，在实体显微镜观察其大小、形状、口器形状、肢的长短、肢端吸盘的有无、交合吸盘的有无等。取蠕形螨和皮刺螨的制片标本，观察一般形态。

5. 取犬猫虱、蚤和禽羽虱针插标本和制片标本，观察其形态特征。

【实训报告】

1. 犬疥螨的形态特点。

2. 犬虱的形态特点。

【参考资料】

1. *硬蜱科主要属的鉴别要点*

（1）硬蜱属：肛沟围绕在肛门前方。无眼。须肢及假头基形状不一。雄虫腹面盖有不突出的板，1 个生殖前板，1 个中板，2 个肛侧板和 2 个后侧板。

（2）血蜱属：肛沟围绕在肛门后方。无眼。须肢短，其第 2 节向后侧方突出。假头基呈矩形。雄虫无肛板。

（3）革蜱属：肛沟围绕在肛门后方。无眼。盾板上有珐琅质花纹。须肢短而宽，假头基呈矩形。各肢基节顺序增大，第 4 对基节最大。雄虫无肛板。

（4）璃眼蜱属：肛沟围绕在肛门后方。无眼。盾板上无珐琅质花纹。须肢长，假头基呈矩形。雄虫腹面有 1 对肛侧板，有或无副肛侧板，体后端有 1 对肛下板。

（5）扇头蜱属：肛沟围绕在肛门后方。有眼。须肢短，假头基呈六角形。雄虫有 1 对肛侧板和副肛侧板。雌虫盾板小（图实 -2）。

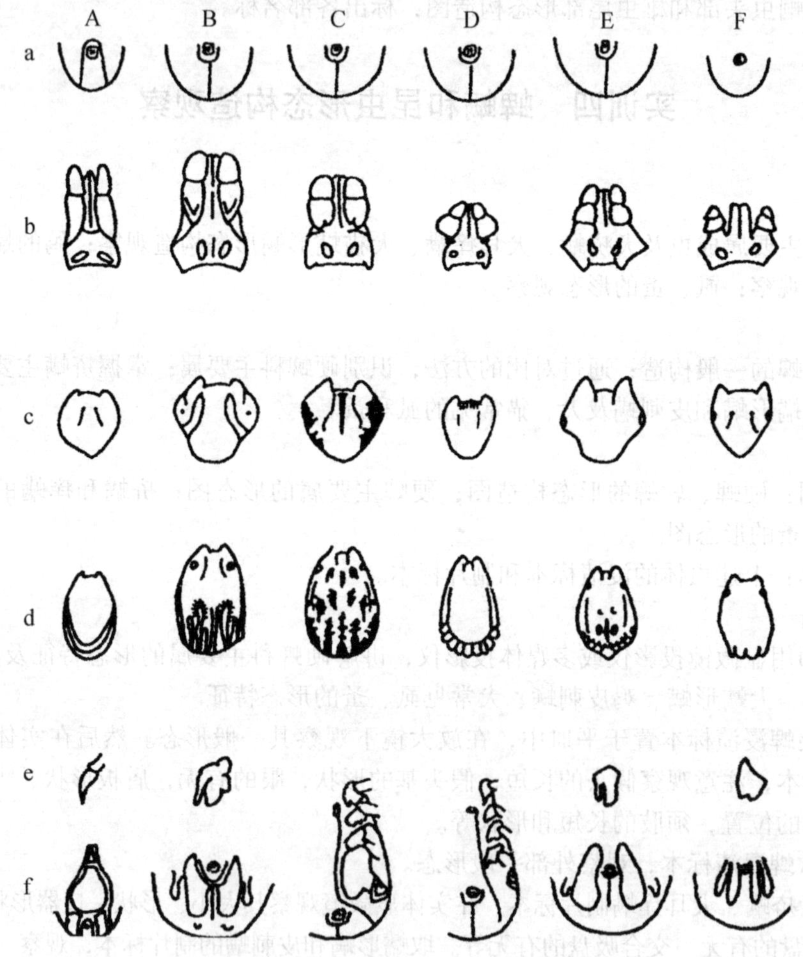

图实 -2　硬蜱科主要属的特征图

（采自张宏伟．动物寄生虫病．中国农业出版社，2006）

A. 硬蜱　B. 璃眼蜱　C. 革蜱　D. 血蜱　E. 扇头蜱　F. 牛蜱

a. 雌性肛沟　b. 雄性假头　c. 雌性盾板　d. 雄性盾板　e. 第 1 基节　f. 雄性腹板

2. 硬蜱与软蜱鉴别

硬蜱与软蜱鉴别要点见表实 -3。

表实-3 硬蜱与软蜱鉴别要点表

鉴别要点	硬 蜱	软 蜱
雌虫与雄虫	雌虫体大盾板小，雄虫体小盾板大	雌虫与雄虫的形状相似
假头	虫体前端，从背面可见	虫体腹面，从背面不可见
须肢	粗短，不能运动	灵活，能运动
盾板	有	无
缘垛	有	无
气孔	在第4对基节的后面	在第3对与第4对基节之间
基节	通常有分叉	不分叉

3. 寄生性昆虫的一般特征

昆虫的虫体分节，由头部、胸部和腹部构成。头部有复眼、单眼、触角和口器，胸部由前胸、中胸和后胸三节构成，每节各有一对肢。中胸和后胸上并各有一对翅（前翅和后翅）。有的寄生性昆虫翅很不发达，有的缺少部分或完全没有翅。

实训五 粪便检查

【实训内容】

1. 粪便采集和保存方法；
2. 虫体和虫卵简易检查法；
3. 粪便漂浮法检查法；
4. 粪便沉淀法检查法；
5. 虫卵计数法。

【目的要求】

掌握用于虫卵检查的粪便材料的采集、保存方法，掌握虫体和虫卵简易检查法的操作，熟练掌握漂浮法和沉淀法的操作过程，了解虫卵计数技术。

【材料准备】

1. 器材 显微镜、显微镜投影仪、粗天平、粪盒（或塑料袋）、粪筛、4.03×10^5 孔/m^2 尼龙筛、玻璃棒、镊子、铁丝环；茶杯（或塑料杯）、100ml 烧杯、离心管、漏斗、离心机、载片、盖片、带胶乳头的移液管、污物桶、纱布等。

2. 粪检材料 宠物的粪便材料。

【方法步骤】

教师讲述粪便材料采集、保存和寄送的方法，并带领学生现场进行粪便采集实习。采集时尽量选择感染寄生虫病的犬猫粪便，以便可以发现寄生虫卵。教师示教虫体和虫卵简易检查法、漂浮法、沉淀法和虫卵计数法的具体操作方法，并指出操作中的注意事项。学生分组进行粪样的检查，观察检查结果。

1. 粪样采集及保存

被检粪样应该是新鲜且未被污染的，因为陈旧粪便往往干燥、腐败、污染或虫卵变形，影响正常的诊断。

采集时最好从直肠采粪。大动物用直肠检查的方法采集；小动物可将食指套上塑料指套，伸入直肠直接钩取粪便。自然排出的粪便，要采取粪堆上部未被污染的部分。

采取的粪便应装入清洁的容器内。采集用品最好一次性使用，如多次使用则每次都要清洗，相互不能污染。采取的粪便应尽快检查，否则，应放在冷暗处或冰箱冷藏箱中保存，以抑制虫卵和幼虫的发育和防止粪便发酵。当地不能检查需送出或保存时间较长时，可将粪样浸入加温至 50 ~60℃、5% ~10% 福尔马林中，使其中的虫卵失去活力，但仍保持固有形态，还可以防止微生物的繁殖。

2. 虫体及虫卵简易检查法

(1) 虫体肉眼检查法

检查对象　用于自然排出或使用驱虫药等而排出体外的蛔虫类、绦虫类节片和蛲虫等的检查。

操作方法　对于较大的绦虫节片和大型虫体，在粪便表面或将粪便搅碎后即可观察到。对于较小的绦虫节片和小型虫体，将粪样置于较大的容器中，加入 5 ~ 10 倍量的水（或生理盐水），彻底搅拌后静置 10min，然后倾去上层液，再重新加水、搅匀、静置，如此反复数次，直至上层液体透明为止，即反复水洗沉淀法。最后倾去上层液，每次取一定量的沉淀物放在黑色浅盘（或衬以黑色背景的培养皿）中观察，必要时可用放大镜或实体显微镜检查，发现虫体和节片则用分离针或毛笔取出，以便进一步鉴定。

(2) 直接涂片法

检查对象　用于产卵较多的蠕虫（如蛔虫等）和球虫卵囊的检查。本法操作简便、快速，但检查时因被检查的粪便数量少，检出率较低。

操作方法　取 50% 甘油水溶液或普通水 1 ~2 滴放于载玻片上，用牙签或火柴棍挑取少量粪便（约火柴头大小）与之混匀，剔除粗粪渣，加盖玻片镜检。

(3) 尼龙筛淘洗法

检查对象　适用于体积较大虫卵（宽度大于 60μm）的检查。本法操作迅速、简便。

操作方法　取 5 ~10g 粪便置于烧杯或塑料杯中，先加入少量的水，使粪便易于搅开。然后加入 10 倍量的水，用金属筛（6.2×10^4 孔/m^2）过滤于另一杯中。将粪液全部倒入尼龙筛网，先后浸入 2 个盛水的盆内，用光滑的圆头玻璃棒轻轻搅拌淘洗。最后用少量清水淋洗筛壁四周与玻璃棒，使粪渣集中于网底，用吸管吸取后滴于载玻片上，加盖玻片镜检。

尼龙筛网的制作方法：将 4.03×10^5 孔/m^2 的尼龙筛绢剪成直径 30cm 的圆片，沿圆周将其缝在粗铁丝弯成带柄的圆圈（直径 10cm）上即可。

3. 沉淀法

利用虫卵比水重，可自然沉于水底的特性，便于集中虫卵进行检查。多用于体积较大虫卵的检查，如吸虫卵和棘头虫卵。

(1) 彻底洗净法

取粪便 5 ~10g 置于烧杯或塑料杯中，先加入少量的水将粪便充分搅开，然后加 10 ~ 20 倍量的水搅匀，用金属筛或纱布将粪液滤过于另一杯中，静置 20min 后倾去上层液，再加水搅匀，如此反复 2 ~3 次，直至上层液透明为止。最后倾去上层液，用吸管吸取沉淀物滴于载玻片上，加盖玻片镜检。

（2）离心沉淀法

取粪便3g置于小杯中，先加入少量的水将粪便充分搅开，然后加10～15倍水搅匀，用金属筛或纱布将粪液过滤于另一杯中，然后倒入离心管，用天平配平后放入离心机内，以2 000～2 500r/min离心沉淀1～2min，取出后倾去上层液，沉渣反复水洗，离心沉淀，直至上层液透明为止。最后倾去上层液，用吸管吸取沉淀物滴于载片上，加盖玻片镜检。本法可以缩短检查时间。

4. 漂浮法

用密度比虫卵大的溶液作为漂浮液，使虫卵、球虫卵囊浮于液体表面，便于进行集中检查。漂浮法对大多数较小的虫卵，如某些线虫卵、绦虫卵和球虫卵囊等有很高的检出率，但对吸虫卵和棘头虫卵检出效果较差。

最常用的漂浮液是饱和盐水溶液。其配制方法：将食盐加入沸水中，直至不再溶解生成沉淀为宜（1 000ml水中约加入食盐400g），用四层纱布或脂棉过滤后，冷却备用。为了提高漂浮法的检出效果，还可以改用如下漂浮液：硫代硫酸钠饱和液（1 000ml水溶解硫代硫酸钠1 750g，溶液保存在15℃以上温度中）、饱和硫酸镁溶液（100ml水中溶解硫酸镁92g）；硝酸铅饱和溶液（100ml溶解硝酸铅65g），此外，糖和硝酸钠可根据需要配成多种密度的溶液。

漂浮液可使虫卵高度浓集，但除特殊需要外，不宜采用密度过大的溶液作漂浮液。因为随溶液密度的增大，粪渣浮起增多，影响检出效果。而且由于液体黏度增加，虫卵浮起速度减慢，增加检查时间。尤其是在高浓度的溶液中，虫卵和卵囊易变形，检查时必须迅速，制片时可补加一滴清水以降低浓度。

（1）饱和盐水漂浮法

取5～10g粪便置于100～200ml烧杯或塑料杯中，先加入少量漂浮液将粪便充分搅开，再加入约20倍的漂浮液搅匀，将粪液用金属筛或纱布滤入另一杯中，舍去粪渣，静置40min左右，用直径0.5～1cm的金属圈平着接触液面，提起后将液膜抖落于载玻片上，如此多次蘸取不同部位的液面，加盖玻片镜检。

（2）浮聚法

取2g粪便置于烧杯或塑料杯中，先加入少量漂浮液将粪便充分搅开，再加入10～20倍的漂浮液搅匀，将粪液用金属筛或纱布过滤于另一杯中，然后将粪液倒入青霉素瓶，用吸管加至凸出瓶口为止。静置30min后，用盖玻片轻轻接触液面顶部，提起后放入载玻片上镜检。

5. 虫卵计数法

虫卵计数法可用来粗略推断动物体内蠕虫的感染强度，也可用于判断药物的驱虫效果。虫卵计数的结果常以每克粪便中的虫卵数（EPG）或卵囊数（OPG）表示。影响虫卵计数准确性的因素，首先是虫卵在粪便内的分布不均匀，从而造成测量少量粪便内虫卵量以推算全部粪便中的虫卵总量的不准确，此外，寄生虫的年龄、宿主的免疫状态、粪便的浓稠度、雌虫的数量、驱虫药的服用等很多因素，均影响着排出虫卵的数量和体内虫体数量的比例关系。虽然如此，虫卵计数仍常被用作某种寄生虫感染强度的指标。

（1）斯陶尔氏法（Stoll's method）

适用范围　适用于吸虫卵、线虫卵、棘头虫卵和球虫卵囊的计数。

操作方法　在100ml三角烧瓶的56ml处和60ml处各作一刻度标记。先向烧瓶中加入

0.1mol/L（0.4%）的氢氧化钠溶液至56ml刻度处，再加入粪样使液面升至60ml刻度处，然后放入十数粒玻璃珠，用橡皮塞塞紧后充分振摇。边摇边用刻度吸管吸取0.15ml粪液，滴于2~3片载片上，加盖片镜检，分别统计其虫卵数，所得总数乘以100，即为每克粪便中的虫卵数。

（2）麦克马斯特氏法（MacMaster's method）

适用范围　适用于绦虫卵、线虫卵和球虫卵囊的计数。

操作方法　量取58ml饱和盐水，取2g粪便放入烧杯中，先向其中加少量饱和盐水，将粪便捣碎搅匀，然后再加入剩余的饱和盐水，充分震荡混合后过滤。边摇晃边用吸管吸取少量滤液，注入计数板的计数室内（图实-3），放于显微镜载物台上，静置几分钟后，用低倍镜计数两个计数室内的全部虫卵，取其平均值乘以200，即为每克粪便中的虫卵数。

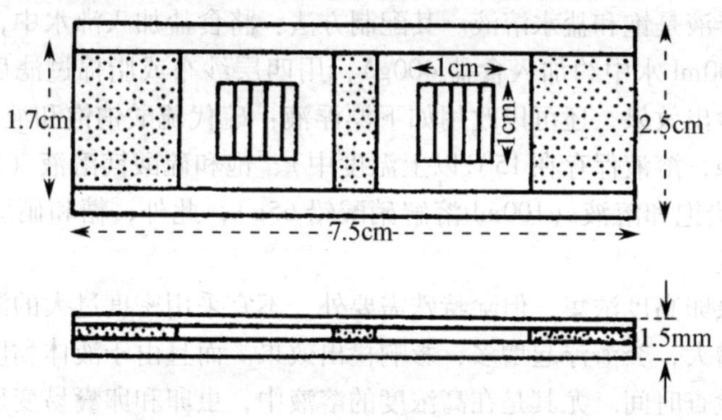

图实-3　虫卵计数室

（采自张西臣．动物寄生虫病．吉林人民出版社，2001）

【实训报告】

饱和盐水漂浮法和离心沉淀法的原理及操作过程。

实训六　犬、猫蠕虫卵形态观察

【实训内容】

1. 犬猫主要吸虫卵形态观察；
2. 犬猫主要绦虫卵形态观察；
3. 犬猫主要线虫卵形态观察。

【目的要求】

掌握犬猫主要蠕虫卵的形态特征，识别常见犬、猫常见蠕虫卵。

【材料准备】

1. 宠物常见蠕虫卵形态图。
2. 粪便中易与虫卵混淆的物质图。
3. 宠物常见虫卵的标本片。

【方法步骤】

1. 教师指出蠕虫卵的鉴别要点。

2. 教师用显微投影仪或示教显微镜带领学生共同观察华枝睾吸虫卵、并殖吸虫卵、犬复殖孔绦虫卵、中线绦虫卵、狮弓蛔虫卵、毛尾线虫卵、犬弓首蛔虫卵等虫卵的形态，介绍虫卵形态的主要特征。

3. 学生分组观察犬猫常见蠕虫卵。

【实训报告】

绘出吸虫、绦虫和线虫代表性虫卵各 1 种。

【参考资料】

1. 蠕虫卵的基本结构与特征

（1）吸虫卵：多数呈卵圆形或椭圆形，卵壳由数层膜组成。多呈黄色、黄褐色或灰色。大部分卵的一端有卵壳。有的卵壳表面光滑，有的有突出物如结节、小刺、丝等。新排出的卵内有胚细胞及较多的卵黄细胞，有的含有毛蚴。卵内容物较充满。

（2）绦虫卵：圆叶目绦虫卵呈圆形、近似方形或三角形。多呈灰色或无色，少数呈黄色、黄褐色。虫卵中央一个椭圆形六钩蚴，被内胚膜包围。内胚膜与外胚膜分离，中间有液体，并有颗粒状内含物。有的绦虫卵内胚膜上形成突起，称为梨形器。卵壳厚度和结构有所差异。

（3）线虫卵：多呈椭圆、卵圆或近圆形。卵壳由 2 层组成，薄厚不同，表面多数光滑，有的不平。卵内有卵细胞，有的已含有幼虫。

2. 犬、猫主要蠕虫卵形态构造（图实 –4）。

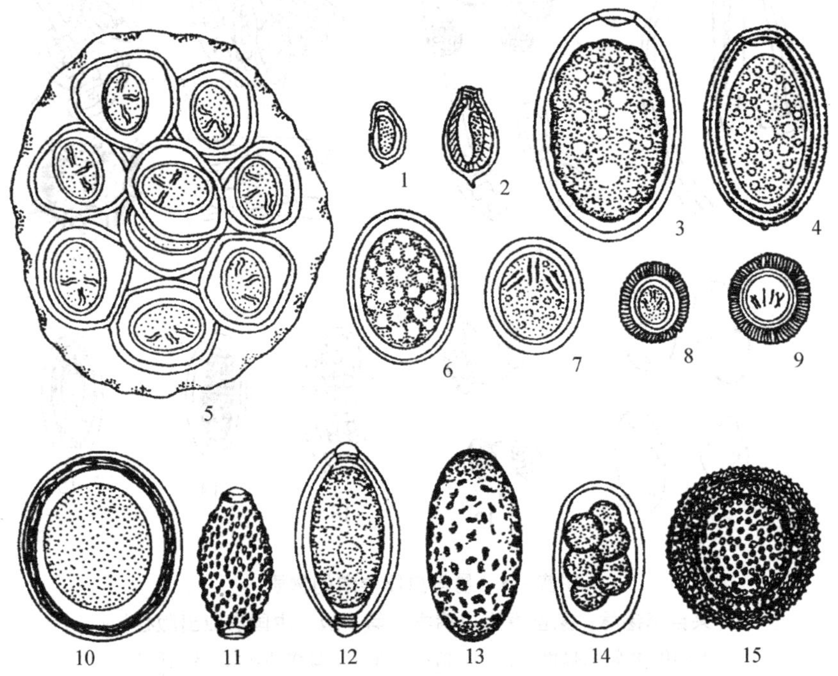

图实 –4　犬、猫常见的蠕虫卵

（采自张宏伟．动物寄生虫病．中国农业出版社，2006）

1. 后睾吸虫卵　2. 华枝睾吸虫卵　3. 棘隙吸虫卵　4. 并殖吸虫卵　5. 犬复孔绦虫卵　6. 裂头绦虫卵　7. 中线绦虫卵　8. 细粒棘球绦虫卵　9. 泡状带绦虫卵　10. 狮弓蛔虫卵　11. 毛细线虫卵　12. 毛首线虫卵　13. 肾膨结线虫卵　14. 犬钩口线虫卵　15. 犬弓首蛔虫卵

3. 易与虫卵混淆的物质

（1）气泡：圆形无色、大小不一，折光性强，内部无胚胎结构。

（2）花粉颗粒：无卵壳构造，表面常呈网状，内部无胚胎结构。

（3）植物细胞：为螺旋形、小型双层环状物或铺石状上皮，均有明显的细胞壁。

（4）豆类淀粉粒：形状不一。外被粗糙的植物纤维，颇似绦虫卵。可滴加卢戈尔氏碘液（碘 1g，碘化钾 2g，水 100ml）染色加以区分，未消化前显蓝色，略经消化后呈红色。

（5）霉孢子：折光性强，内部无明显的胚胎构造（图实 -5）。

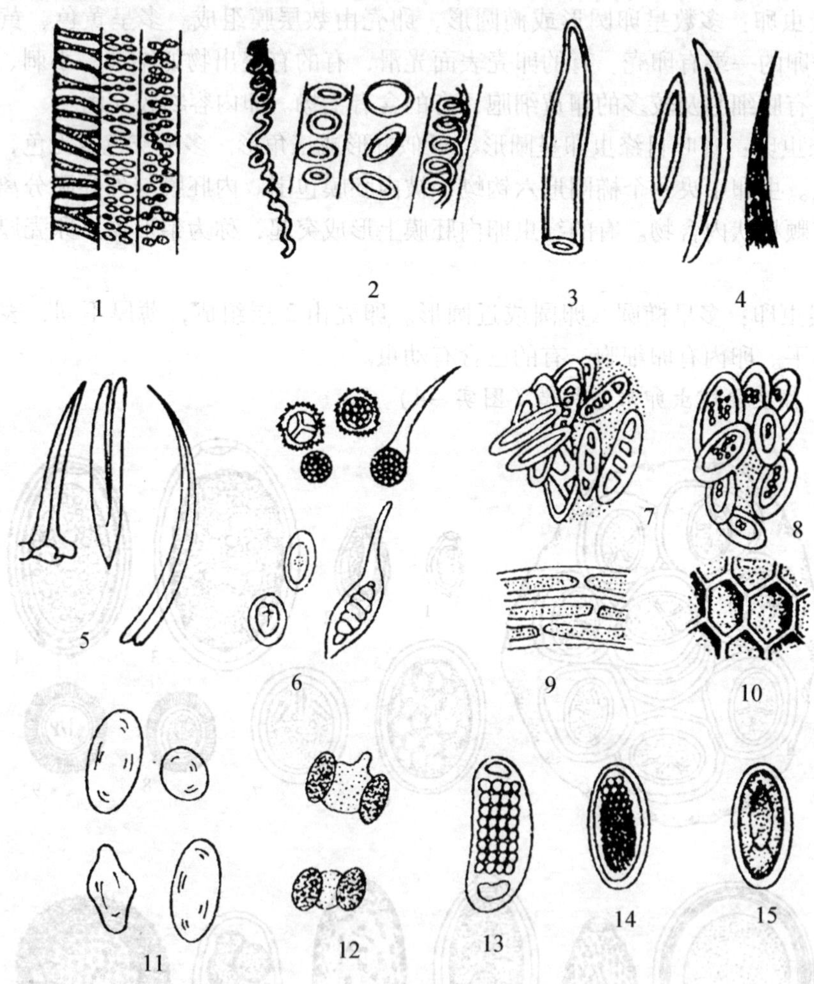

图实 -5　易与虫卵混淆的物质

（采自杨锡林．家畜寄生虫病学．第 2 版．中国农业出版社）

1 ~ 10. 植物细胞和孢子　1. 植物导管　2. 螺纹和环纹　3. 管胞　4. 植物纤维　5. 小麦颖毛　6. 真菌孢子　7. 谷壳的一些部分　8. 稻米胚乳　9、10. 植物薄皮细胞　11. 淀粉粒　12. 花粉粒　13. 植物线虫的一种虫卵　14. 螨的卵（未发育）　15. 螨的卵（已发育）

4. 犬、猫主要蠕虫卵鉴别 见表实 -4

表实 -4 犬、猫主要蠕虫卵鉴别表

虫卵名称	长×宽（μm）	形 状	颜 色	卵壳特征	内含物
并殖吸虫卵	（75～118）×（48～67）	椭圆形	金黄色	卵盖大，卵壳薄厚不均	卵黄细胞分布均匀
华枝睾吸虫卵	（27～35）×（12～20）	似灯泡形	黄褐色	卵盖较明显，壳厚	毛蚴
带科绦虫卵	直径 20～39	圆形或近似圆形	黄褐色或无色	厚，有辐射状条纹	六钩蚴
犬复孔绦虫卵	直径 35～50	圆形	无色透明	二层薄膜	六钩蚴
中线绦虫卵	（40～60）×（35～43）	长椭圆形		二层薄膜	六钩蚴
曼氏迭宫绦虫卵	（52～68）×（32～43）	椭圆形，两端稍尖	浅灰褐色	薄，有卵盖	1 个胚细胞和多个卵黄细胞
犬弓首蛔虫卵	（68～85）×（64～72）	近圆形	灰白色不透明	厚，有许多凹陷	圆形卵细胞
猫弓首蛔虫卵	直径 65～70	近圆形	灰白色不透明	较厚，点状凹陷	圆形卵细胞
狮弓蛔虫卵	（74～86）×（44～61）	钝椭圆形	无色透明	厚，光滑	圆形卵细胞
犬钩口线虫卵	（80～40）×（37～42）	椭圆形	无色	二层，薄而光滑	8 个胚细胞
毛细线虫卵	（48～67）×（28～37）	椭圆形	无色	两端有塞状物	卵细胞
棘颚口线虫卵	（65～70）×（38～40）	椭圆形	黄褐色	较厚，前端有帽状突起，表面有颗粒	1～2 个卵细胞
犬毛尾线虫卵	（70～89）×（37～41）	椭圆形、腰鼓状	棕色	两端有塞状物	卵细胞
肾膨结线虫卵	（72～80）×（40～48）	椭圆形	棕黄色	厚，有许多凹陷，两端有塞状物	分裂为二的卵细胞

实训七 犬寄生虫学剖检技术

【实训内容】

1. 犬寄生虫学剖检术式。
2. 脏器中寄生虫的检查方法。

【目的要求】

掌握犬寄生虫学剖检操作术式和脏器中虫体检查方法。

【材料准备】

1. 器材 解剖刀、剥皮刀、解剖斧、解剖锯、骨剪子、肠剪子、直刃手术剪子、手术刀、镊子、眼科镊子、分离针、盆、成套粪桶、提水桶、黑色浅盘、平皿、酒精灯、毛笔、铅笔、玻璃铅笔、标本瓶、青霉素瓶、载玻片、压片用玻璃板。另备手持放大镜、实体显微镜。

2. 药品　食盐、生理盐水、医用酒精、丙三醇、福尔马林。

3. 实习动物　犬。

4. 寄生虫材料　剖检所收集到的虫体。

【方法步骤】

教师讲述犬全身寄生虫学剖检法的操作技术，指出常见寄生虫及寄生部位（图实-6），进行剖检示教，然后学生分组进行剖检。对发现的虫体进行采集，按寄生器官的不同和初步鉴定的种类分别放置在平皿内。

1. 宰杀与剥皮

用1.5～2.0cm粗的绳索结一活套，套在犬的颈部不致滑脱，将犬在保定栏上吊起（注意避免犬在挣扎时咬断绳索）。采取四肢放血的方法宰杀，即切断两前肢系部指内、外动脉和静脉，两后肢系部趾内、外动脉和静脉，可在放血部位作环状切开。如果血未放尽即凝固致使血流停止时，需要再次切割，以保证放血充分。宰杀过程一定要注意人身安全。

确认犬已经死亡后，从头到尾的顺序剥皮。剥皮前应检查体表、眼睑和创伤等。剥皮时注意检查各部皮下组织，发现并采集病变和虫体。切开浅在淋巴结进行观察，或切成小块备检。发现体外寄生虫应随时采集，遇有皮肤可疑病变时则刮取材料备检。

2. 采取脏器

（1）腹腔脏器　切开腹壁后注意观察内脏器官的位置和特殊病变，对可疑病变采取病料，送实验室备检。结扎食管末端和直肠后，切断食管、各部韧带、肠系膜根和直肠末端后，将脏器一次采出，然后采出肾脏。注意观察和收集各脏器表面虫体，最后收集腹腔内的血液混合物，留待详细检查，并观察腹膜上有无病变和虫体。

盆腔脏器亦以同样方式全部取出。

（2）胸腔脏器　切开胸腔以后，连同食管和气管把器官全部摘出，再收集遗留在胸腔内的液体，留待详细检查。

所有脏器全部采出后卸下犬的胴体。

3. 脏器检查

（1）食管　沿纵轴剪开，仔细观察浆膜和黏膜表层，刮取食道黏膜压在两块载片之间，用放大镜或实体显微镜检查，当发现虫体时揭开载片，用分离针将虫体挑出。

（2）胃　剪开后将内容物倒入大盆内，挑出较大的虫体。用生理盐水洗净后取出胃壁，使液体自然沉淀。将洗净的胃壁平铺在搪瓷盘内，观察黏膜上是否有虫体，刮取黏膜表层，浸入生理盐水中搅拌，使之自然沉淀。以上两种材料在沉淀一定时间后，倒出上层液体，加入生理盐水，重新静置，如此反复沉淀，直到上层液体透明无色为止。收集沉淀物，分批放在培养皿或黑色浅盘内观察，挑取出虫体。刮下的黏膜块应夹在两块载片之间镜检。

（3）小肠　分离以后放在大盆内，由一端灌入清水，使全部肠内容物随水流到桶内，或剪开肠管将内容物和黏液洗出，取出肠管和大型虫体（如绦虫等），在盆内加多量生理盐水，按上述方法反复水洗沉淀，检查沉淀物。刮取黏膜表层，压薄镜检。肠内容物和黏液在沉淀过程中往往出现上浮部分，其中也含有虫体，所以在换水时应收集上浮的粪渣，单独进行水洗沉淀后检查。

（4）大肠　分离以后在肠系膜附着部沿纵轴剪开，倾出内容物，加少量水稀释后检查虫体。按上述方法进行肠内容物和黏液的水洗沉淀。黏膜刮下物也按上述方法压薄镜检。

（5）肝脏　分离胆囊，把胆汁压出盛在烧杯中，用生理盐水稀释，待自然沉淀检查沉淀物。将胆囊黏膜刮下、压薄、镜检，发现坏死灶剪下，压片检查。沿胆管将肝脏剪开，检查虫体，然后将肝脏撕成小块，浸在多量水内，洗净后取出肝块，加水进行反复沉淀，检查沉淀物。

（6）胰脏　检查法与肝脏相同。

（7）肺脏　沿气管、支气管剪开，检查虫体，用载玻片刮取黏液，加水稀释后镜检。将肺组织撕成小块按肝脏检查法处理。

（8）脾和肾脏　检查表面后切开进行眼观检查，然后切成小片，压薄后镜检。

（9）膀胱　检查方法与胆囊相同，并按检查肠黏膜的方法检查输尿管。

（10）生殖器官　检查其内腔，并刮取黏膜、压薄、镜检。

（11）心脏及大血管　剪开后观察内膜，将内容物洗在水内，沉淀后检查。将心肌切成薄片，压薄后镜检。

（12）肌肉　采取膈肌检查旋毛虫。

各器官内容物当时不能检查完毕，可以反复洗涤沉淀后，在沉淀物中加入福尔马林溶液保存，待以后再进行详细检查。

4. 收集虫体

经反复水洗沉淀的沉淀物中发现虫体后，用分离针挑出，放入盛有生理盐水的广口瓶中等待固定，同时用铅笔在一小纸片上写清动物种类、性别、年龄和虫体寄生部位后投入其中。同一器官或部位收集的所有虫体应放入同一广口瓶中。寄生于肺部的线虫应在略为洗净后尽快投入固定液中，否则虫体易于破裂。

当遇到绦虫以头部附着于肠壁上时，切勿用力猛拉，应将此段肠管连同虫体剪下浸入清水中，5～6h 后虫体会自行脱落，体节也会自然伸直。

为了检查沉渣中小而纤细的虫体，可在沉渣中滴加浓碘液，使粪渣和虫体均染成棕黄色，然后用5%硫代硫酸钠溶液脱去其他物质的颜色。如果器官内容物中的虫体很多，短时间内不能挑取完时，可将沉淀物中加入3%福尔马林保存。

【实训报告】

1. 记录犬寄生虫学剖检操作过程。

2. 填写表实－5。

表实－5　犬寄生虫学剖检记录表

<table>
<tr><td>日　期</td><td></td><td>编　号</td><td></td><td>畜　种</td><td></td></tr>
<tr><td>品　种</td><td></td><td>性　别</td><td></td><td>年　龄</td><td></td></tr>
<tr><td>动物来源</td><td></td><td>动物死因</td><td></td><td>剖检地点</td><td></td></tr>
<tr><td rowspan="5">主要病理变化</td><td rowspan="5" colspan="2"></td><td rowspan="5">寄生虫总数</td><td>吸　虫</td><td></td></tr>
<tr><td>绦　虫</td><td></td></tr>
<tr><td>线　虫</td><td></td></tr>
<tr><td>昆　虫</td><td></td></tr>
<tr><td>蜱　螨</td><td></td></tr>
</table>

续表

<table>
<tr><td rowspan="7">寄生虫的种类和数量</td><td>寄生部位</td><td>虫　名</td><td>数　量</td><td>寄生部位</td><td>虫　名</td><td>数　量</td></tr>
<tr><td></td><td></td><td></td><td></td><td></td><td></td></tr>
<tr><td></td><td></td><td></td><td></td><td></td><td></td></tr>
<tr><td></td><td></td><td></td><td></td><td></td><td></td></tr>
<tr><td></td><td></td><td></td><td></td><td></td><td></td></tr>
<tr><td></td><td></td><td></td><td></td><td></td><td></td></tr>
<tr><td></td><td></td><td></td><td></td><td></td><td></td></tr>
<tr><td>备　注</td><td colspan="6">剖检者：</td></tr>
</table>

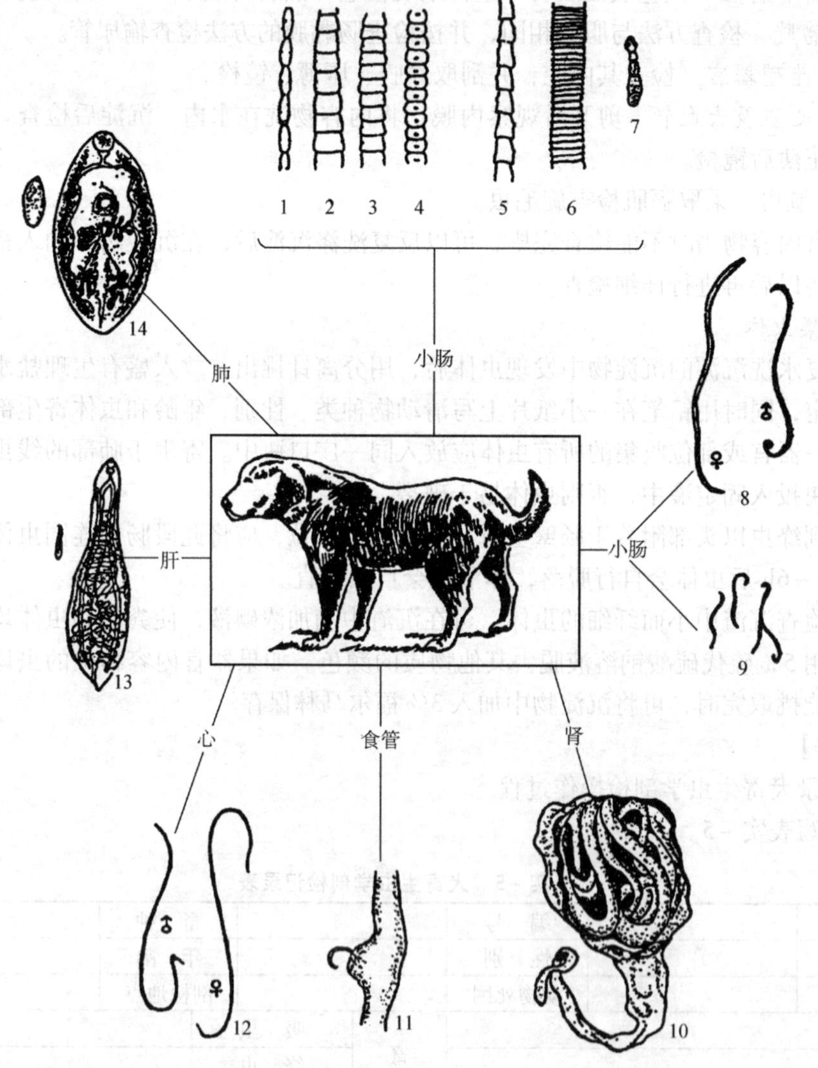

图实－6　犬体内主要蠕虫

（采自张西臣．动物寄生虫病．第1版．吉林人民出版社，2001）

1．双殖吸虫　2．泡状绦虫　3．豆状绦虫　4．中殖绦虫　5．多头绦虫　6．双槽绦虫　7．棘球绦虫　8．犬蛔虫　9．犬钩虫　10．肾虫　11．食道虫　12．恶丝虫　13．华枝睾吸虫　14．肺吸虫

实训八　动物寄生虫材料的固定与保存

【实训内容】

1. 固定液的配制；

2. 各类寄生虫的固定与保存。

【目的要求】

掌握寄生虫材料固定与保存的方法。

【材料准备】

1. 虫体：未经固定的吸虫、绦虫、线虫和昆虫。

2. 器材：黑色浅盘、标本瓶、酒精灯、毛笔、铅笔、玻璃铅笔、载片、压片用玻璃板等。

3. 药品：食盐、酒精、甘油、福尔马林、蒸馏水。

【方法步骤】

教师讲授虫体的固定方法和注意事项。学生分组进行固定液的配制，对虫体进行分装、计数、固定、保存和加标签等具体操作。

1. 吸虫的采集、固定和保存

（1）采集　对于剖检时暂时保存于生理盐水中的虫体，较小的可摇荡广口瓶洗去污物；较大的可用毛笔刷洗。然后放入薄荷脑溶液中使虫体松弛。较大较厚的虫体，为方便以后制作压片标本，可将虫体放于两张载片之间，适当加以压力，两端用线或橡皮绳扎住。

薄荷脑溶液为薄荷脑 24g，溶于 95% 酒精 10ml 中。使用时将此液 1 滴加入 100ml 水中即可。

（2）固定　松弛后的虫体即可投入 70% 酒精或 10% 福尔马林固定液中，24h 即可固定。

（3）保存　经酒精固定的虫体可直接保存于其中，也可再加入 5% 甘油。经福尔马林固定液固定的虫体，可保存于 3% ~5% 的福尔马林中。如对吸虫进行形态构造观察，需要制成整体染色标本或切片标本。

2. 绦虫的采集、固定和保存

（1）采集　对于剖检所获得的虫体或动物自然排出的虫体，洗涤方法同吸虫。大型绦虫可绕于玻璃瓶或试管上，以免固定时互相缠结。如果做绦虫装片标本，亦将虫体节片放于两张载片之间，适当加以压力，两端用线或橡皮绳扎住。

（2）固定　上述处理后的绦虫可浸入 70% 酒精或 5% 福尔马林液中固定，较大而厚的虫体需 12h。若要制成装片标本以观察其内部结构，则以酒精固定较好；浸渍标本则以福尔马林液固定较好。

（3）保存　浸渍标本用 70% 酒精或 5% 福尔马林保存均可。绦虫蚴或病理标本可直接浸入 10% 福尔马林固定保存。

3. 线虫的采集、固定和保存

（1）采集　较小的虫体可通过摇荡广口瓶，洗去所附着的污物；较大的虫体，可用毛笔刷洗，尤其是一些具有发达的口囊或交合伞的线虫，一定要用毛笔将杂质清除。有些虫体的肠管内含有多量食物时，影响观察鉴定，可在生理盐水中放置12h，其食物可消化或排出。

（2）固定　将70%酒精或3%福尔马林生理盐水加热至70℃，将清洗净的虫体挑入，虫体即伸展并固定。

（3）保存　大型线虫放入4%福尔马林中保存；小型线虫放入甘油酒精中保存。甘油酒精为甘油5ml，70%酒精95ml。

4. 蜱螨与昆虫的采集、固定和保存

（1）采集　体表寄生虫如血虱、毛虱、羽虱、虱蝇等，用器械刮下，或将附有虫体的羽或毛剪下，置于培养皿中再仔细收集。采取蜱类时，使虫体与皮肤垂直缓慢拔出，或喷施药物杀死后拔出。捕捉蚤类可用撒有樟脑的布将动物体包裹，数分钟后取下，蚤即落于布内。螨虫的采集见螨病实验诊断法。

（2）固定与保存　昆虫的幼虫、虱、毛虱、羽虱、蠕形蚤、虱蝇、舌形虫、蜱以及含有螨的皮屑等，用加热的70%酒精或5%～10%福尔马林固定。固定后可保存于70%酒精中，最好再加入5%甘油。有翅昆虫可用针插法干燥保存。

5. 原虫的保存

取相应感染部位为病料，经过染色制成玻片标本，装于标本盒中保存。

6. 蠕虫卵的采集、固定和保存

（1）采集　用粪便检查的方法收集虫卵，或将剖检所获得的虫体放入生理盐水中，虫体会继续产出虫卵，静置沉淀后可获得单一种的虫卵。

（2）固定与保存　将3%福尔马林生理盐水加热至70～80℃，把含有虫卵的沉淀物或粪便浸泡其中即可。

7. 标本标签的制作

凡保存的虫体和病理标本，都应附有标签。瓶装浸渍标本应有外标签和用硬质铅笔书写的内标签。内标签的内容与样式如下：

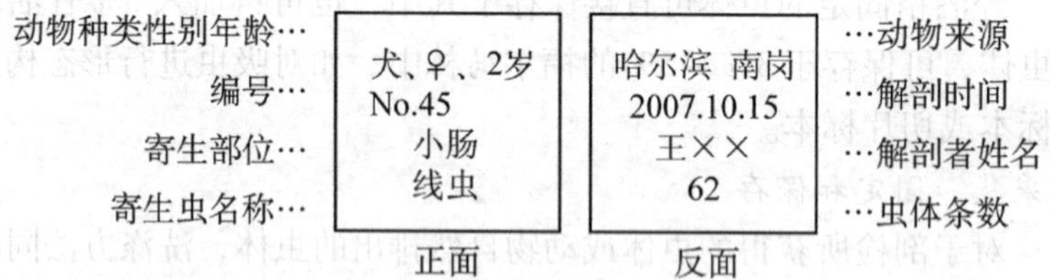

【实训报告】

吸虫、绦虫和线虫的固定与保存方法。

注：本实训可采用实训七中所发现虫体进行固定和保存。

实训九　驱虫技术

【实训内容】

1. 驱虫药的选择与配制；

2. 给药方法；

3. 驱虫工作的组织实施；

4. 驱虫效果的评定。

【目的要求】

使学生熟悉驱虫的准备和组织工作，掌握驱虫技术、驱虫中的注意事项和驱虫效果的评定方法。

【教学提示】

最好在宠物寄生虫病诊断实践训练的基础上进行；亦可另选患病动物预先进行诊断，针对主要寄生虫病选择相应的驱虫药物及给药方法。

【材料准备】

1. 药物　常用各种驱虫药。

2. 器材　各种给药用具、称重或估重用具、粪便检查用具等。

3. 动物　犬。

4. 其他　驱虫用记录表格。

【方法步骤】

教师讲解驱虫药选择原则、驱虫技术、注意事项、驱虫效果评定方法等。首先教师示范常用的各种给药方法，然后学生分组进行驱虫操作，并随时观察动物的不同反应，做好各项记录，按时评定驱虫效果。

1. 驱虫药的选择

驱虫药物选择的原则是选择广谱、高效、低毒、廉价和使用方便的药物进行驱虫。广谱是指驱除寄生虫的种类多；高效是指对寄生虫的成虫和幼虫都有高度驱除效果；低毒是指治疗量不具有急性中毒、慢性中毒、致畸形和致突变作用；廉价是指与其他同类药物相比价格低廉；使用方便是指给药方法简便，适用于大群给药（如气雾、饲喂、饮水等）。

治疗性驱虫应以药物高效为首选，兼顾其他；定期预防性驱虫则应以广谱药物为首选，但主要还是依据当地常见寄生虫病选择高效驱虫药。

2. 驱虫时间

一定要依据当地动物寄生虫病流行病学调查的结果来确定。常有两种时机，一是采取“成虫期前驱虫”，即在虫体尚未成熟前用药物驱除，防止性成熟的成虫排出虫卵或幼虫对外界环境的污染；二是采取“秋冬季驱虫”，此时驱虫有利于保护动物安全越冬，另外，秋冬季外界寒冷，不利于大多数虫卵或幼虫存活发育，可以减轻对环境的污染。

3. 驱虫的实施及注意事项

（1）驱虫前

驱虫前应选择驱虫药，计算剂量，确定剂型、给药方法和疗程。对药品的生产单位、批号等加以记载；

在进行大群驱虫之前，应先选出少部分动物做试验，观察药物效果及安全性；

将动物的来源、健康状况、年龄、性别等逐头编号登记。为使驱虫药用量准确，要预先称重或用体重估测法计算体重；

为了准确评定药效，在投药前应进行粪便检查，根据其结果（感染强度）搭配分组，使对照组与试验组的感染强度相接近。

（2）驱虫后

投药前后1～2d，尤其是驱虫后3～5h，应严密观察动物群，注意给药后的变化，发现中毒应立即急救；

驱虫后3～5d内使动物圈留，将粪便集中用生物热发酵处理；

给药期间应加强饲养管理，役畜解除使役；

在驱虫药的使用过程中，要注意正确合理用药，避免频繁地连续几年使用一种药物，尽量争取推迟或消除抗药性的产生。

4. 驱虫效果评定

驱虫后要进行驱虫效果评定，必要时进行第2次驱虫。驱虫效果主要通过以下内容的对比来评定：

（1）评定内容

发病与死亡　对比驱虫前后动物的发病率与死亡率；

营养状况　对比驱虫前后动物各种营养状况的比例；

临诊表现　观察驱虫后临诊症状的减轻与消失；

生产能力　对比驱虫前后的生产性能；

驱虫指标评定　一般可通过虫卵减少率和虫卵转阴率确定，必要时通过剖检计算出粗计驱虫率和精计驱虫率。（EPG：1g粪便内某种蠕虫卵数）。

$$\text{虫卵减少率} = \frac{\text{驱虫前 EPG} - \text{驱虫后 EPG}}{\text{驱虫前 EPG}} \times 100\%$$

$$\text{虫卵转阴率} = \frac{\text{虫卵转阴动物数}}{\text{驱虫动物数}} \times 100\%$$

$$\text{粗计驱虫率} = \frac{\text{驱虫前平均虫体数} - \text{驱虫后平均虫体数}}{\text{驱虫前平均虫体数}} \times 100\%$$

$$\text{精计驱虫率} = \frac{\text{排出虫体数}}{\text{排出虫体数} + \text{残留虫体数}} \times 100\%$$

$$\text{驱净率} = \frac{\text{驱净虫体的动物数}}{\text{驱虫动物数}} \times 100\%$$

（2）注意事项

为了比较准确地评定驱虫效果，驱虫前、后粪便检查时，所有的器具、粪样数量以及操作步骤所用的时间要完全一致；驱虫后粪便检查的时间不宜过早，一般为10～15d；应在驱虫前、后各进行粪便检查3次。

【实训报告】

写出犬驱虫的总结报告。

实训十　动物寄生虫病流行病学调查

【实习内容】

1. 寄生虫流行病学调查；

2. 流行病学调查材料分析。

【目的要求】

学习宠物流行病学资料的调查的主要内容，掌握流行病学材料的搜集和分析的方法。

【材料准备】

流行病学调查表、记录表。

【方法步骤】

教师讲解流行病学调查的方法和要求后，学生按下列程序进行实习。

1. 拟定调查提纲，主要有以下内容：

（1）单位名称和地址；

（2）被检宠物基本情况：数量、品种、年龄、性别等；

（3）被检宠物的临诊表现：精神状态、食欲、饮欲、营养状况、发病情况等；

（4）被检宠物的饲养管理情况：饲养方式、卫生状况、水源、食物来源等；

（5）中间宿主和传播媒介的存在和分布情况；

（6）采集粪便，检查虫卵，调查宠物各寄生虫的感染情况；

（7）做刮片或压片检查调查宠物（主要是犬）的螨虫寄生情况。

2. 调查方法：按照调查提纲，采取询问、查阅各种记录和实地考察等方式进行。

3. 调查材料的整理和分析：对获得的资料，进行数据统计，确定发病率、死亡率、病死率等，寻找有规律性的资料，如发病季节、降雨量及水源的关系、饲养方式、饲料成分及来源、中间宿主分布等与发病的关系。

【参考资料】

1. 发病率的计算公式：

$$\text{发病率}=\frac{\text{某时期内宠物发病只数}}{\text{同时期内宠物的平均总只数}}\times 100\%$$

2. 死亡率计算公式：

$$\text{死亡率}=\frac{\text{某时期内死亡的宠物头数}}{\text{同期内宠物的平均总头数}}\times 100\%$$

$$\text{病死率}=\frac{\text{某时期内死亡宠物只数}}{\text{同期宠物发病只数}}\times 100\%$$

【实训报告】

写出流行病学调查报告，计算感染率、发病率。

实训十一 动物寄生虫病临诊检查

【实训内容】

1. 寄生虫病临诊诊断；

2. 寄生虫学实验室检查材料的采取。

【目的要求】

学习和掌握寄生虫病临诊检查的方法和寄生虫学检查的病料的采集方法。

【材料准备】

听诊器、体温计、显微镜、粗天平、粪盒、粪筛、玻璃棒、镊子、铁丝环、离心管、漏斗、离心机、载片、盖片等。

【方法步骤】

教师讲解临床检查、病料采集的方法和要求后，学生按检查程序进行实习操作。

【参考资料】

寄生虫病临床检查和病料采集。

1. 检查范围：以群体为单位进行，数量较少时，应逐个检查；数量较多时，抽取其中部分动物检查。

2. 检查的程序和方法：

（1）总体观察：从中发现异常或病态的宠物。

（2）一般检查：精神状态、食欲、饮欲、营养状况、脱毛及其他异常状态。

（3）体表检查：检查体表寄生虫（虱、蜱、跳蚤等），检查皮肤有无丘疹、脓包、脱毛出血等异常变化，如果有寄生虫做好记录，搜集虫体并计数。如果怀疑皮肤患有螨虫病时应刮取皮肤病料进行实验室检查。

（4）系统检查：按照一般临诊检查方法测量体温、呼吸、脉搏，检查消化、呼吸、泌尿、循环等各个系统，收集临诊资料。根据怀疑的寄生虫病种类，可采取粪样、尿样、血样等备检。

（5）症状分析：将收集到的临诊症状进行归类，统计各种症状出现的比例，提出可疑寄生虫病范围。

【实训报告】

写出犬临床检查报告，并提出进一步确诊的建议。

实训十二 肌旋毛虫检查

【实训内容】

1. 肌肉压片检查法。

2. 肌肉消化检查法。

3. 认识肌旋毛虫。

【目的要求】

学习和掌握肌肉压片检查法；学习和了解肌肉消化检查法；认识肌旋毛虫。

【材料准备】

1. 挂图 肌旋毛虫形态图。

2. 标本 肌旋毛虫玻片标本。

3. 器材 显微镜、实体显微镜、贝尔曼氏幼虫分离装置、旋毛虫压定器、剪子、镊子、绞肉机、60ml 三角烧瓶、天平、带胶头移液管、载片、盖片、纱布、污物桶等。

4. 药品 胰蛋白酶消化液或胃蛋白酶消化液。

5. 检查材料 旋毛虫病肉，已消化的旋毛虫病肉肉汤。

【方法步骤】

教师示教肌肉肉样采集、压片镜检法和肌肉消化法的操作方法，指明操作时的注意事项。学生分组进行肌肉压片法和肌肉消化法的检查。观察肌旋毛虫的标本片。

1. 肉样采集 犬死亡或屠宰后采取左右两侧膈肌角 0.5 ~ 1g 供检。

2. 压片法 将肉样剪成 3mm × 10mm（麦粒大）的小粒 24 个，用旋毛虫检查压片器或两块载玻片压薄，也可用厚玻片压薄，用显微镜或实体显微镜检查。

3. 消化法 取 100g 肉样，除去腱膜、肌筋及脂肪，用绞肉机磨碎，放入 3 000ml 烧瓶内。将 10g 胃蛋白酶溶于 2 000ml 蒸馏水中后，倒入烧瓶内，再加入 25% 盐酸 16ml，放入磁力搅拌棒。将烧瓶置于磁力搅拌器上，设温度于 44 ~ 46℃，搅拌 30min 后，将消化液用 180μm 的滤筛滤入 2 000ml 的分离漏斗中，静置 30min 后，放出 40ml 于 50ml 量筒内，静置 10min，吸去上清液 30ml，再加水 30ml，摇匀后静置 10min，再吸去上清液 30ml。剩下的液体倒入带有格线的平皿内，用 20 ~ 50 倍显微镜观察。

【实训报告】

旋毛虫病实验室诊断报告。

实训十三 螨病实验室诊断

【实训内容】

1. 蠕形螨的实验室诊断。

2. 疥螨、痒螨等外寄生虫的实验室诊断。

【目的要求】

掌握宠物蠕形螨、疥螨、痒螨的实验室诊断中皮肤病料的采集方法和操作技术，认识螨形蠕、疥螨和痒螨的形态。

【实习材料】

1. 挂图 蠕形螨、疥螨和痒螨的形态图。

2. 器材 显微镜、实体显微镜、手持放大镜、平皿、试管、试管夹、手术刀、镊子、载片、盖片、温度计、带胶乳头移液管、离心机、污物缸、纱布。

3. 药品 5% 氢氧化钠溶液，60% 硫代硫酸钠溶液、煤油。

4. 病料 患蠕形螨、疥螨的病犬或含螨病料。

【方法步骤】

教师示教蠕形螨的病料采集和疥螨皮肤刮取物的采集方法和注意事项。学生按操作要求进行病料采取实习，同时进行患螨病犬的临床检查，观察皮肤变化及全身状态。教师讲述病料的各种检查法并做简要示教。学生分组进行病料检查的操作。

1. 疥螨的检查

(1) 病料采集

在病畜皮肤患部与健康部交界处，先剪毛，用外科凸刃小刀，在酒精灯上消毒，使刀刃与皮肤表面垂直，反复刮取表皮，直到微微出血为止。在野外工作时，为了避免风将刮下的皮屑吹走，可根据所采用的检查方法的不同，在刀上蘸一些水、煤油或5%氢氧化钠溶液，可使皮屑粘附在刀上。将刮下的皮屑集中于培养皿或广口瓶中备检。刮取病料处用碘酒消毒。

(2) 检查方法

直接检查法　可将皮屑放于载玻片上，滴加煤油，覆以另一张载玻片，搓压玻片使病料散开，分开载玻片，镜检。煤油有透明皮屑的作用，使其中的虫体易被发现，但虫体在煤油中容易死亡。如欲观察活螨，可用10%氢氧化钠溶液、液体石蜡或50%甘油水溶液滴于病料上。在这些溶液中，虫体短期内不会死亡，可观察到其活动。

虫体浓集法　为了在较多的病料中检出其中较少的虫体，提高检出率，可采用此种方法。

将较多的病料置于试管中，加入10%氢氧化钠溶液，待皮屑溶解后虫体暴露，弃去上层液，吸取沉渣检查。需快速检查时，可将试管在酒精灯上煮数分钟，待其自然沉淀或在离心机中以2 000r/min沉淀5min，弃去上层液，吸取沉渣检查，或向沉渣中加入60%硫代硫酸钠溶液，直立待虫体上浮，再取表层液体检查。

温水检查法　可将病料浸入盛有40～45℃水的培养皿中，置恒温箱1～2h后，取出后镜检。由于温热的作用，活螨由皮屑内爬出，集结成团，沉于水底部。还可将病料放于培养皿内并加盖，放于盛有40～45℃温水的杯上，经10～15min后，将培养皿翻转，则虫体与少量皮屑粘附于皿底，大量皮屑落在皿盖上，取皿底检查。

加热检查法　将刮取到的干病料置于培养皿中，在酒精灯上加热至37～40℃，将培养皿放于黑色衬景（黑纸、黑布、黑漆桌面等）上，用放大镜检查，或将玻璃皿置于低倍显微镜下检查，发现移动的虫体可确诊。

注：如利用从病犬皮肤采取的病料，用哪种方法进行检查均可；如用保存的含螨病料，只能进行皮屑溶解法和漂浮法的操作。

如欲判断收集到的虫体是否存活，特别在药物治疗后判断疗效，可采用上述的后两种方法，也可将收集到的虫体用油浸镜观察，活的虫体可见其内部淋巴包含物流动。

2. 蠕形螨的检查

蠕形螨寄生在毛囊内，故一般称为“毛囊虫”。先在动物四肢外侧、腹部两侧、背部、眼眶四周、颊部或鼻部皮肤，触摸寻找砂粒样或黄豆大结节，用手术刀切开挤压，将脓性分泌物或干酪样团块挑于载片上，滴加生理盐水1～2滴，均匀涂成薄片，加盖玻片，置低倍镜检查，可发现成虫、若虫、幼虫和虫卵。

【实训报告】

根据实训结果，写一份关于螨病的诊断和防治意见的报告。

实训十四　原虫检查法

【实训内容】

1. 球虫卵囊的粪便学检查。

2. 巴贝斯虫和伊氏锥虫的血液涂片检查。

3. 弓形虫滋养体的检查。

【目的要求】

了解弓形虫的实验室诊断方法，学会球虫、巴贝斯虫、伊氏锥虫的实验室诊断方法。

【材料准备】

一次性注射器、离心管、离心机、2%柠檬酸钠生理盐水、姬姆萨染色液、瑞氏染色液、0.1%占纳司绿（Janus green）染色液、伊红染色液、载玻片、盖玻片、显微镜、小鼠及以上各原虫的染色或制片标本。

【方法步骤】

教师先以多媒体投影或挂图展示卵囊或虫体形态，说明鉴别要点。再让学生用显微镜观察以上卵囊和虫体的标本，熟悉形态。

1. 球虫卵囊检查

直接涂片法　取疑似病犬新鲜粪便直接涂片镜检。严重感染时很易检测到球虫卵囊。

集卵法　按蠕虫粪便检查法中漂浮法浓集卵囊制片，可提高检测率。

卵囊染色　将附有卵囊的抹片，在加温的醋酸中固定5～10min，再以0.1%占纳司绿染色10min，水洗后以浓伊红染色液染色5min，水洗镜检。

2. 血液原虫检查

检查巴贝斯虫和伊氏锥虫。前者位于红细胞内，后者位于红细胞外。

（1）涂片染色法　取疑似病犬血一滴滴于玻片一端，制成均匀较薄推片，姬姆萨氏染色或瑞特氏染色后镜检。

姬姆萨氏染色法　在血片上滴加姬姆萨氏染色液，染色30～60min，用缓冲液或中性蒸馏水冲洗，自然干燥后镜检。

染色液的配制：取姬姆萨氏染色粉0.5g、中性甘油25ml、无水中性甲醇25ml。将染色粉置于研钵中，先加少量甘油充分磨研，然后边加甘油边研磨，直到甘油全部加完为止。将其倒入100ml的棕色瓶中，再用甲醇分几次冲洗研钵，均倒入试剂瓶中。塞紧瓶塞后充分摇匀，置于65℃温箱中24h或室温下3～5d，期间不断摇动和过滤，滤液即为原液。用时将原液充分振荡后，用缓冲液或中性蒸馏水10～20倍稀释。

瑞特氏染色法　在血片上滴加瑞特氏染色液1～2滴，染色1min后，加等量的中性蒸馏水或pH值7.0缓冲液与染液混合，5min后用中性蒸馏水或pH值7.0缓冲液冲洗，自然干燥后镜检。

染色液的配制　取瑞特氏染色粉0.3g、中性甘油3ml、无水甲醇（不含丙酮）97ml。

将染色粉与甘油一起在研钵中研磨，然后加入甲醇，充分搅拌，装入棕色瓶内，塞紧瓶塞，经过2~3周，过滤后备用。该染色液放置时间愈长染色效果愈好。

缓冲液的配制　第一液为磷酸氢二钠11.87g，加中性蒸馏水1 000ml；第二液为磷酸二氢钾9.077g，加中性蒸馏水1 000ml。取第一液61.1ml与第二液38.9ml混合，即成pH值7.0缓冲液。

（2）浓集法　离心管中加2%柠檬酸钠生理盐水3~4ml，再加被检血6~7ml混匀。以500r/min离心5min，使大部分红细胞沉淀。然后将含少量红细胞、白细胞和虫体的上层血浆用吸管移入另一离心管，补加生理盐水，再以2 500r/min离心10min，取沉淀物抹片，染色镜检。此法原理是锥虫及感染有巴贝斯虫的红细胞较正常红细胞密度小，故第一次离心时正常红细胞沉淀，而锥虫及感染有巴贝斯虫的红细胞浮于血浆中，第二次离心才将其浓集于管底。

3. 弓形虫滋养体检查

（1）组织涂片　取可疑病犬或尸体的肺、淋巴结、腹水做涂片，姬姆萨或瑞氏染色后镜检。

（2）动物接种　将上述可疑病料匀浆，加10倍生理盐水混匀，静止10min，取上清液0.5~1ml接种小鼠腹腔，观察症状，一周后剖杀，取腹腔液涂片染色镜检。阴性者需传代至少3次。此法检测率较高。

【实训报告】

对以上实训项目写出报告。需从形态上鉴别以上原虫并画图。

（邹洪波）

主要参考文献

[1] 孔繁瑶．家畜寄生虫病（第2版）．北京：中国农业大学出版社，1997

[2] 汪明．兽医寄生虫学．北京：中国农业出版社，2003

[3] 张宏伟．动物疫病（第2版）．北京：中国农业出版社，2004

[4] 张宏伟．动物寄生虫病．北京：中国农业出版社，2006

[5] 孙维平，王传锋．宠物寄生虫病．北京：中国农业出版社，2007

[6] 张西臣．动物寄生虫病学．长春：吉林人民出版社，2001

[7] 张剑英，邱兆祉，丁雪娟等．鱼类寄生虫与寄生虫病．北京：科学出版社，2004

[8] 黄琪琰．水产动物疾病学．上海：上海科技出版社，2004

[9] 高得仪．犬猫疾病学（第2版）．北京：中国农业大学出版社，2001

[10] 李登来．水产动物疾病学．北京：中国农业出版社，2004

[11] 杨德凤，包玉清．宠物寄生虫及寄生虫病学．哈尔滨：东北林业大学出版社，2007

[12] 杨锡林．家畜寄生虫病学（第2版）．北京：中国农业出版社，1999

[13] 朱兴全．小动物寄生虫病学．北京：中国农业大学出版社，2006

[14] 甘孟侯．中国禽病学．北京：中国农业大学出版社，1999

[15] 谢慧胜等．小动物疾病防治手册．北京：北京农业大学出版社，1989

[16] 李国清．兽医寄生虫学．北京：北京农业大学出版社，2006

[17] 董军，金艺鹏．宠物疾病诊疗与处方手册．北京：化学工业出版社，2007

[18] 侯加法．小动物疾病学．北京：中国农业大学出版社，2002

[19] 苏静良，高福，索勋主译，美 Y. M. Saif 主编．禽病学（第11版）．北京：中国农业大学出版社，2005

[20] 何英，叶俊华．宠物医生手册．沈阳：辽宁科学技术出版社，2003

[21] 黄兵，沈杰．中国畜禽寄生虫形态分类图谱．北京：中国农业科学技术出版社，2006